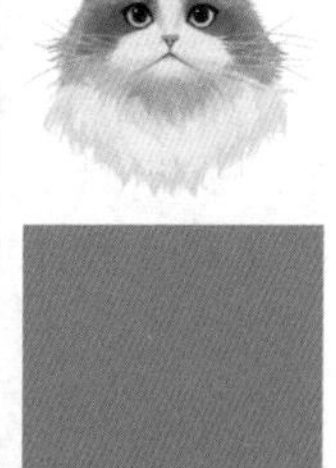

黄嘉英 / 编著

从新手到高手

Procreate插画手绘从新手到高手

清華大学出版社
北京

内 容 简 介

本书是关于Procreate绘画的实用指南，在介绍软件使用的基础上，结合绘画基础理论和丰富多彩的实战操作案例，带领读者从零基础逐步进阶，让“小白”也能体验到使用Procreate自学绘画的乐趣，并且画出自己满意的作品。

本书共5章内容，第1章介绍Procreate软件的基础操作，包括工具介绍、进阶功能和常用手势总结等；第2章介绍绘画的基本知识，包括素描知识、色彩知识、透视知识和速写知识等；第3章至第5章分别介绍不同主题案例的绘制方法，包括绿植、食物、头像、萌宠和表情包等。书中选取的案例简单易学，即使是没有绘画基础的读者也能够快速上手。

本书作者希望带领读者通过使用Procreate绘画，记录生活中的点滴，描绘每一个甜蜜的瞬间。全书内容基础、简单，画风可爱，十分适合零基础读者阅读。

图书在版编目(CIP)数据

Procreate插画手绘从新手到高手 / 黄嘉英编著 . —北京：清华大学出版社，2024.2
（从新手到高手）
ISBN 978-7-302-65584-8

Ⅰ. ①P… Ⅱ. ①黄… Ⅲ. ①图像处理软件 Ⅳ. ①TP391.413

中国国家版本馆CIP数据核字(2024)第036542号

责任编辑：陈绿春
封面设计：潘国文
版式设计：方加青
责任校对：徐俊伟
责任印制：刘海龙

出版发行：清华大学出版社
网　　址：https://www.tup.com.cn，https://www.wqxuetang.com
地　　址：北京清华大学学研大厦A座　　邮　　编：100084
社 总 机：010-83470000　　邮　　购：010-62786544
投稿与读者服务：010-62776969，c-service@tup.tsinghua.edu.cn
质 量 反 馈：010-62772015，zhiliang@tup.tsinghua.edu.cn
印 装 者：涿州汇美亿浓印刷有限公司
经　　销：全国新华书店
开　　本：188mm×260mm　　印　　张：11.25　　字　　数：324千字
版　　次：2024年4月第1版　　印　　次：2024年4月第1次印刷
定　　价：88.00元

产品编号：099842-01

前言 PREFACE

Procreate是一款目前极为流行的数字绘画工具，因其易用性和强大的功能而备受画师们青睐。本书立足于Procreate的基本应用与操作，力求为画师们带来新的绘画体验。不论您是刚入行的初学者，还是设计师或插画师，都可以从本书中找到软件应用与绘画的对应内容，依托于便利的Procreate，随时随地展开创作。

如果您正在学习Procreate，本书将为您在扩充软件“武器库”和插画创作技能方面带来切实的帮助。在本书中，笔者将一步步带您领略Procreate的强大之处，更重要的是，从零开始教会您如何将这些功能应用于实际插画创作中。

本书共5章，涵盖了Procreate软件基本操作的笔刷、图层、色卡、GIF动图和手势等软件知识，以及绘画理论的素描、色彩、透视和速写等专业知识，做到应有尽有。不仅如此，本书还制作了足够多的案例，让您在一次次练习中掌握工具的用法，不断进步。如果您有一定的基础，也不用担心，在本书的中高阶部分，您也可以学到头像与宠物等多样画法，依然会有不小的收获。本书的创作宗旨是带领读者从零开始创作系列插画，因此，不论您是新手入门，还是寻求进阶，丰富多彩的内容都足以满足您的需求。

在本书的编写过程中，笔者置入了大量的插画初创草图，意在帮一部分初学的读者建立自信。从笔者的学习和从业经验来看，只有看到了一张完整插画从草图到成品的全过程，以及完整的创作思路，初学者才会觉得：我也能做到。笔者希望通过本书的指引和实践，为您带来坚实的创作基础和坚定的信心，创作出令人赞叹的插画作品。

本书的配套资源包括配套素材和相关视频教学文件，请扫描下面的二维码进行下载。如果在配套资源的下载过程中碰到问题，请联系陈老师，联系邮箱chenlch@tup.tsinghua.edu.cn。如果有任何技术性问题，请扫描下面的技术支持二维码，联系相关人员进行解答。

配套资源

技术支持

本书由黄嘉英编写，同时感谢陈志民和向洪龄在本书创作期间给予的支持和帮助。最后，再次希望本书能对您有所帮助，祝各位读者都能在Procreate的世界中获得更多的灵感、乐趣和成就。

编者

2024年1月

CONTENTS 目录

第 1 章 Procreate 绘画入门

第 2 章 绘画小知识

第3章 循序渐进的绘画训练

第4章 人物与动物绘画练习

第5章 进阶绘画练习

第1章 Procreate绘画入门

软件作画具有便捷与高效操作的优势，当使用软件作画时，如何正确使用软件就显得尤为重要。本章将使用iPad，通过4个小节为读者循序渐进地讲述Procreate的使用方法，让读者对Procreate有基本的认识，初步掌握软件的基本用法。

1.1 画画之前先知道

俗话说，知己知彼，百战不殆，想要准确把握Procreate的使用方法，要从了解这个软件的优势开始，并逐步认识其操作界面和画布的建立等，接下来将一一进行讲解。

1.1.1 软件绘画相比传统绘画的优势

说起绘画，大多数人第一反应就是削铅笔画“素描”，认为绘画只能在“纸”上进行。

人们以前学习绘画的时候，使用较多的是纸和笔等传统工具，随着科技的进步，人们逐渐开始可以在电脑、iPad甚至手机等电子设备上使用软件绘画，使绘画不但变得方便，绘画作品还更加生动，如图1-1所示。

图1-1

与传统绘画相比，软件绘画具体有以下3点优势。

- 效率高：瞬间调整笔刷大小和笔刷颜色。
- 容错率高：画错可以撤回步骤，不需要使用传统橡皮擦除和颜料覆盖。
- 成本低：使用电脑、iPad或手机等绘画设备就可以进行绘画，不用购买画布、颜料和笔刷等任何画材。

1.1.2 Procreate 初始界面如何使用

点击iPad屏幕上的Procreate图标，启动Procreate，打开后的初始界面如图1-2所示。Procreate的初始界面主要由操作区和文档区组成。

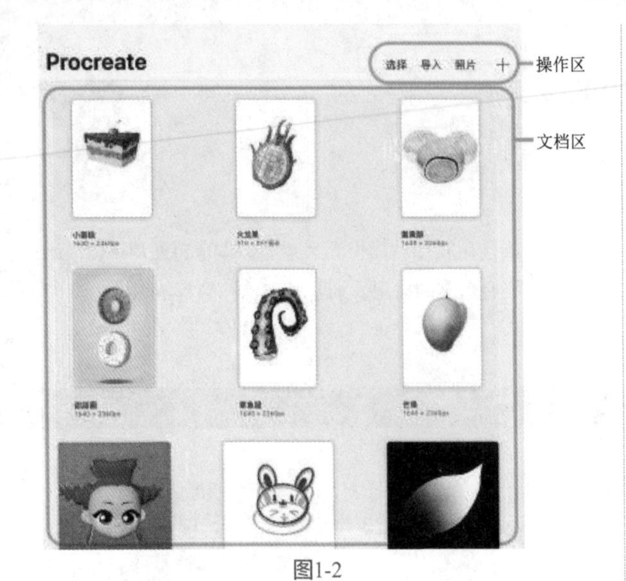

图1-2

1. **文档区**

用户创建的画布和绘画作品都保存在文档区，可以随时进行继续绘画、删除、重命名或分享等操作。

2. **操作区**

（1）选择：点击“选择”按钮，在文档区中选中3个文档时，初始界面右上角就会出现“选择”菜单栏，如图1-3所示。

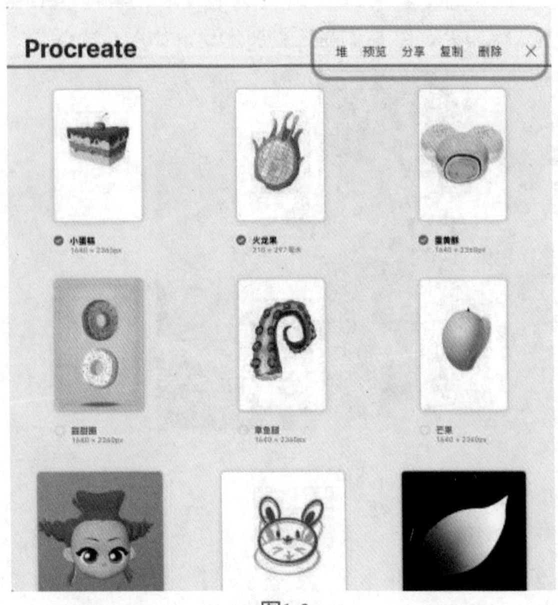

图1-3

接下来介绍“选择”菜单栏。

- 堆：将被选中的3个文档自动放在同一个文件夹里。
- 预览：在不进入文档的前提下，快速查看已选中文档的大图。
- 分享：将已选中的文档以不同格式分享到其他平台。
- 复制：将已选中的文档进行备份。
- 删除：彻底删除文档。
- ×：退出“选择”菜单栏。

（2）导入：点击“导入”按钮时，可以选择系统文件中的图片，如图1-4所示。

图1-4

（3）照片：点击“照片”按钮时，可以选择系统照片中的图片，如图1-5所示。

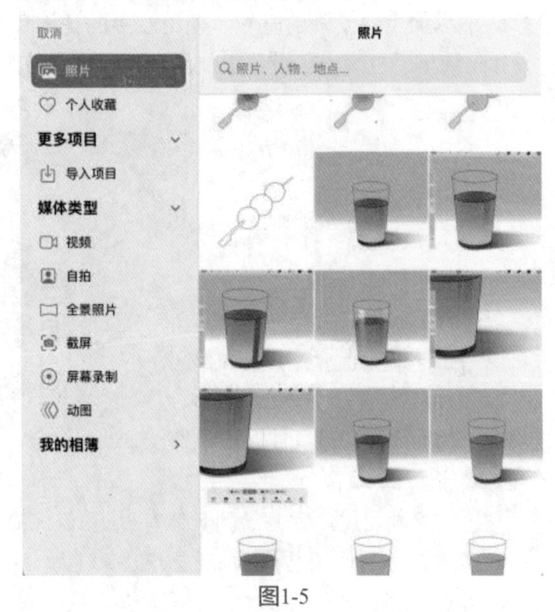

图1-5

（4）+：新建不同尺寸的画布。

1.1.3 怎样新建合适的画布

1. **预设画布**

打开软件后，点击初始界面左上角的“+”按钮，即可创建新画布，如图1-6所示。

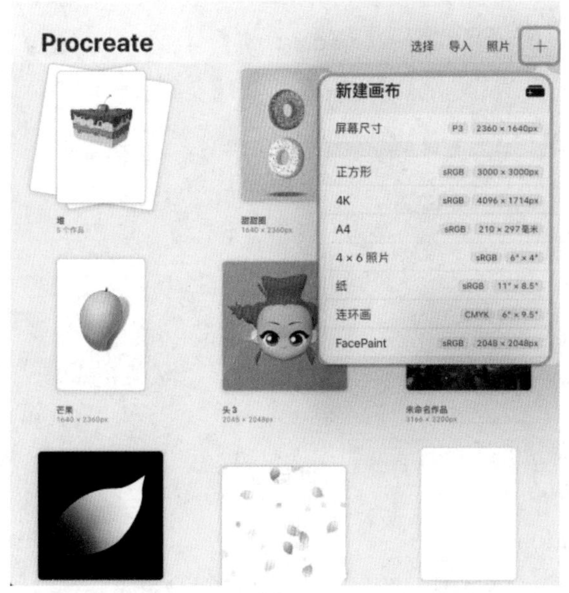

图1-6

接下来介绍“新建画布”面板。

- 正方形：尺寸为2048像素×2048像素，该画布适合制作表情包或插画时使用。
- 4K：尺寸为4096像素×1714像素，该画布适合制作高清壁纸或商业用稿时使用。
- A4：尺寸为210毫米×297毫米，该画布适合制作需要A4打印的内容。
- 4×6照片：尺寸为6英寸×4英寸，该画布是国际上较为通用的照片大小。
- 纸：尺寸为11英寸×8.5英寸，该画布是美国常用信纸的尺寸，大小接近A4纸。
- 连环画：尺寸为6英寸×9.5英寸，该画布适合创作连环画时使用。
- FacePaint：尺寸为2048像素×2048像素，该画布是Procreate画脸谱时的特有画布。

2. 自定义画布

如果“新建画布”面板里没有合适的尺寸，用户也可以在“新建画布”面板的右边点击“长方形+”按钮，如图1-7所示，进入“自定义画布”面板，如图1-8所示。

（1）尺寸

当用户使用Procreate建立自定义画布时，最常用的尺寸单位不是传统概念的厘米和分米，而是像素，像素越高，画面越清晰。

接下来介绍“尺寸”面板。

- 宽度：调整画面横向长度。
- 高度：调整画面纵向长度。

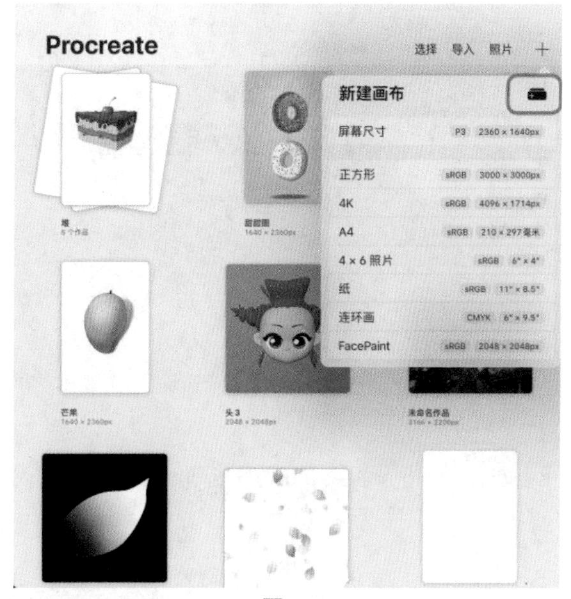

图1-7

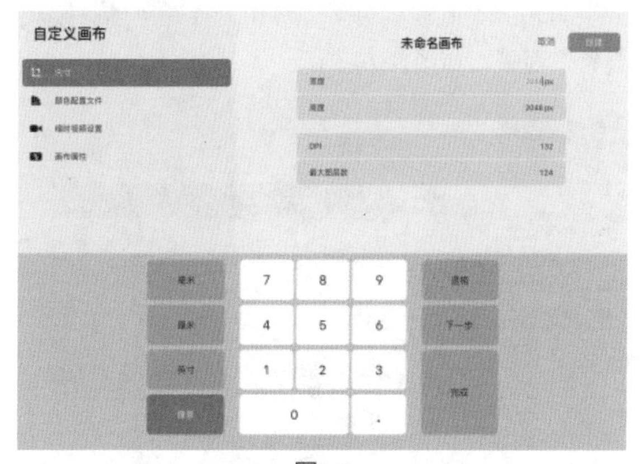

图1-8

- DPI：也叫分辨率，数值越大画面越清晰。
- 最大图层数：是系统计算画布尺寸和DPI数值后自动得出的结果，尺寸和DPI数值越大，最大图层数就越小，尺寸和DPI数值越小，最大图层数就越少。

（2）颜色配置文件

点击“颜色配置文件”按钮，打开“颜色配置文件”面板，如图1-9所示。

“颜色配置文件”功能可以让用户使用不同的方法管理色彩，依照用户作品最终的展示方式或平台来选择色彩空间，能呈现最生动、准确的色彩。若不确定使用哪个色彩空间，使用默认设置将给用户最好的色彩表现。

接下来介绍“颜色配置文件”面板。

- RGB：适合创作用数位屏显示的作品。
- CMYK：适合终端用于印刷的作品。

图1-9

（3）缩时视频设置

点击“缩时视频设置”按钮，打开“缩时视频设置”面板，如图1-10所示。

图1-10

“缩时视频设置”功能可以帮助用户记录创作过程，并以高速缩时视频的方式回放，用户可以为每个新建画布选择不同的缩时视频设置和视频质量。画质和视频质量越低，文件越小，越便于分享；画质和视频质量越高，则文件越大，越清晰。

（4）画布属性

点击“画布属性”按钮，打开“画布属性”面板，如图1-11所示。

“画布属性”功能可以使用户自定义画布的默认背景颜色，或选择隐藏背景。

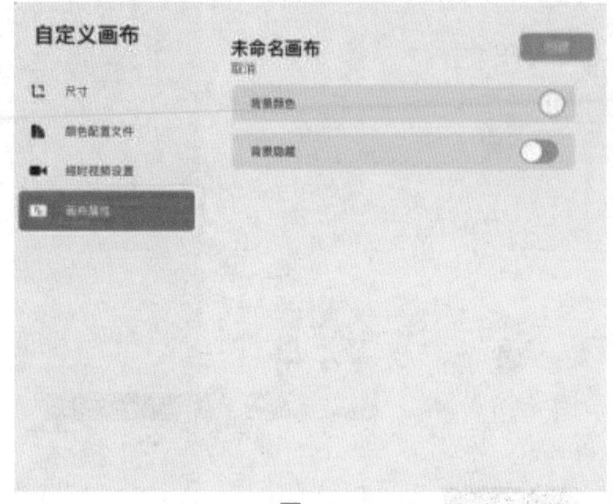

图1-11

1.2 Procreate 绘画常用工具

工欲善其事，必先利其器，在正确使用软件作画之前，熟练掌握软件的使用是必不可少的，本节将帮助用户认识和了解Procreate的工具，熟悉不同工具的用途。

1.2.1 简单认识操作界面

点击“新建画布”按钮，打开“新建画布”面板，如图1-12所示，新建任意尺寸画布后，可进入Procreate的操作界面。操作界面分为绘图工具、侧栏和高级功能3个区域，如图1-13所示。

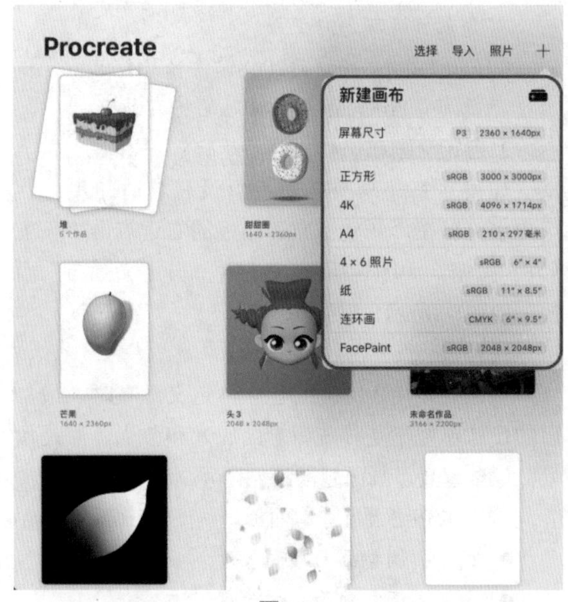

图1-12

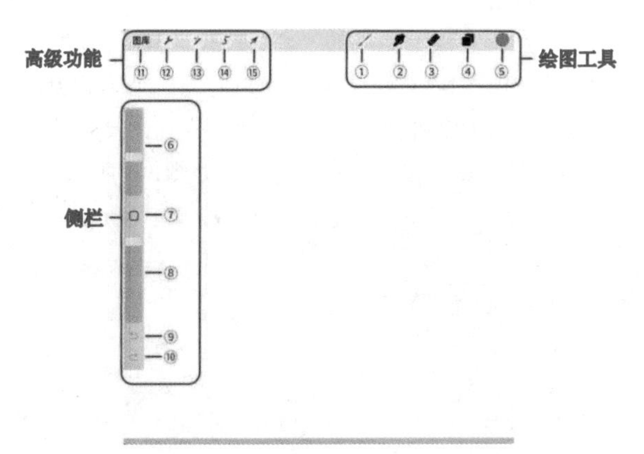

图1-13

1. 绘图工具

“绘图工具”区中包含创作所需的所有工具。

接下来介绍“绘图工具”区中的按钮。

- ①画笔：通过切换不同形状的笔刷，达到不同的画面效果，还可以管理笔刷库和导入自定义笔刷。
- ②涂抹：过渡不同颜色时，使颜色更加融合。
- ③橡皮擦：擦除画面内容。
- ④图层：在已完成的图像上叠加更多内容而不影响原图，还可以轻松移动、编辑、重新上色或删除个别元素。
- ⑤颜色：依照用户的创作流程，使用多种界面选项来为创作选择、调整并调和色彩，还可以存储、导入和分享调色板。

2. 侧栏

“侧栏”区可以调节笔刷尺寸和“不透明度”，快速操作撤销和重做，并在创作中随时使用修改按钮。

接下来介绍“侧栏”区中的按钮。

- ⑥笔刷大小：调整笔刷大小。
- ⑦修改按钮：快速查找图层和对画面进行吸色。
- ⑧笔刷不透明度：滑块越往上拉，笔刷颜色越清晰，滑块越往下拉，笔刷颜色越淡。
- ⑨撤销：取消上一步操作。
- ⑩重做：还原上一步取消的操作。

3. 高级功能

“高级功能”区可以找到所有多元又综合的功能。

接下来介绍“高级功能”区中的按钮。

- ⑪图库：组织并管理用户的作品、创建新画布、导入和导出作品。
- ⑫操作：包含所有实用功能，如插入、分享和调整画布等，并可以调整界面和触摸设置。
- ⑬调整：用专业的图像效果给用户的作品添加不同的滤镜和特效。
- ⑭选取：多种选取方式，让用户精确编辑部分图像。
- ⑮变形：延展、移动和快速简便地进行图像编辑。

1.2.2 画笔、涂抹和橡皮擦工具

1. 画笔工具

画笔工具有着出色的压力敏感度，用户在以不同的握笔姿势（如画笔垂直于屏幕、倾斜于屏幕等）使用同一支笔刷时，可以使线条的大小、粗细及质感变得不同，如图1-14所示。

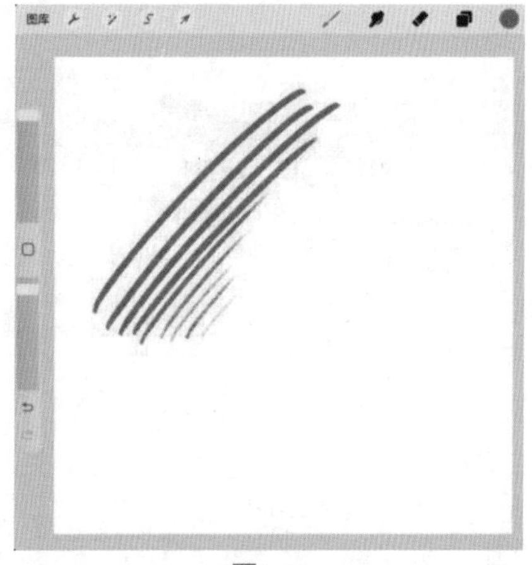

图1-14

滑动“笔刷大小”按钮，可以改变笔刷大小，滑块越往上拉，笔刷越大，如图1-15所示；滑块越往下拉，笔刷越小，如图1-16所示。

图1-15

图1-16

滑动“笔刷不透明度”按钮，可以改变笔刷不透明度。滑块越往上拉，不透明度越高、颜色越清晰，如图1-17所示；滑块越往下拉，不透明度越低、颜色越淡，如图1-18所示。

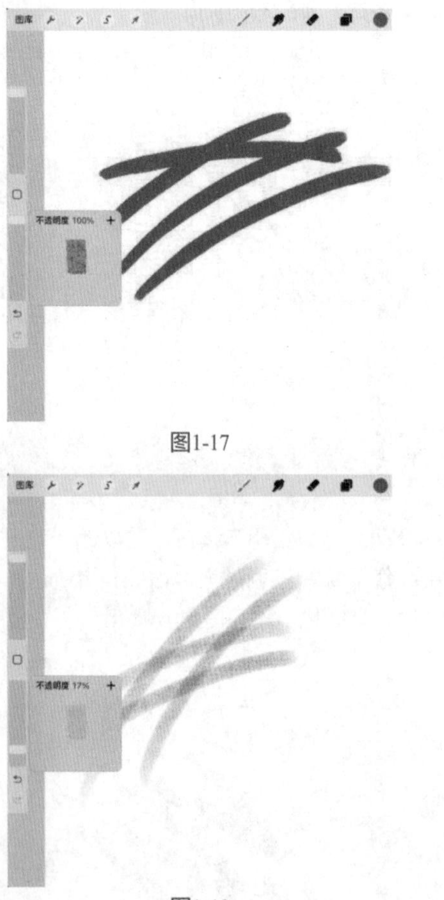

图1-17

图1-18

调整笔刷大小或笔刷不透明度时，除了直接滑动按钮，也可以点击“+”按钮锁定常用尺寸。

以调整笔刷大小为例，用户勾线时若习惯使用10%的笔刷尺寸，就可以在10%的笔刷尺寸处点击“+”按钮，如图1-19所示，下次若想使用这个尺寸，可点击面板上生成的“-”按钮，快速找到标记的尺寸，如图1-20所示，最多可以对同一个笔刷锁定3个尺寸。如想删除已锁定的尺寸，找到该尺寸后点击“-”按钮就可以删除尺寸标记，如图1-21所示。

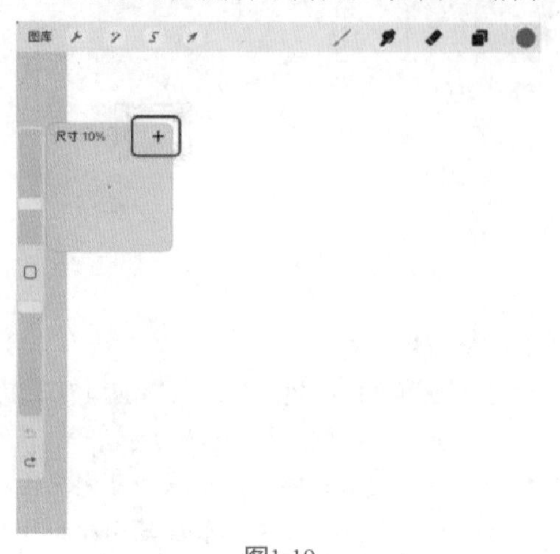

图1-19

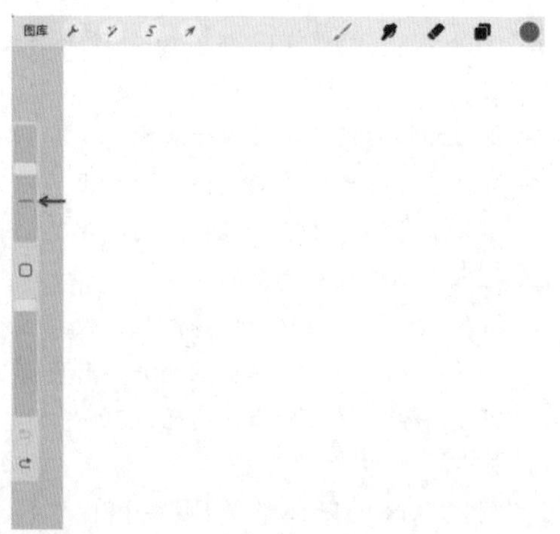

图1-20

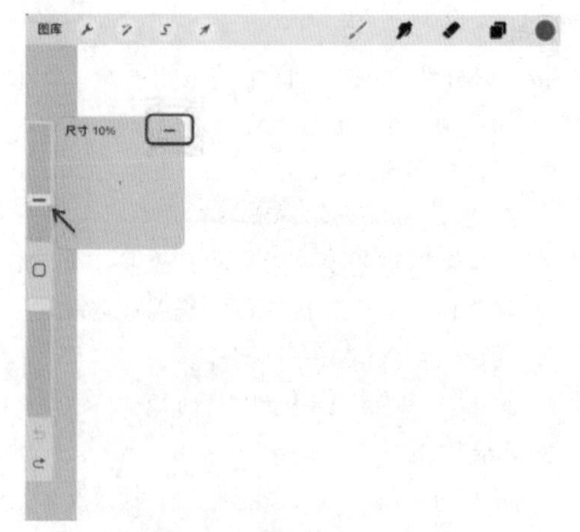

图1-21

2. 涂抹工具的特性和基本操作

涂抹工具主要用于过渡及柔和边缘，它和画笔工具一样可以使用不同的笔刷，如图1-22所示。

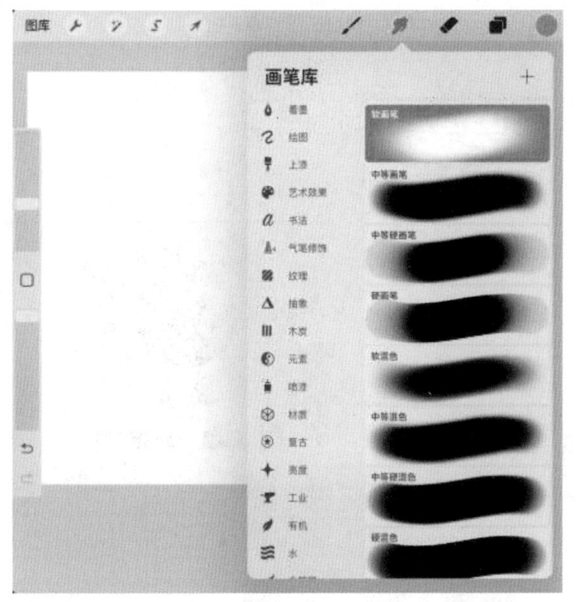

图1-22

不同的笔刷可以涂抹出不同的画面效果，如图1-23所示，红蓝色块的交接处，由上至下分别为“硬画笔”笔刷、“软画笔”笔刷和“油漆”笔刷涂抹得到的效果，如图1-24所示。用户可以根据自己的画面需求选择使用何种笔刷来涂抹。

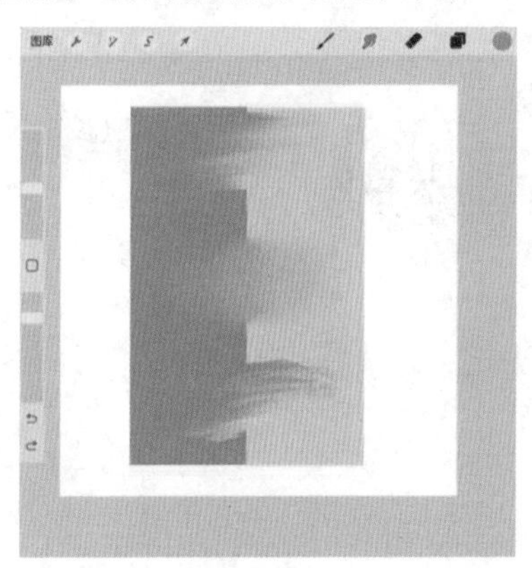

图1-23

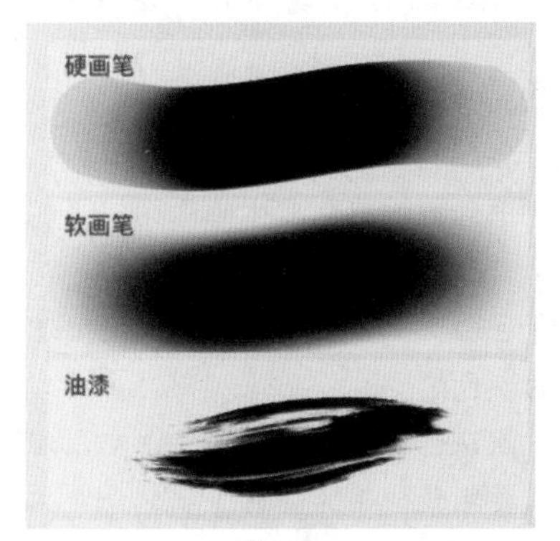

图1-24

“软画笔”笔刷常用于颜色过渡，肌理笔刷常用于打造肌理效果，如觉得涂抹程度太重或太轻，可通过笔刷不透明度的大小来调节。

3. 橡皮擦工具的特性和基本操作

橡皮擦的用法和画笔完全一样，主要区别在于，画笔是给画面做加法，橡皮擦是给画面做减法。

用户可以选取不同的笔刷来作为橡皮擦的形状，并控制其大小及不透明度，如图1-25所示。

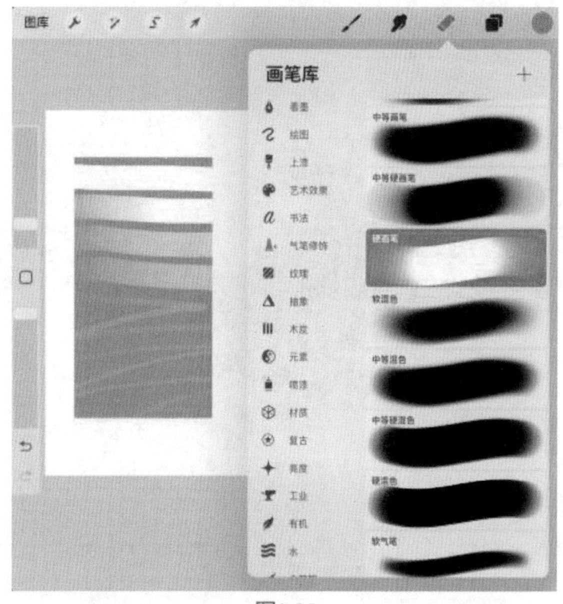

图1-25

用户在画图时难免出现使用笔刷画好图后，又想擦除部分内容的情况。接下来介绍如何快速找到跟画笔同样纹理的橡皮擦。

以肌理笔刷为例，使用“树叶1”笔刷，如图1-26所示，完成绘制后，如图1-27所示，又想对部分内容进行擦除。

图1-26

图1-27

若使用普通的“硬画笔”橡皮擦进行擦除，图案边缘将非常不融洽，如图1-28所示。正确做法是点击“画笔”工具后，迅速长按“橡皮”工具，操作界面上方就会出现文字提示，如图1-29所示，此时再使用橡皮擦，橡皮擦的形状自动变成了和画笔一样的形状，如图1-30所示，用这种方式擦除，画面会更融洽。

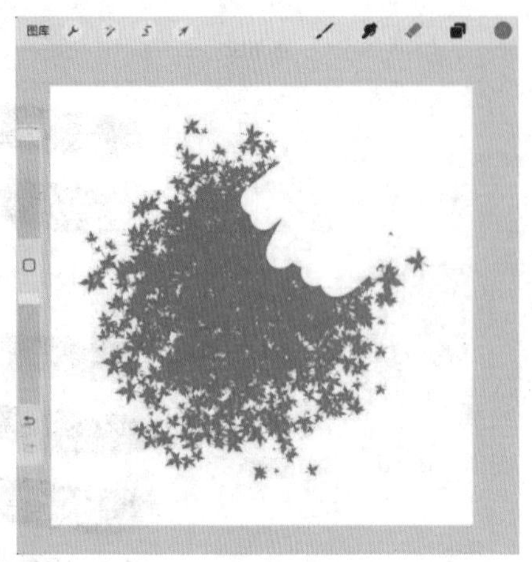

图1-28

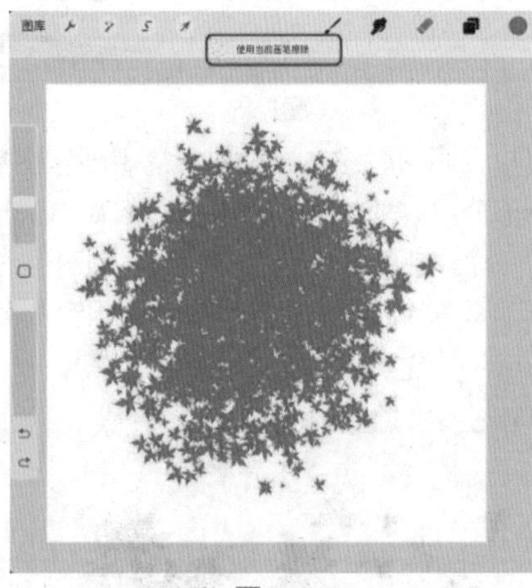

图1-29

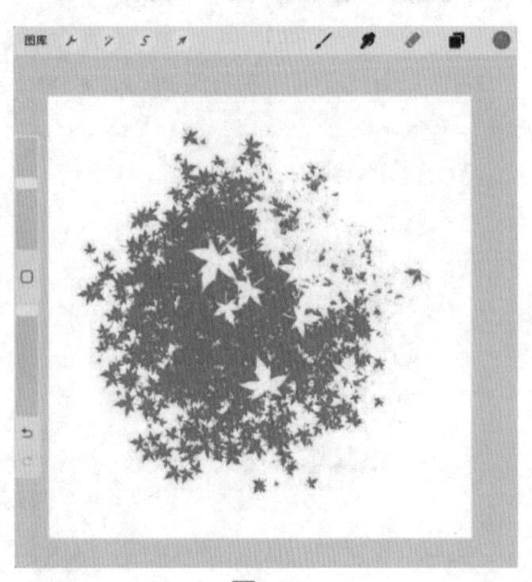

图1-30

1.2.3 颜色面板与吸色框

点击操作界面右上角的“颜色”按钮，打开“颜色”面板，如图1-31所示。

图1-31

接下来介绍“颜色”面板。

- ①移动：拖曳“移动”按钮，可以将“颜色”面板拖曳为独立面板，用户可以任意移动该面板的位置，且打开其他面板后，“颜色”面板也不会消失，如图1-32所示。

图1-32

- ②主要颜色和辅助颜色：通常默认调整色为主要颜色。
- ③调色框：颜色具体的色相、明度和饱和度均可在这里详细调整。
- ④色彩历史：自动记录用户使用过程中用到的颜色。
- ⑤默认色板：只需轻点任意空白处即可记录需要频繁使用的颜色。
- ⑥色盘/经典/色彩调和/值/调色板：都是颜色面板，只不过显示方式不一样，用户可以按照自己的喜好选择常用界面。

值得一提的是，在“调色板”面板中，如图1-33所示，用户若想提取某张图片的颜色，可以点击“调色板”面板右上角的“+”按钮来导入图片，如图1-34所示，随后在弹出的面板中选择任意图片，如图1-35所示，系统就会自动将用户选择的图片提取出关键颜色，如图1-36所示。

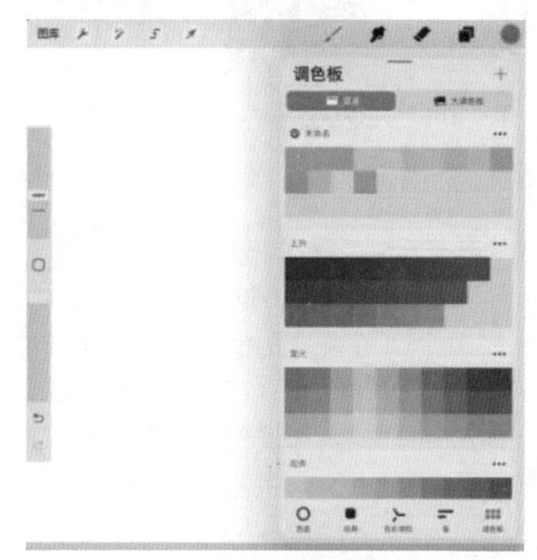

图1-33

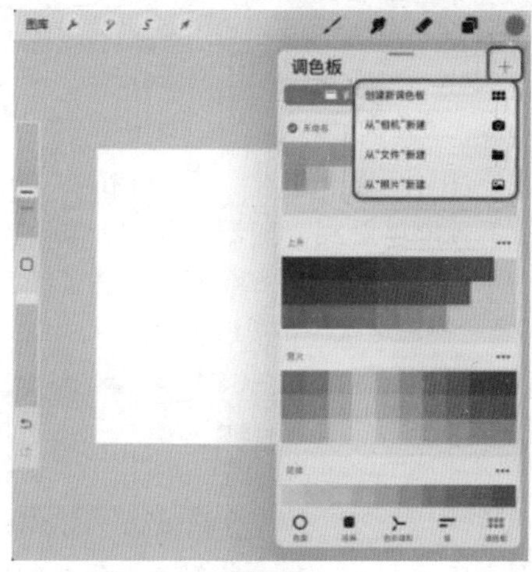

图1-34

图1-35

图1-36

除了主观的调色，如果画面中因为笔刷的重叠，碰撞出了好看的颜色，也可以直接吸取。吸色方式有两种，一是左手按住“修改”按钮，如图1-37所示，右手用画笔工具点击想吸色的地方；二是不按住“修改”按钮，直接用指腹长按想要吸色的地方。

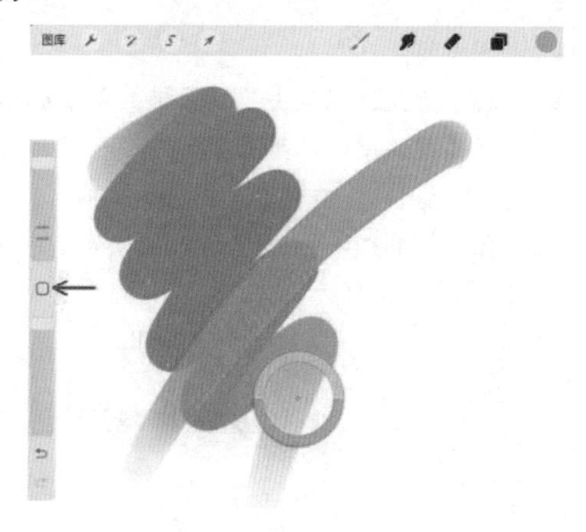

图1-37

吸色时画面中会出现一个圆环图案，上半圆代表当前正在吸取的颜色，下半圆代表用户上一个使用的颜色，方便对比前后颜色的变化。

1.2.4　图层工具

1. 图层面板

点击“图层”按钮，打开“图层”面板，如图1-38所示。在默认“图层”面板中，只有一个“图层1”和一个“背景颜色”层。“背景颜色”层是实心白底层，无法在上面作画，“图层1”才是可作画的第一个图层。

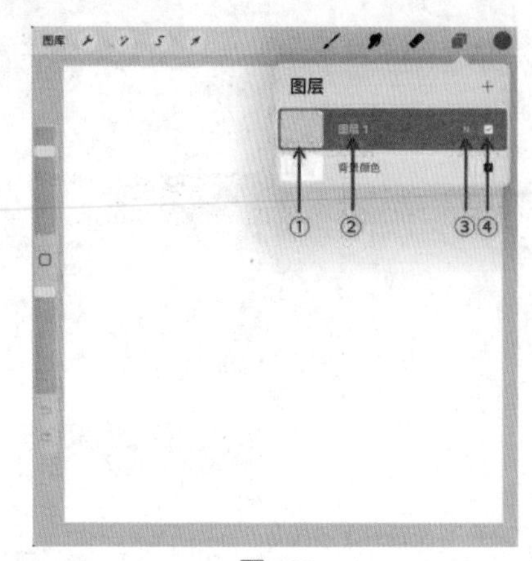

图1-38

接下来介绍“图层”面板。

- +：新建图层。
- ①图层缩略图：将该图层上的所有内容在此缩略显示。
- ②图层名字：默认是图层序号，图层名字是由下至上依次递增的，图层属性也是如此，上面的图层内容覆盖下面的图层内容。
- ③图层模式：可以修改图层的“不透明度”和图层模式。
- ④图层可见性：点击按钮方框，勾选成功后显示图层；反之隐藏图层。

2. 图层属性

在“图层”面板右上角点击“+”按钮，新建几个图层，如图1-39所示。

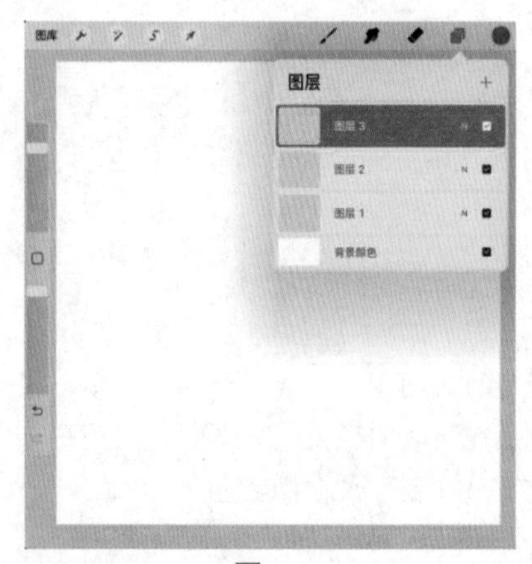

图1-39

在“图层1”画上蓝色椭圆形状，“图层2”画上黄色椭圆形状，“图层3”画上红色椭圆形状，如图1-40所示。在画布上，红色椭圆形状盖住了黄色椭圆形状，黄色椭圆形状又盖住了蓝色椭圆形状，在缩略图中，三个图层中的椭圆形状却是完整的。这是图层属性之一，即上面的图层内容盖住下面的图层内容。

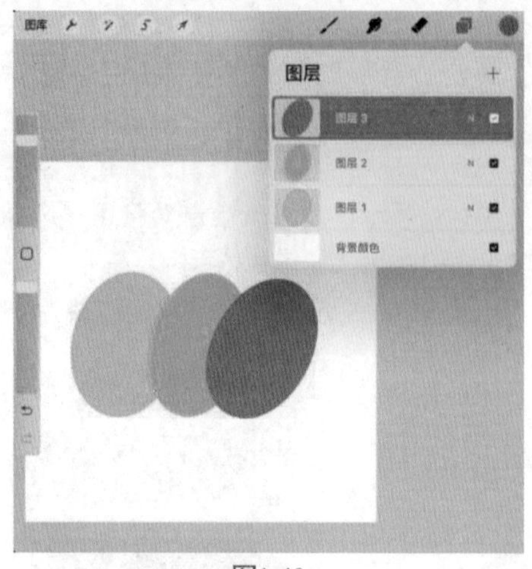

图1-40

同时每个图层又是互相独立的，并且可以挪动图层顺序，以“图层2”为例，长按“图层2”并拖曳，如图1-41所示，把它拖曳到所有图层的最上面，如图1-42所示。

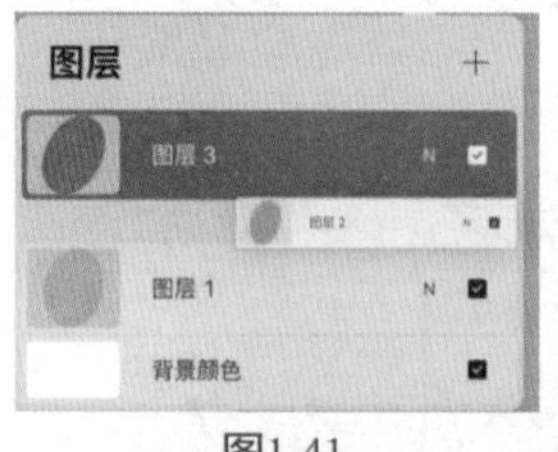

图1-41

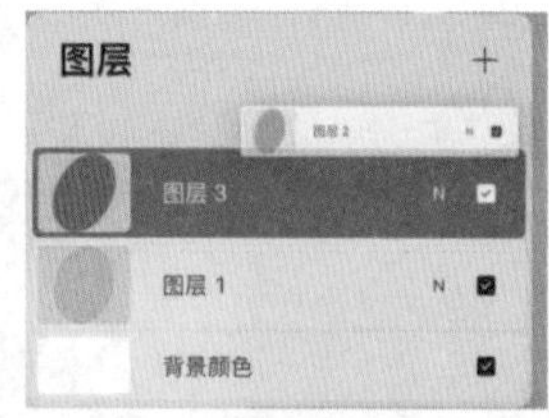

图1-42

松手后可以看到，随着“图层2”到了最上面，画布上就变成了黄色椭圆形状盖住了红色椭圆形状和蓝色椭圆形状，如图1-43所示。

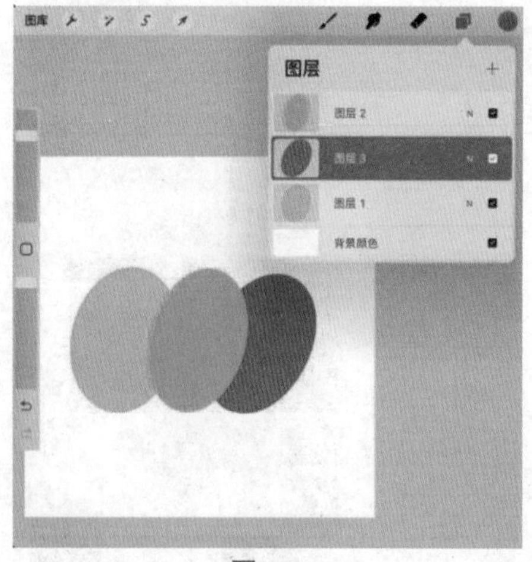

图1-43

点击“图层2”后面的“N”按钮，可以整体降低图层的“不透明度”，当“不透明度”小于100%时，“图层2”上的黄色椭圆形状就会变得半透明，原本被黄色椭圆形状遮住的红色和蓝色椭圆形状也显露出来了，如图1-44所示。

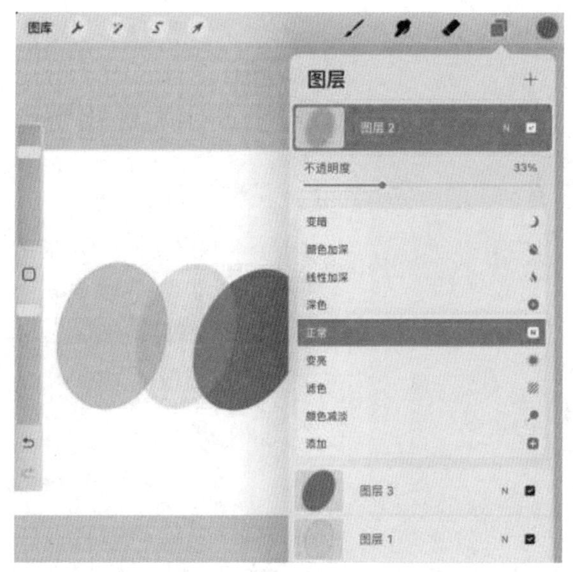

图1-44

综上所述，图层的属性就是上面的图层会盖住下面的图层，同时图层之间互相独立，用户可以随时任意变更图层顺序。

3. 基本操作

点击任意图层的缩略图，即展开“图层选项”面板，如图1-45所示。

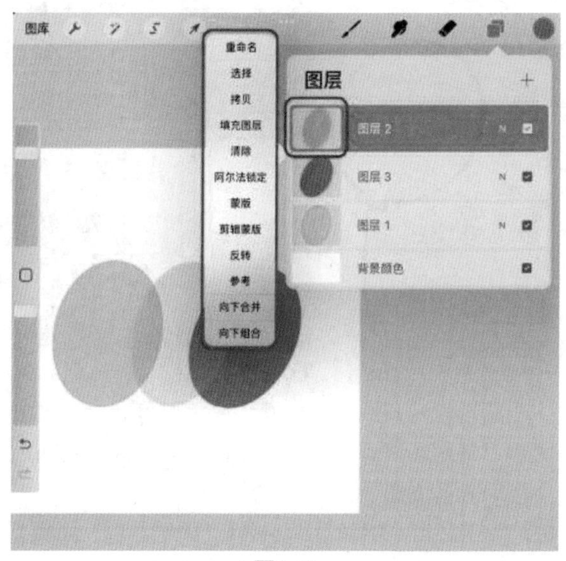

图1-45

接下来介绍“图层选项”面板。

- 重命名：给当前图层修改名称，如“线稿”“固有色”等。
- 选择：得到用户当前选中的图层上的全部内容范围。
- 拷贝：复制当前图层的全部内容。
- 填充图层：用当前选中的颜色填满当前图层。
- 清除：删掉当前图层里的全部内容。
- 阿尔法锁定：锁定当前图层的“不透明度”。
- 蒙版：生成一个新的蒙版图层，在蒙版层使用黑色，则该层画面消失；使用白色，则该层画面显现，用法类似橡皮，但比橡皮更高级。
- 剪辑蒙版：剪辑蒙版要两个图层配合使用，如果对上面的图层创建剪辑蒙版，那么下面的图层将决定位置、形状和“不透明度”，上面的图层将决定颜色，跟选择有点像，但这个更易于修改。
- 反转：反转图层中的颜色。
- 参考：主要用在线稿层，对线稿层点击“参考”按钮，即可在其他图层实现可以快捷上色。
- 向下合并：将本图层和下面的图层合并为一个图层。
- 向下组合：将本图层和下面的图层组合为“组”。

向左滑动图层，可以将图层锁定、复制或删除，如图1-46所示。

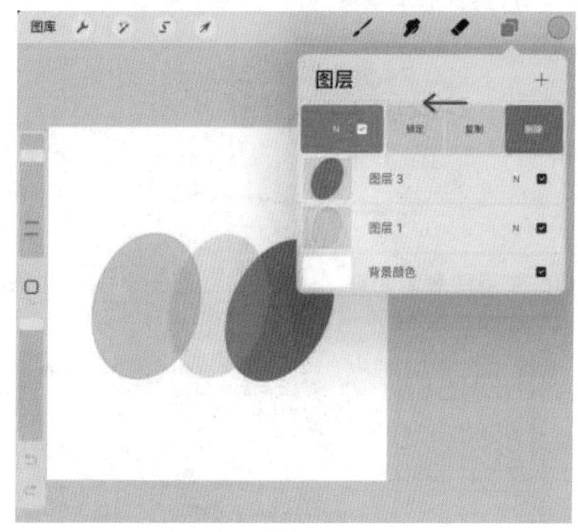

图1-46

接下来介绍左滑后出现的功能。

- 锁定：锁定图层后无法再对该图层进行任何操作，除非再次左滑解锁。
- 复制：复制当前图层。
- 删除：删除当前图层。

把多个图层一一向右滑，可以同时选中多个图层，方便删除或分组，如图1-47所示。

接下来介绍右滑后出现的功能。

- 删除：将选中的同层全部删除。
- 分组：将选中的图层放到同一个“组”。

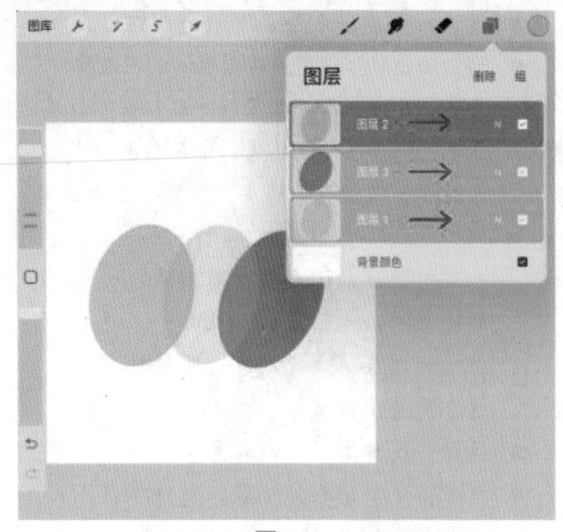

图1-47

1.2.5 图层的使用

本案例色卡：

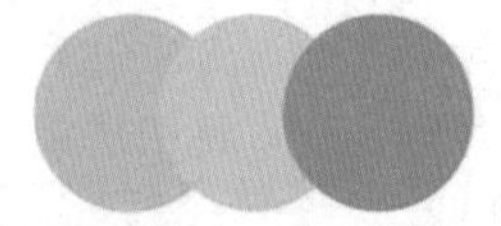

本案例使用笔刷：

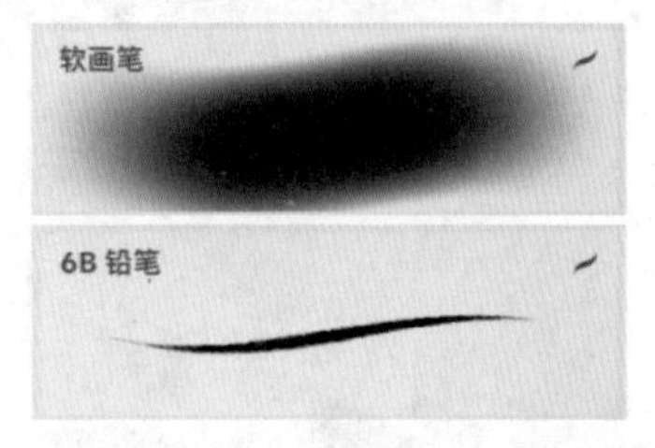

01 使用任意笔刷在“图层1”上画一个气球的草稿，如图1-48所示。

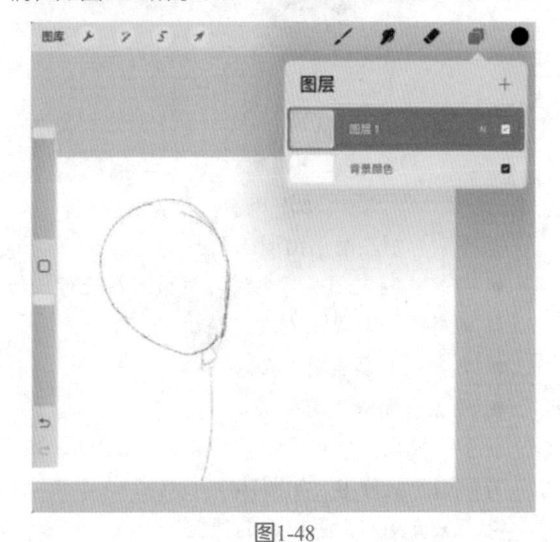

图1-48

02 点击“图层1”后的“N”按钮，降低草稿层的“不透明度”，如图1-49所示。

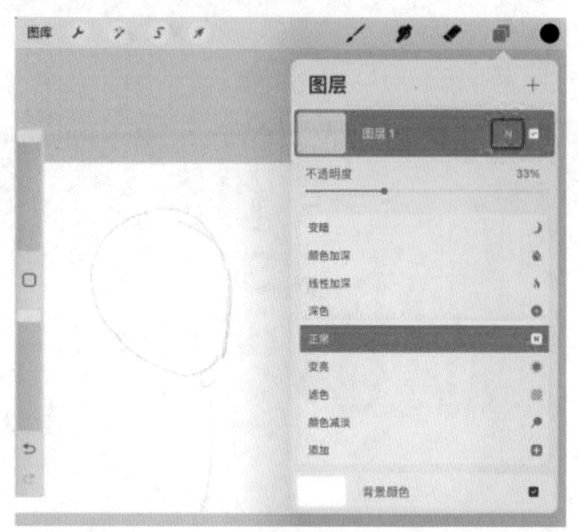

图1-49

03 在“图层”面板中点击“+”按钮，新建“图层2”，用“6B铅笔”笔刷在“图层2”画上干净的线稿，注意线稿要闭合，如图1-50所示，然后删除“图层1”。

图1-50

画出流畅长线条的方法：一笔画好气球主要的圆形，笔刷在屏幕上停顿一秒，不要抬起，线条就会自动变得流畅平滑。

04 点击线稿层的缩略图，展开“图层选项”面板，在线稿层的“图层选项”面板中勾选“参考”功能，再次新建图层，把新图层放在线稿层的下面，按住操作界面右上角的“颜色”按钮，直接拖曳到新图层上的线稿内部，然后松手，颜色就自动填充进去了，如图1-51所示。

05 在“图层2”的上方新建“图层3”，选中“图层3”，并在“图层3”的“图层选项”面板里勾选“剪辑蒙版”功能，用相对深一点的颜色画上气球的暗面，如图1-52所示。

图1-51

图1-52

06 再次新建图层并设为“剪辑蒙版”，用“6B铅笔”笔刷画上一块方形的高光，如图1-53所示。

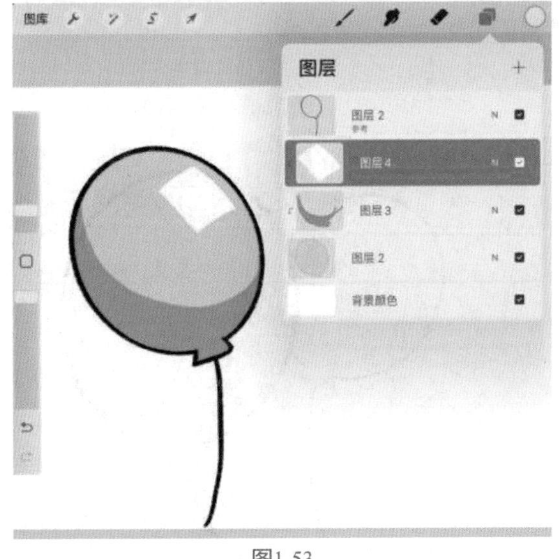

图1-53

07 点击“橡皮擦”按钮，打开“橡皮擦”面板，选择“软画笔”橡皮擦，如图1-54所示，将这块高光由下至上进行擦除，如图1-55所示。

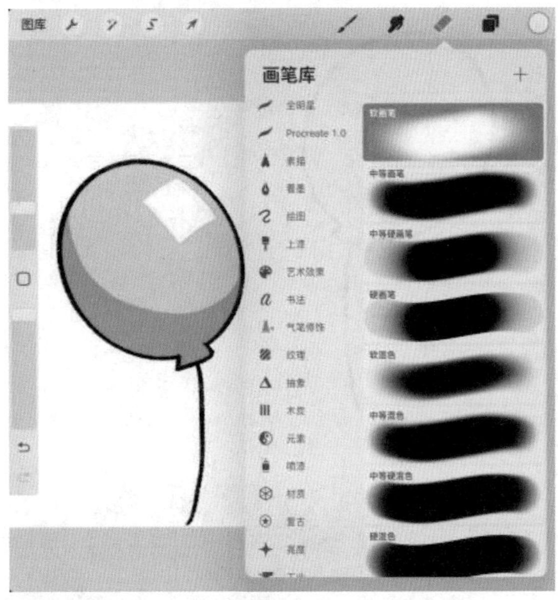

图1-54

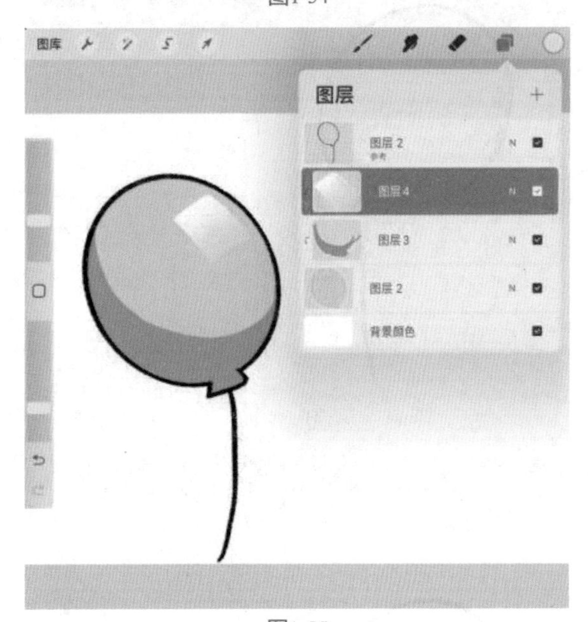

图1-55

08 将同一橡皮擦缩小尺寸，再次对高光做一个“十”字形的擦除，看起来就好像窗户的光印在了气球上一样。然后将这些图层全部右滑选中，点击“组”按钮，如图1-56所示。

09 将整个组左滑，点击“复制”按钮，如图1-57所示，复制之后的“图层”面板如图1-58所示。

10 在“图层”面板中，选择最上面的组，点击左上角的“变换”按钮，将该组进行放大和旋转，让两个气球看起来有区别，如图1-59所示。

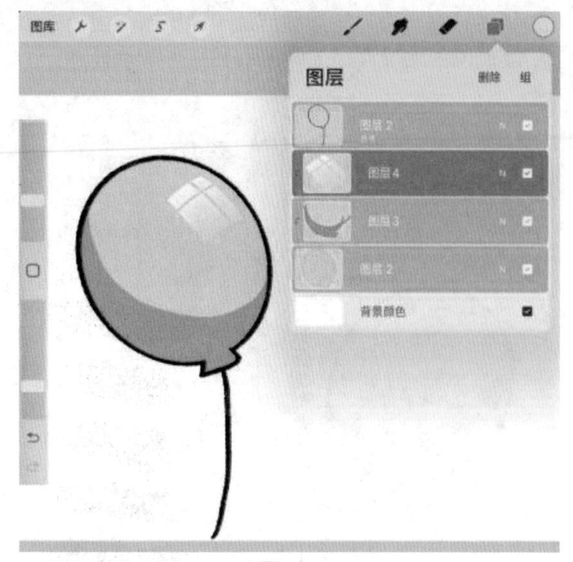

图1-56

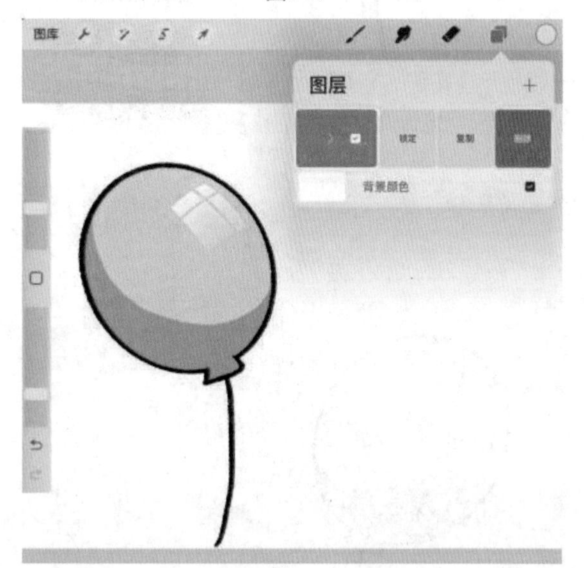

图1-57

图1-58

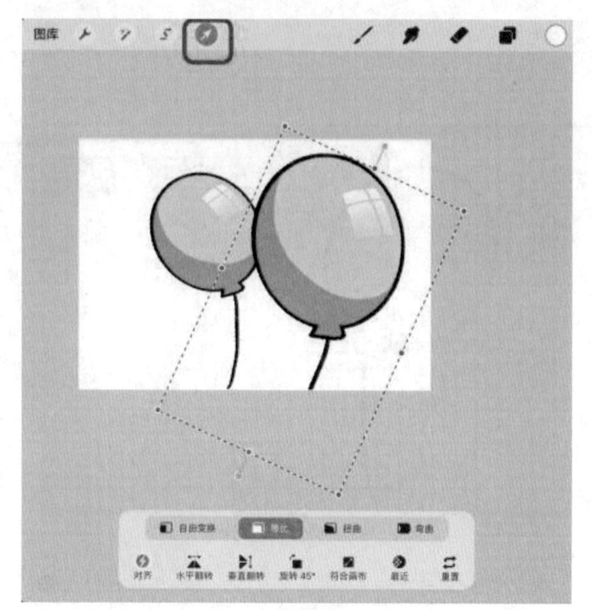

图1-59

11 新建“图层11”，将“软画笔”笔刷放大，在“图层11”中，由上至下画出蓝色天空，再将“图层11”拉到两个组的下面，如图1-60所示，绘制完成，如图1-61所示。

图1-60

图1-61

1.2.6 裁剪并调整画布大小

用户在绘画时难免遇到画布过大或过小的情况，以前传统作画在纸上不便修改，但现在用户可以点击“操作”按钮，在“操作”面板中点击“画布”按钮，使用“裁剪并调整大小”功能按自己的心意修改画布尺寸，如图1-62所示。

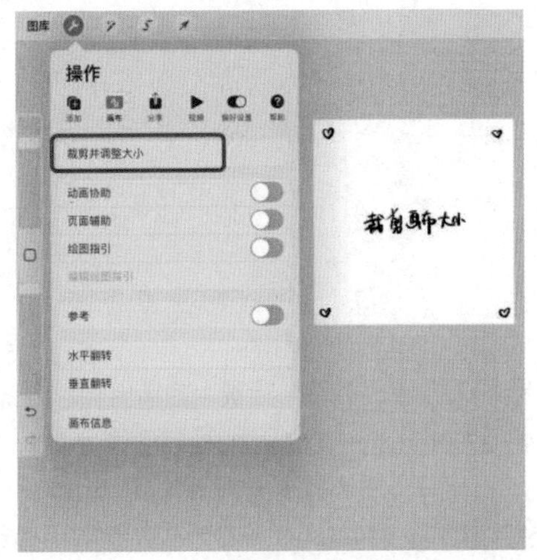

图1-62

点击“裁剪并调整大小”按钮，打开“裁剪并调整大小”面板，如图1-63所示。

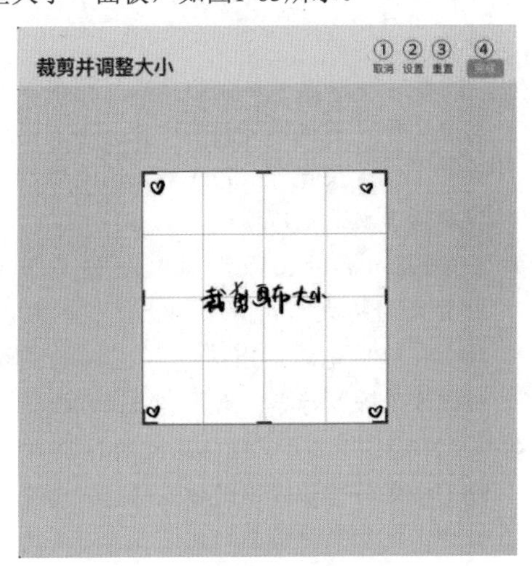

图1-63

接下来介绍“裁剪并调整大小”面板。

- ①取消：不进行修改。
- ②设置：展开详细的设置参数。
- ③重置：如果对调整后的参数不满意，可以点击“重置”按钮，即可回到设置前的参数。
- ④完成：确认修改后的尺寸。

在“裁剪并调整大小”面板中点击“设置”按钮，如图1-64所示。

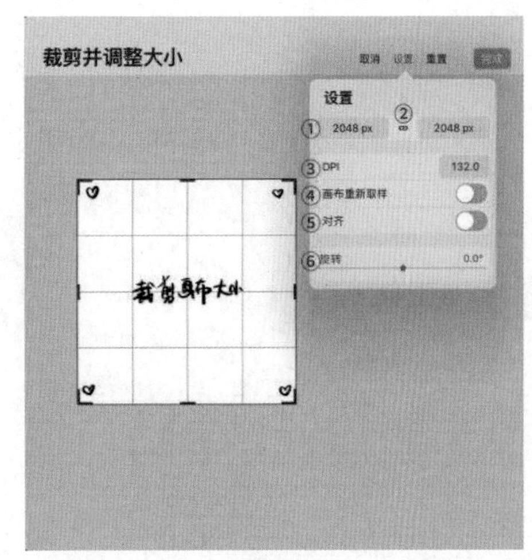

图1-64

接下来介绍“设置”面板。

- ①画布尺寸：可以手动输入新的画布尺寸。除了设置具体的数值来改变画布大小，也可以直接拖曳画布上下左右和四个角的粗线，直观地拖曳来改变画布大小。
- ②比例锁链：锁定画布比例。当锁链未点亮时，可以分别设置画布的宽和高，当锁链点亮时，只修改宽或高中的一处，另一处也会自动随之变化，以保持画布比例不变。
- ③DPI：也叫分辨率，数值越大画面越清晰，一般用默认数值即可。画布尺寸和DPI值共同影响着最大图层数。
- ④画布重新取样：不打开“画布重新取样”功能，放大画布尺寸时，新增的面积会直接肉眼可见地多出来，如图1-65所示；打开“画布重新取样”功能，放大画布尺寸时，新增的面积会直接和原有的画面匹配，而不是多出来一块面积，如图1-66所示。

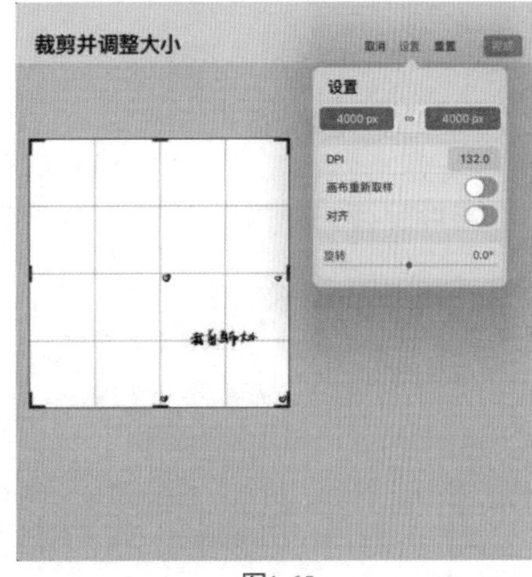

图1-65

图1-66

- ⑤对齐：打开“对齐”功能后，用拖曳画布上粗线的方法改变画布大小时，会出现吸附效果，帮助用户更整齐地对齐画面上的内容。
- ⑥旋转：将画布上的内容旋转，被转出画布以外的内容会被直接裁掉，如图1-67所示。

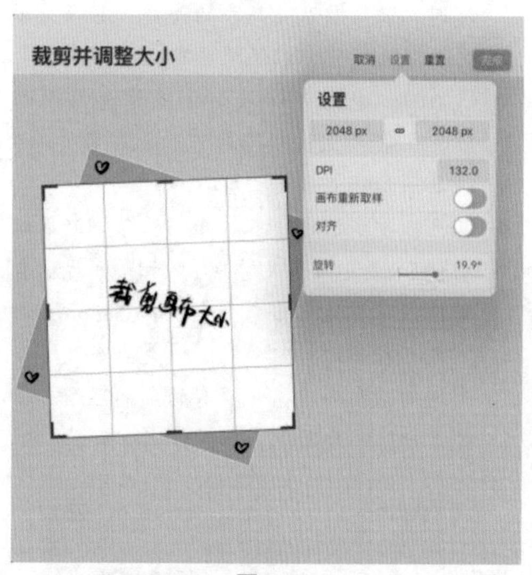

图1-67

1.2.7 图片保存方式

不同的图片因格式不同、属性不同，往往有着不同的用途。例如常见的静态图片大多是JPEG格式，微信动态表情则是GIF格式。

接下来介绍图片的两种保存方式。

（1）点击“操作”按钮，在“操作”面板中点击“分享”按钮，如图1-68所示，有多种保存格式可供用户选择。

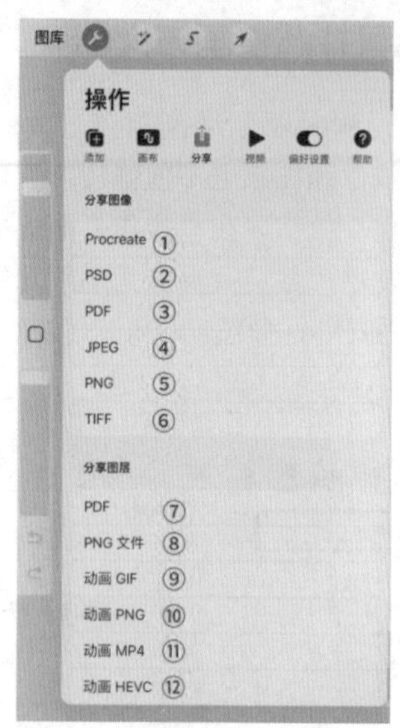

图1-68

接下来介绍“分享”面板中的所有保存格式。

- ①Procreate：Procreate的原始文件格式，可以保留图层并随时打开再编辑。
- ②PSD：Photoshop的原始文件格式，也是大多数图像处理软件的原始格式，同样可以保留图层并随时打开再编辑。Procreate可以打开PSD格式，但Photoshop不能打开Procreate格式。
- ③PDF：可以图文结合的格式，适合做一些重要文件，不仅浏览起来方便，而且不容易被篡改或者误操作。PDF格式也是现在做简历和电子书常见的格式。
- ④JPEG：有时也简写为JPG，是日常生活中常见的格式，用户在网上浏览的任意图片中，98%都是JPEG格式，它的特点就是四四方方并且静态，浏览起来很方便。
- ⑤PNG：PNG和JPEG最大的区别在于，PNG格式的背景可以是镂空的。只需要在存储时，把背景图层全部关闭，再另存为PNG格式，得到的就是没有背景的图了。
- ⑥TIFF：TIFF格式的画质要高于JPEG格式。但因为是无损的压缩文件，压缩率低，文件量就很大，所占的空间大，传输、使用和存储都没有JPEG方便。
- ⑦PDF：与“分享图像”面板中的PDF不同，“分享图像”面板中的PDF是将所有图层上的内容存在一页PDF里，而“分享图层”面板中的PDF是将每个图层（或组）各占PDF里的一页。

- ⑧PNG文件："分享图像"面板中的PNG是将所有图层上的内容合并在一张PNG里，而"分享图层"面板中的PNG是将每一个图层各存为一张PNG图片。
- ⑨动画GIF：是动态表情包的常用格式，常用于微信表情包。
- ⑩动画PNG：点击按钮会发现，预览时图片会动，但保存后不会动，用电脑查看时，会发现里面还包含了其他图层信息。因为动画PNG虽然有着比动画GIF更高的视觉质量，但支持的平台有限，所以不常用。
- ⑪动画MP4：视频格式，不支持无背景色，当背景导出时，背景即为黑色。
- ⑫动画HEVC：视频格式，支持无背景，当背景导出时即为透明背景，文件占用内存相对动画MP4要小一些。

（2）在Procreate初始界面的文档区中，将任意文档的缩略图向左滑动，然后点击"分享"按钮，如图1-69所示，用户可根据实际需要选择分享的格式。

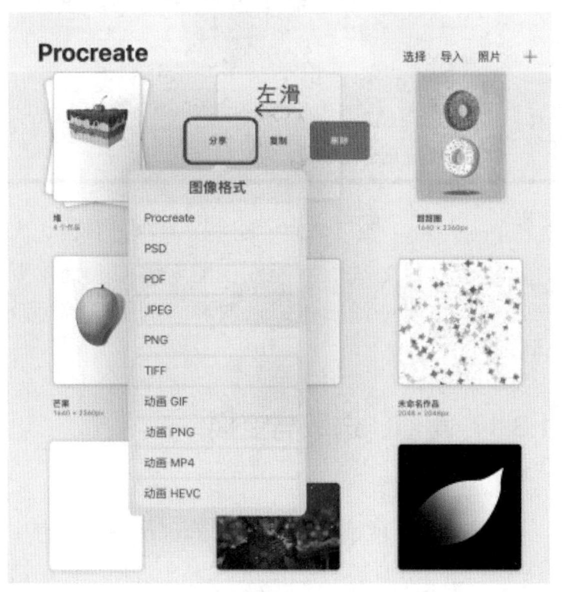

图1-69

1.2.8 手抖画不稳线条的解决办法

画手若想短时间内快速改善画线条歪歪扭扭的情况，可在Procreate中通过设置"稳定性"功能来达到画好线条的目的。

点击"操作"按钮，在"操作"面板中打开"偏好设置"功能，点击"压力与平滑度"按钮，如图1-70所示，将"稳定性"参数略微调大，如图1-71所示，就可以起到修正线条的作用，其他选项虽然也能让线条更加平滑，但不建议调整过大，否则画出来的线条会像橡皮筋一样扭来扭去。

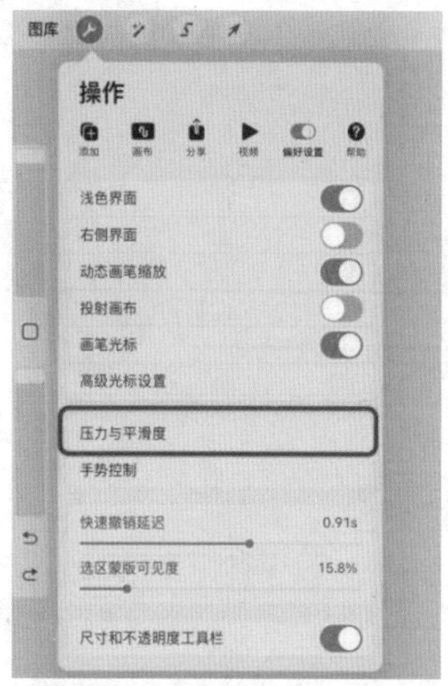

图1-70

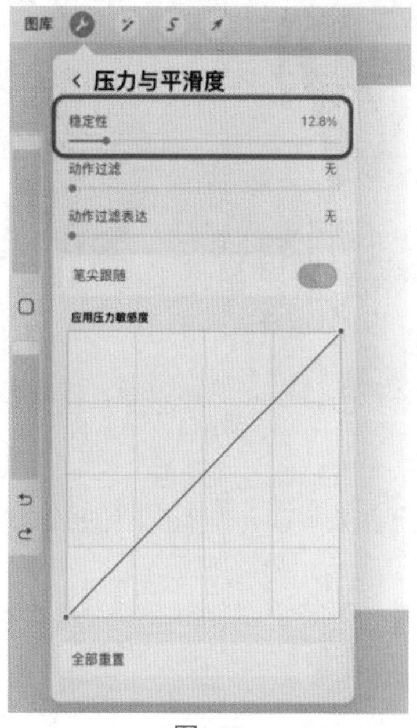

图1-71

1.2.9 怎样一边画一边看参考

画手在绘画时常常需要参考，但频繁在Procreate和相册之间来回切换也很麻烦，接下来介绍两种方法解决这一问题。

（1）使用Procreate的"参考"功能

在"操作"面板中点击"画布"按钮，在"画布"面板中打开"参考"功能，如图1-72所示，接着在“参考”界面点击“图像”按钮，如图1-73所示，将用来参考的照片进行导入，就可以开始绘画了。

图1-72

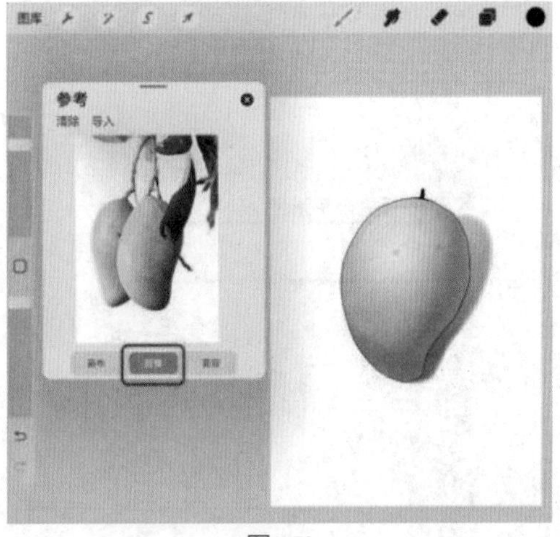

图1-73

（2）使用iPad的分屏功能

先用手指从屏幕底边缘由下往上滑动，直到底部程序坞出现，如图1-74所示。

图1-74

再从程序坞中，将“相册”图标拖曳至屏幕左边，如图1-75所示，这时，相册和Procreate就可以同时出现在屏幕中，方便用户一边看参考一边绘画，如图1-76所示。

图1-75

图1-76

1.3 Procreate进阶功能

Procreate中除了笔刷、图层等基础工具，还有许多进阶功能，进阶功能往往能对画面起到重要帮助，本节将介绍阈值、选取和自制笔刷等进阶功能。

1.3.1 阈值、选取与变换

1. 阈值功能

阈值功能可以调节范围，在Procreate中没有实体按钮，它的用法隐藏在其他工具中，如填色、选择和滤镜程度等。

当画手在Procreate中对线稿快速填充底色之后，就会出现颜色溢出或填色后有白边这两个常见的问题。

颜色溢出大多是因为线稿没有完全闭合，需要在填充时调小阈值。

用“6B铅笔”笔刷画两个椭圆形线稿，左边的椭圆形线稿有未闭合的小缺口，右边的椭圆形线稿是完全闭合的状态，如图1-77所示。

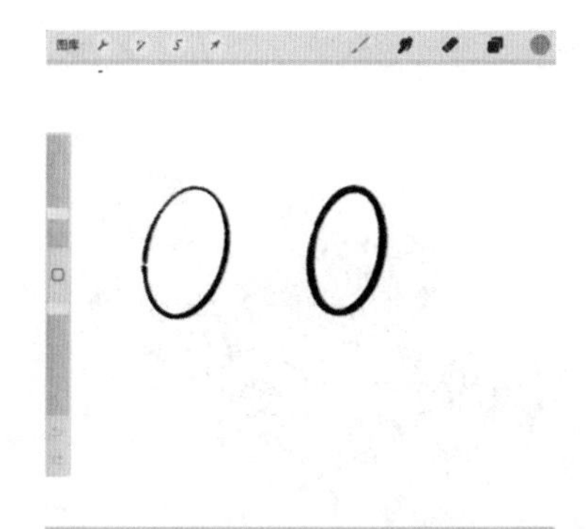

图1-77

按住界面右上角的“颜色”按钮，并拖曳到左边有缺口的椭圆形线稿中，如图1-78所示。笔刷不要抬起，继续停留在屏幕上，等颜色出现后稍微左右拖曳笔刷，当阈值为20%时，颜色会从左边的椭圆形中溢出，说明阈值太大了，如图1-79所示，将笔刷往左拉，将阈值调小到10%左右时，原本溢出的颜色就会回到圈内，如图1-80所示。需要注意的是，按照这个方法，没有闭合的线条也能填色，但缺口最多只能为几个像素，不能太大。

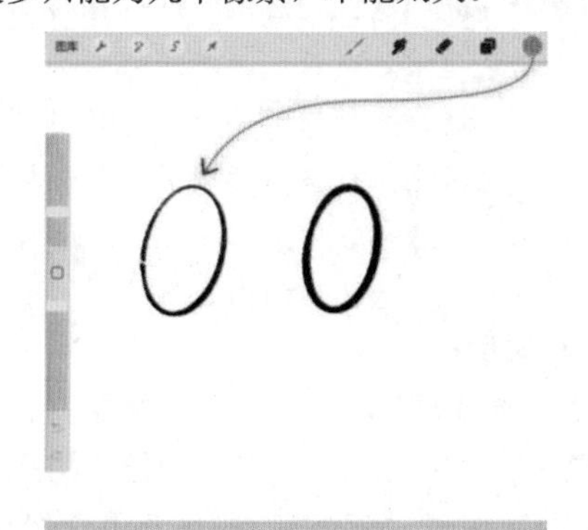

图1-78

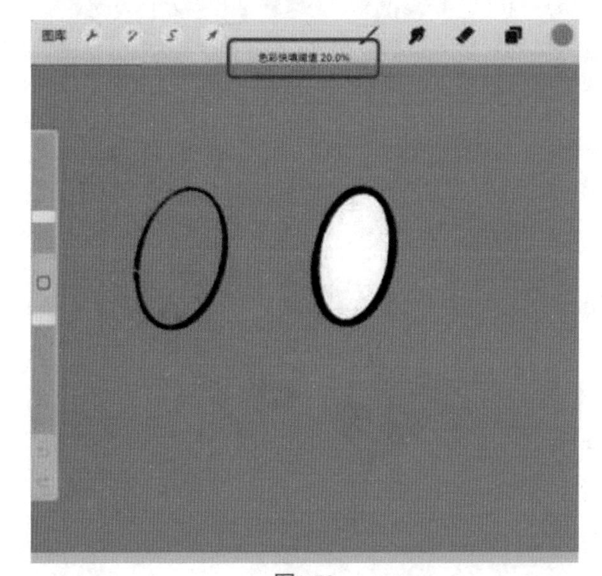

图1-79

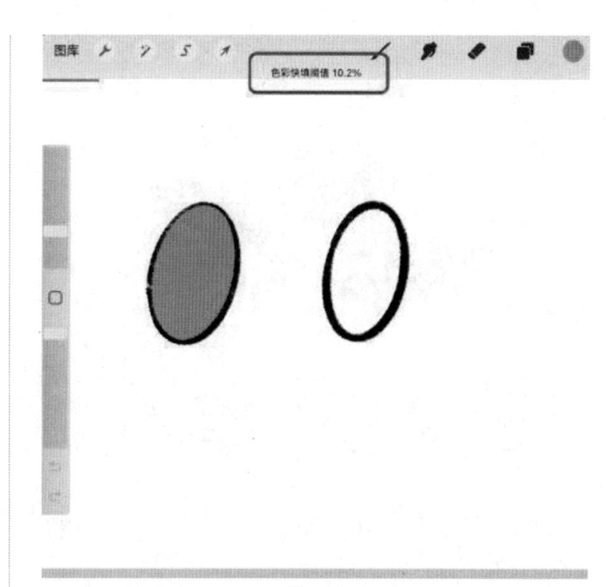

图1-80

对右边闭合的椭圆形线稿进行填色，即使阈值高达62%，颜色也不会溢出，如图1-81所示。

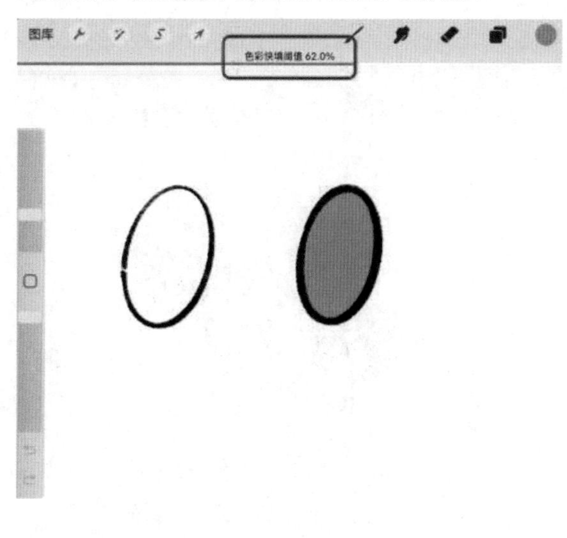

图1-81

综上所述，填色落笔时越往右拉，阈值越大，选择越大，范围越模糊；落笔时越往左拉，阈值越小，选择越小，范围越精确。

2. 选取功能

点击操作界面左上角的“选取”按钮，屏幕下方将自动出现相关选项，如图1-82所示，自动、手绘、矩形和椭圆是不同的选择范围的方式，用户可以根据不同的画面需求选择不同的方式。

接下来介绍“选取”面板。

- 自动：适用于边缘不规则、分布不固定的色块。可以自动选择，使用方便，但需要色块颜色分明。

图1-82

- 手绘：边缘形状可以随心所欲，边缘清晰明了。
- 矩形：固定的方形选区。
- 椭圆：固定的圆形选区。

每个选取方式下面对应的小分支都是一样的，在“选取”工具中点击“自动”按钮，打开“自动”菜单，如图1-83所示。

图1-83

接下来以“自动”菜单为例介绍7个按钮。

- ①添加：只要轻点画布上任意处，自动选取工具即会将它们添加至选区中。还可以通过改变选区阈值来决定选取范围的大小。轻点选取范围后，轻点并长按即可呼唤选区阈值，此时向左或右拖动手指即能调整选取阈值，往左拖动手指减少选取范围，往右拖动则增加范围。在增加选区阈值的同时，选取范围会包含更多的附近区块。被选取的物件会以相对色显示，如图1-84所示，再次点击“选取”按钮可取消范围。
- ②移除：轻点已被选中的任意处，将该范围从选区中移除。

图1-84

- ③反转：将选区进行反向选择，“要的”变成“不要的”，“不要的”变成“要的”。
- ④拷贝并且粘贴：点击后系统自动将用户选择的范围复制并粘贴到新的图层。
- ⑤羽化：模糊选区边缘，羽化值越大，边缘越模糊。
- ⑥储存并加载：将当前的选区存起来，如果下次还想用这个选区，不用重新选取，直接点击“储存并加载”按钮就能找到。
- ⑦颜色填充：给当前的选区范围直接填充目前选中的颜色。
- ⑧清除：把选区内的内容删掉。

3. 变换功能

“变换”功能常常与“选取”功能搭配使用。

如使用“变换”功能中的“手绘”功能选中某一区域后，轻点“起点”按钮来闭合选区，如图1-85所示，接着点击“变换”按钮，刚才被圈住的内容外就会出现一个框，如图1-86所示，点击框上的蓝点可以缩放和拉伸这个区域，绿点用来旋转

图1-85

这个区域，黄点用来调整蓝框的角度，方便对齐。

图1-86

自由变换、等比、扭曲和弯曲这四种变换方式都是帮助用户对框选区域作出形状上的调整，每个变换方式下面对应的小分支都是一样的。

接下来介绍自由变换、等比、扭曲和弯曲这四种变换方式的区别。

- 自由变换：强调横向与纵向自由拉伸。
- 等比：等比缩放，缩放时保持物体原有的比例，不让物体变形，非常实用。
- 扭曲：可以单独挪动某一个角。
- 弯曲：点击后会出现九宫格，拖曳九宫格，可以更细致地调整形状。

除了变换，还可以对选中的内容进行“挪动”，按住框内或框外均可挪动这个区域的位置，如图1-87所示。

图1-87

接下来以“自由变换”菜单为例介绍7个按钮。

- ①对齐：被移动的元素，和画面里的其他元素有细微的吸附效果。
- ②水平翻转：将选中区域水平翻转。
- ③垂直翻转：将选中区域垂直翻转。
- ④旋转45°：每点击一次，将选中区域顺时针旋转45°一次。
- ⑤符合画布：把选中区域放大到撑满画布。
- ⑥最近：变形时的计算方式，通常保持默认即可。
- ⑦重置：将本次所有操作全部还原。

1.3.2　事半功倍的图层模式

在“图层”面板中点击“N”按钮，打开“图层模式”面板，如图1-88所示，“图层模式”面板中不仅包含了图层的“不透明度”，还有26个图层模式。

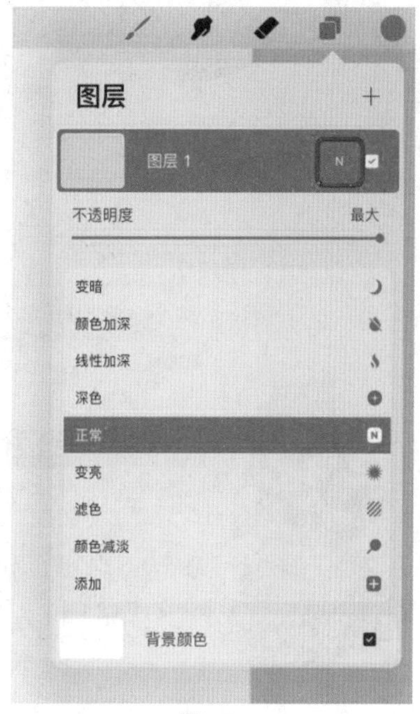

图1-88

接下来介绍两种常用的图层模式。

- 正片叠底：常用来给画面添加整体暗面。
- 覆盖：常用来给画面整体添加亮面。

以半成品图为例，如图1-89所示，若用常规思维去画暗面，画不同部位的暗部时需要更换不同的颜色，绘制非常烦琐，如图1-90所示。

但是用“正片叠底”图层模式，只需要用暖色相的浅灰色，即可解决整张图的全部暗面，从头到尾几乎都不需要再更换颜色，非常方便，如图1-91所示。

图1-89

图1-90

图1-91

1.3.3 关于笔刷

1. 自制笔刷

Procreate画笔库中自带了18种多能多元的核心画笔组，有的写实，有的狂想，这些画笔能够满足用户日常绘画的绝大多数需求，当然，用户也可以尽情发挥创造力，自制不同笔刷，满足个性化需求。如本书采用的自制花瓣笔刷，可以画出漫天飞舞的花瓣，如图1-92所示，花瓣笔刷适用于在风景插画里点缀画面。

图1-92

接下来介绍如何自制花瓣笔刷。

01 点击主界面右上角的“+”按钮，新建一个正方形画布，如图1-93所示。

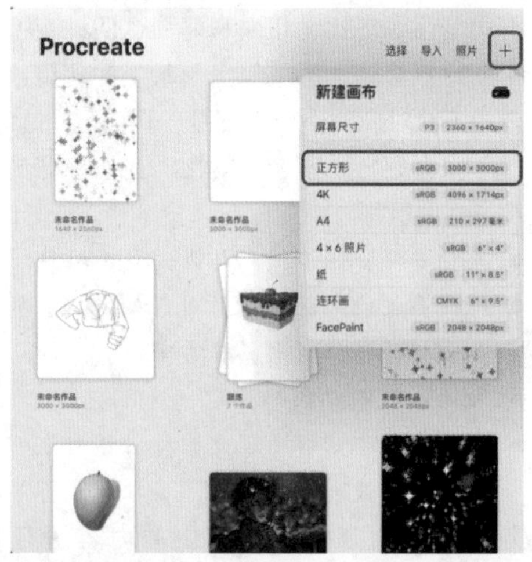

图1-93

02 将背景图层改为纯黑色，并在“图层1”上用“硬画笔”笔刷取白色，画出一片花瓣的形状，如图1-94所示。

图1-94

03 选择“橡皮擦”工具中的“软画笔”橡皮擦，如图1-95所示，将花瓣的尾端稍稍擦除，直至透出黑色背景，这样制成笔刷时黑色这部分将会是透明的，如图1-96所示。

图1-95

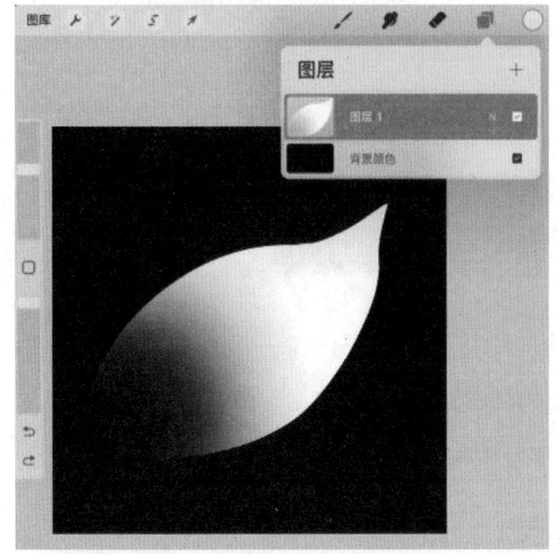

图1-96

04 三指在屏幕从上往下滑动，在弹出的“拷贝并粘贴”界面中点击“全部拷贝”按钮，如图1-97所示。

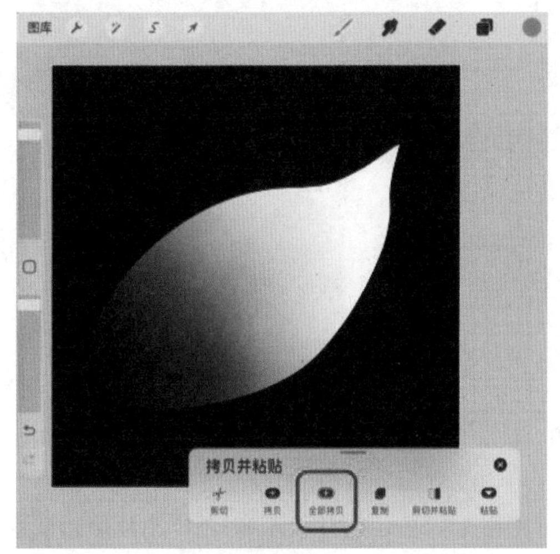

图1-97

05 打开笔刷库，点击“气笔修饰”按钮，选择“硬画笔”笔刷，左滑笔刷，点击“复制”按钮后，生成“硬画笔1”笔刷，如图1-98所示。

06 点击“硬画笔1”按钮，打开“画笔工作室”面板，点击“形状”按钮，在“形状”界面中，点击“形状来源”按钮后的“编辑”按钮，如图1-99所示，在弹出的“形状编辑器”界面中，先点击“导入”按钮，再点击“粘贴”按钮，如图1-100所示，最后点击“完成”按钮，如图1-101所示。

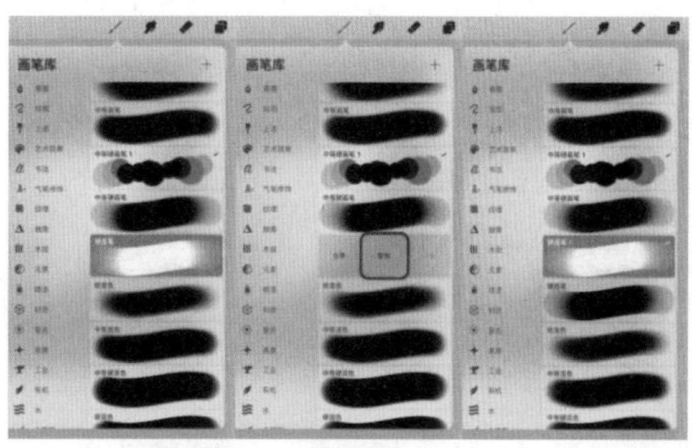

图1-98

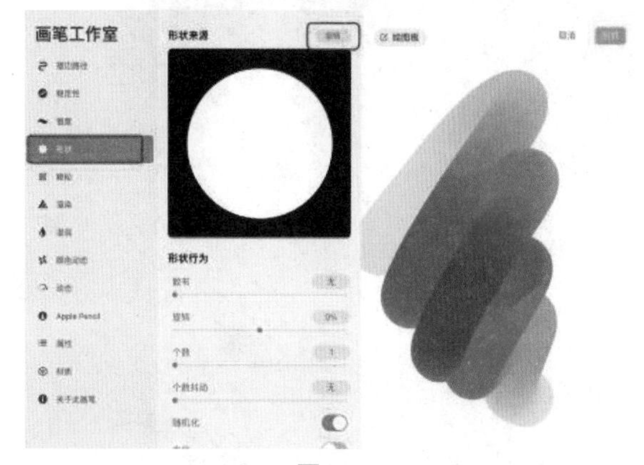

图1-99

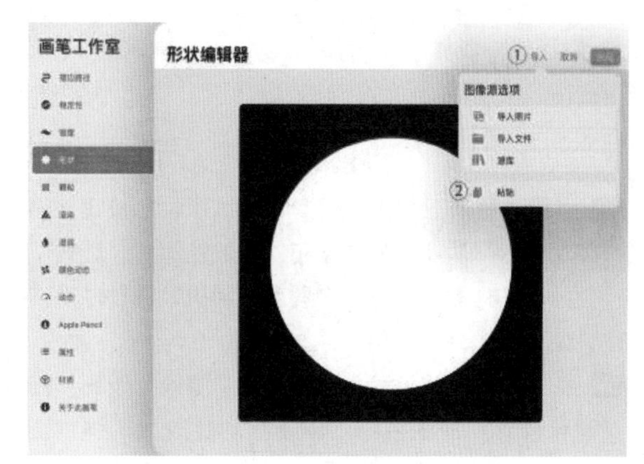

图1-100

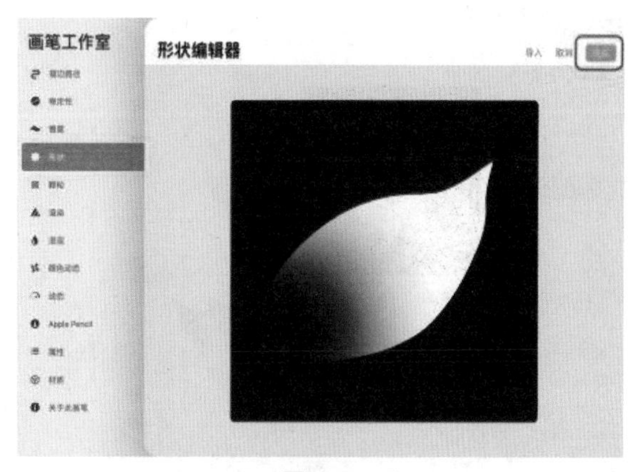

图1-101

07 点击“画笔工作室”面板中的“描边路径”按钮，将“描边属性”功能中的“间距”参数开到65%左右，“抖动”参数开到90%左右，让花瓣的排列错落有致，调整前后变化如图1-102所示。

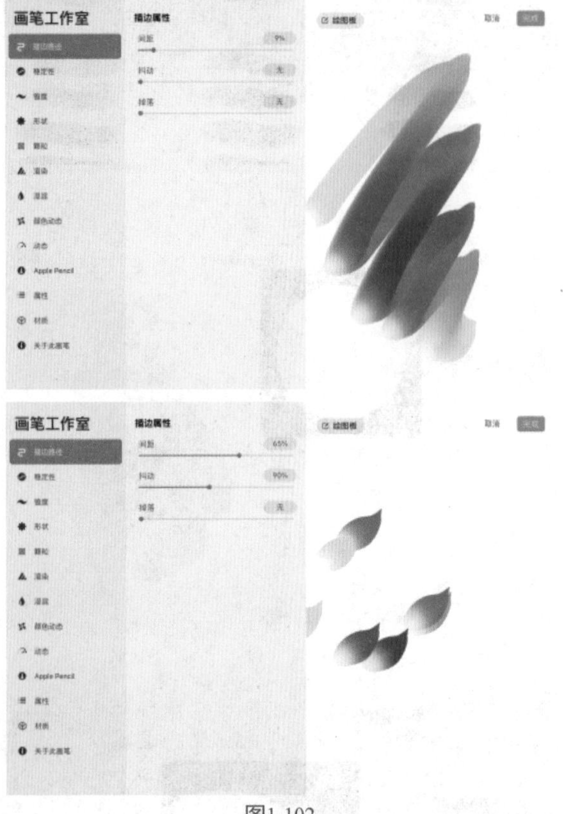

图1-102

08 点击“画笔工作室”面板中的“形状”按钮，将“形状行为”功能中的“散布”参数拉满，“旋转”参数拉满，让每一片花瓣的角度更随机，调整前后变化，如图1-103所示。

09 点击“画笔工作室”面板中的“渲染”按钮，在“渲染模式”面板中将“渲染”功能改为“强烈混合”，让每片花瓣的颜色更“透”，调整前后变化如图1-104所示。

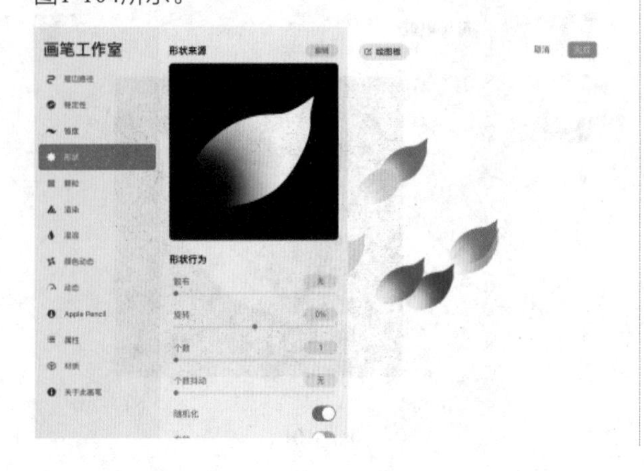

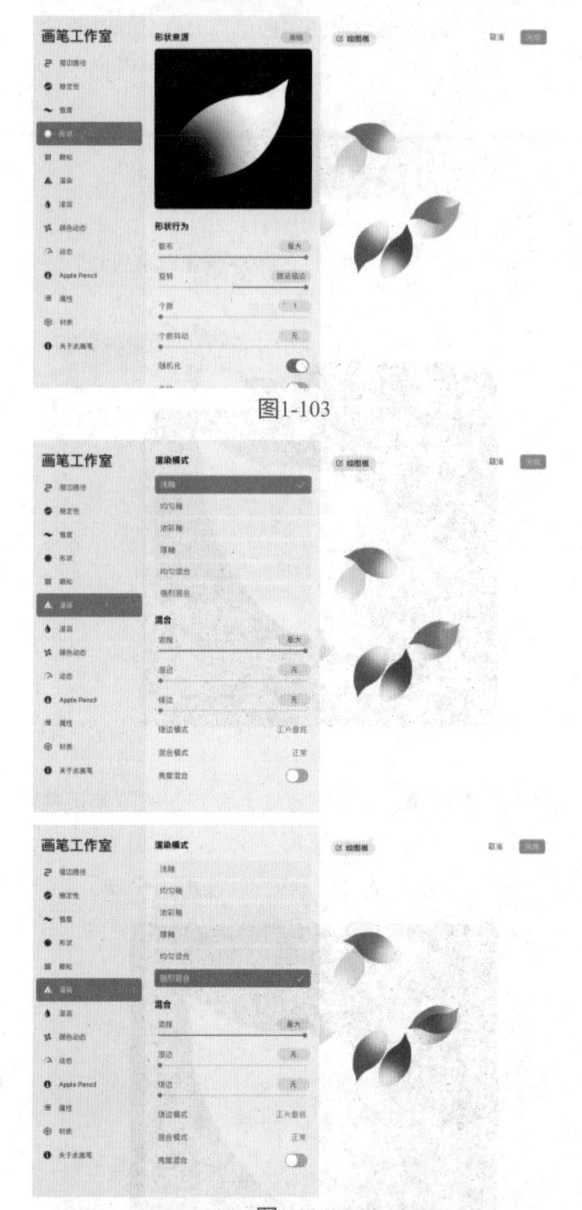

图1-103

图1-104

10 点击“画笔工作室”面板中的“颜色动态”按钮，将“图章颜色抖动”功能中的“色相”参数拉到30%左右，如图1-105所示，颜色丰富程度跟随色相值的大小而变化。色相值越大，颜色越丰富；色相值越小，颜色越稳定，调整色相值可让每一片花瓣的颜色都变得不一样。

11 点击“画笔工作室”面板中的“动态”按钮，将“抖动”功能中的“尺寸”参数拉到70%，“不透明度”参数拉到50%，这一步可让每片花瓣的大小和轻重不一样，调整前后变化如图1-106所示。

12 点击“画笔工作室”面板中的“Apple Pencil”按钮，将“压力”参数中的尺寸拉到50%左右，“不透明度”参数拉到70%左右，这一步可让花瓣的大小和浓淡随着用笔的力度而改变，调整前后变化如图1-107所示。

图1-105

图1-106

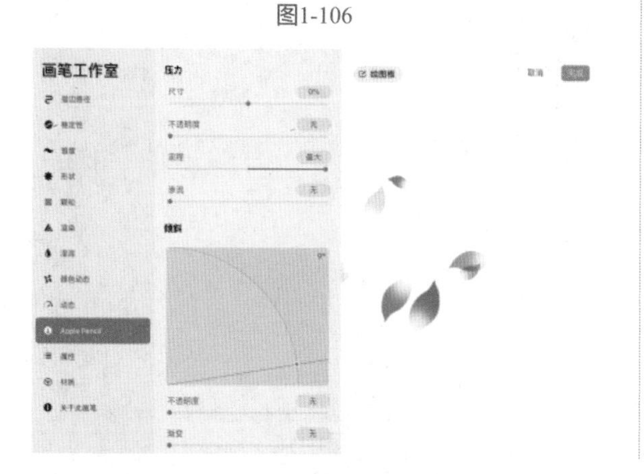

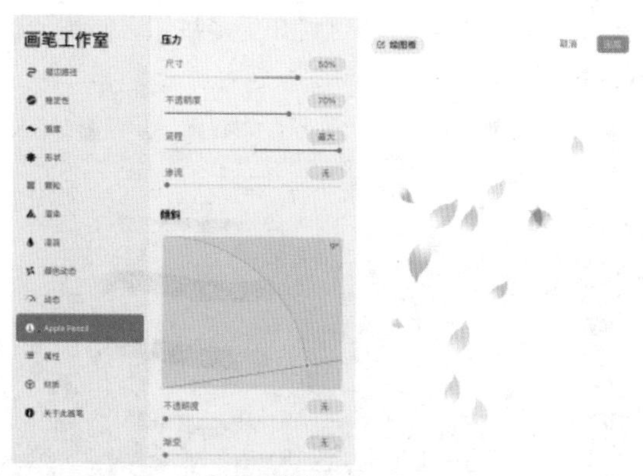

图1-107

13 点击“画笔工作室”面板中的“属性”按钮，调整“最大尺寸”参数为1000%，“最小尺寸”参数为0，“最大不透明度”参数拉满，“最小不透明度”参数为1%，如图1-108所示。这一步可让笔刷大小和轻重在后期使用时更方便调整。

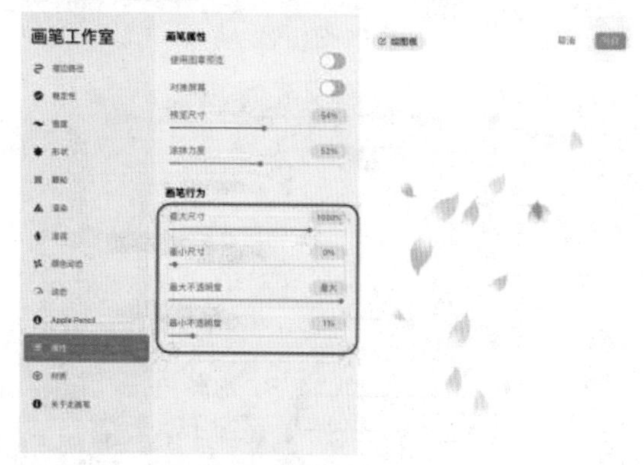

图1-108

14 点击“画笔工作室”面板中的“关于此画笔”按钮，在图示区域将笔刷名称改为“花瓣笔刷”，用户也可以在下方签上制作者名称，最后点击“完成”按钮，该笔刷制作完毕，如图1-109所示。

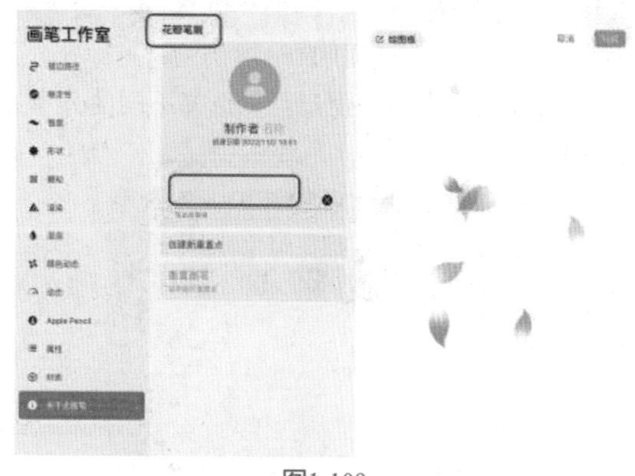

图1-109

2. 笔刷的导出

笔刷除了自用也可以进行分享，只需轻点笔刷组，图标会变成蓝色，表示已选中，如图1-110

所示，随后再次轻点即可展开更多按钮，点击“分享”按钮，如图1-111所示。

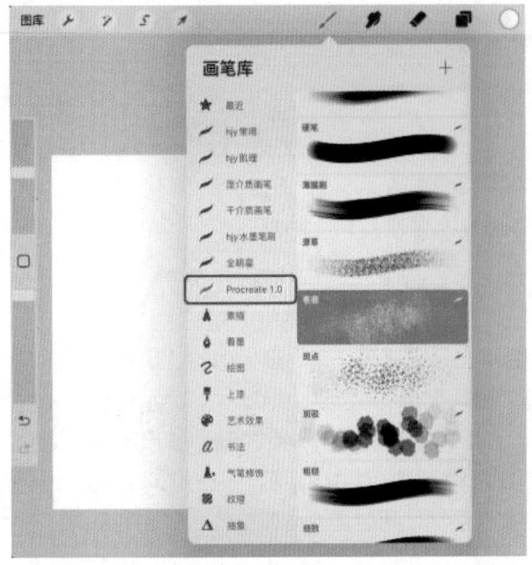

图1-110

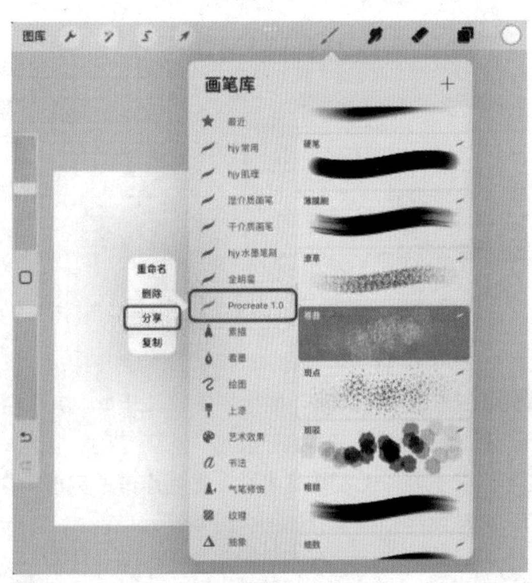

图1-111

在弹出的界面中，用户可以选择不同的分享方式，如图1-112所示。

图1-112

3. **笔刷的导入**

用户可以通过微信发送笔刷，如图1-113所示，但无法直接打开，如图1-114所示，这时只需轻点“用其他应用打开”按钮，随后在新弹出的界面中选择“Procreate”软件，如图1-115所示，即可自动跳转并将笔刷导入至“Procreate”软件中，如图1-116所示。

图1-113

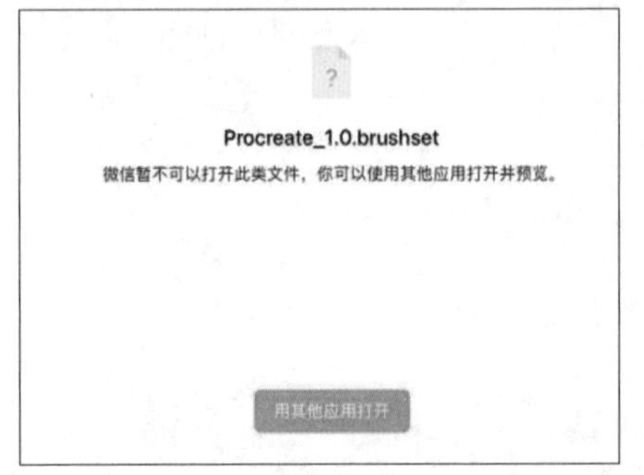

图1-114

图1-115

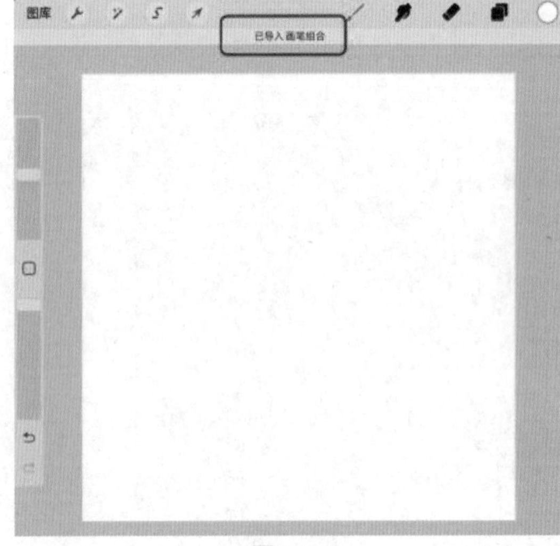

图1-116

1.3.4 动画协助做 GIF 动画

Procreate不仅可以绘制静态画面，还可以用来制作动画。

在做动画之前，需要先知道什么是“帧”。

举个例子：动画通常都是24帧/秒，1秒钟由24个帧组成，1帧就是一个画面，20分钟的动画等于20分钟×60秒钟×24帧=28800个画面，工作量非常大。条件允许的情况下，提高每秒内的帧率，动画画面就会更加流畅，如动画电影或者FPS游戏，往往有着更高的帧率。

一般3～5帧就可以做一个非常有意思的动画。接下来介绍怎样制作动画。

01 打开“操作”面板，点击“画布”按钮，打开“动画协助”功能，操作界面下方会出现一个框，这个框叫“时间轴”，如图1-117所示。用户的每一个图层和图层组将成为时间轴中的关键帧，并以缩略图的方式呈现，如同换个方向显示的图层列表。图层列表最下面的图层会出现在时间轴的最左帧，每一帧从左至右依时间性前后排序。

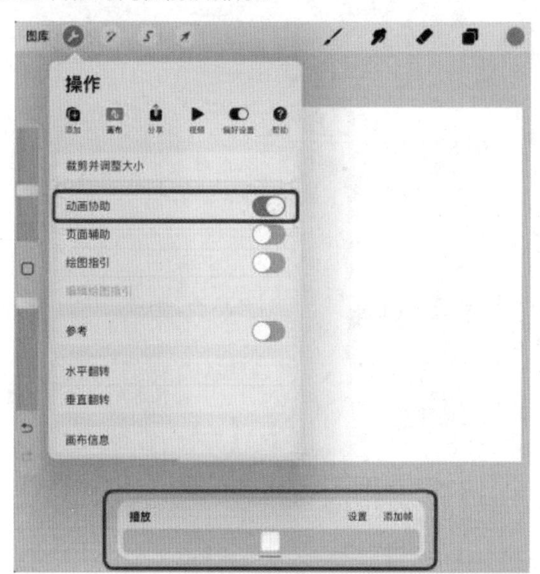

图1-117

02 在第一个图层上画一只小兔子，画好后，画面中的内容会同步到时间轴里的关键帧上，如图1-118所示。

03 点击“新建图层”按钮或者“添加帧”按钮，画面上都会自动多一个层和一个帧，然后直接在新图层上画动画的第二个画面，如图1-119所示。

04 再次点击“新建图层”按钮或者“添加帧”按钮，画出最后一帧，总共用3个帧完成这个动画。画好后点击左下角的“播放”按钮，即可看到动画效果，如图1-120所示。

图1-118

图1-119

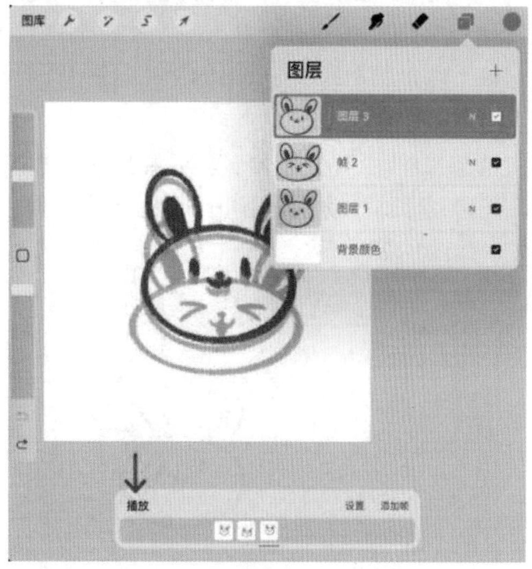

图1-120

05 点击“设置”按钮，进行设置，如图1-121所示。

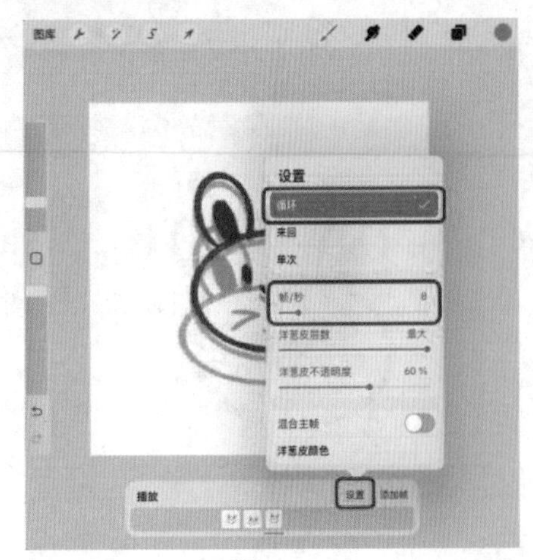

图1-121

06 在“操作”界面中点击“分享”按钮，选择“动画GIF”格式进行分享导出即可，如图1-122所示。

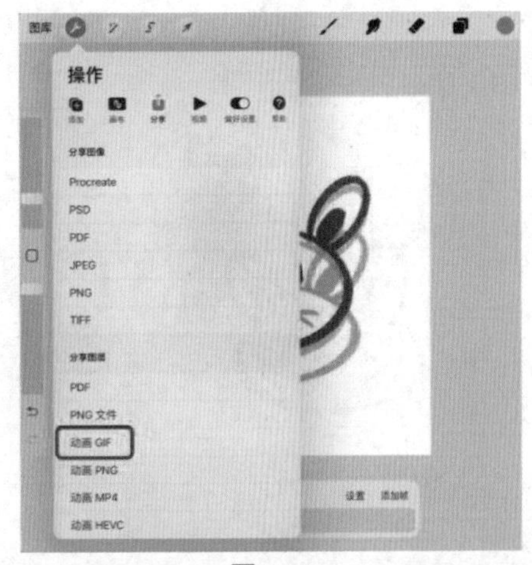

图1-122

07 用户可根据实际需要进行选择。选择“最大分辨率”，质量较高，文件尺寸较大；选择“支持网络”，质量较低，文件尺寸较小。

每个图层都会转变为动画GIF的每一帧，从最下面的图层开始播放。

调节“帧/秒”参数大小，可调整动画播放速率，还可以添加抖动、使用每帧调色板或设置透明背景，如图1-123所示。

图1-123

1.3.5 强大的绘图指引

“绘图指引”功能可以帮助画手解决想画直线却画不直、想画透视又画不准和想画对称又不会用等问题。

在“操作”面板中点击“绘图指引”按钮，打开“绘图指引”功能，如图1-124所示，然后点击“编辑绘图指引”按钮，进入“绘图指引”面板，画面正中间是辅助线，最上面的“颜色”条可以更改辅助线的颜色，如图1-125所示。

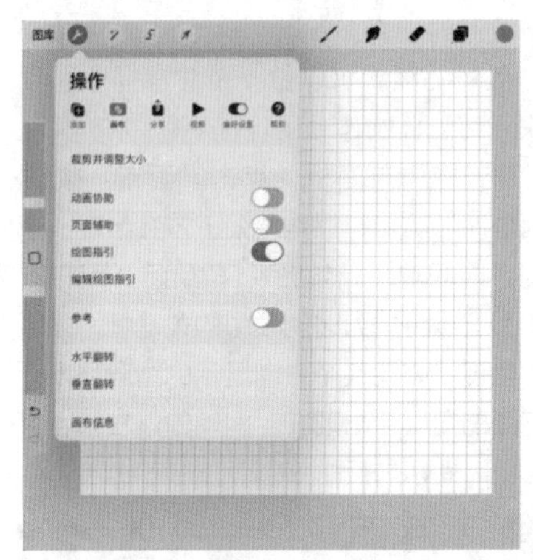

图1-124

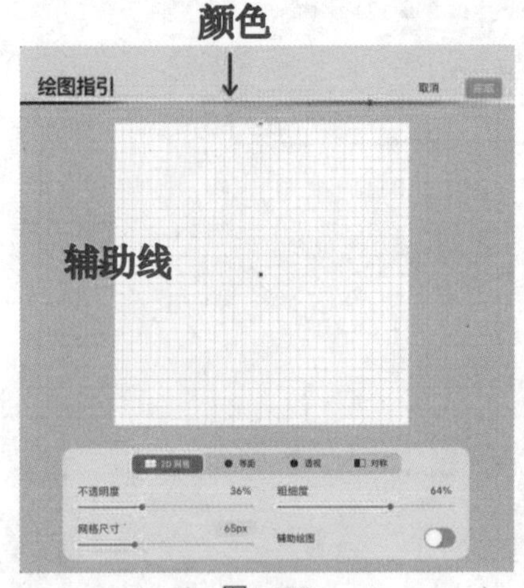

图1-125

打开“绘图指引”面板后，总共有“2D网格”“等距”“透视”和“对称”4个分支，接下来介绍这4个分支的区别。

1. 2D网格

辅助线为格子形状，适合创建平面图形，如图1-126所示。

“2D网格”“等距”和“透视”面板中的按钮大致相同，接下来以“2D网格”面板为例，对按钮进行介绍。

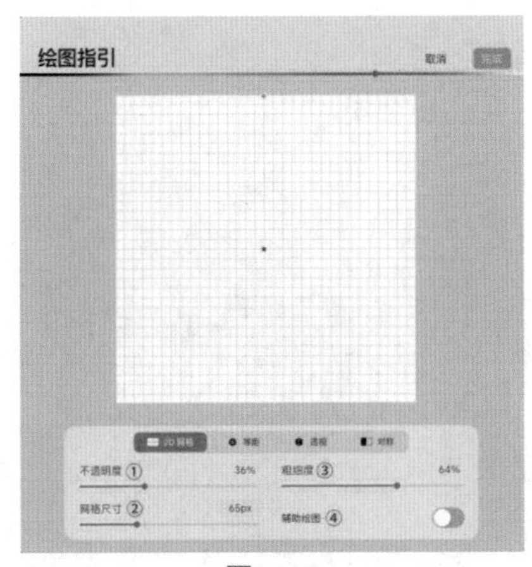

图1-126

- ①不透明度：设置辅助线的不透明度，越往右辅助线颜色越明显，越往左辅助线颜色越淡。
- ②网格尺寸：控制辅助线格子的大小。
- ③粗细度：控制辅助线的粗细。
- ④辅助绘图：关闭“辅助绘图”功能时，点击“完成”按钮，在绘图时可以看到辅助线，但线条不会自动吸附；打开“辅助绘图”功能后，绘图时所有线条都将自动吸附在辅助线上，即使把“绘图指引”功能关闭，吸附效果依然起作用。

2. 等距

点击“等距”按钮，如图1-127所示，三角形网格可以帮助用户创建无收缩透视的3D立体图形，如技术制图。

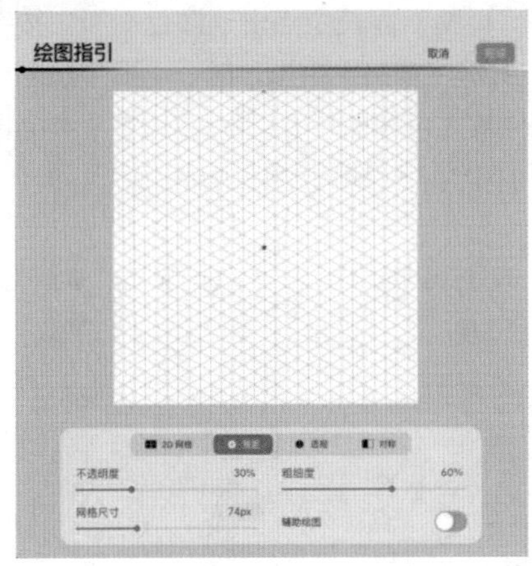

图1-127

3. 透视

用户可以在屏幕上逐一点击，点击之后会出现透视点，如图1-128所示，这三个点分别代表了绘画知识中的一点透视、两点透视和三点透视，任意拖曳即可挪动它们的位置，甚至可以把它们拖曳到画面之外。单独选中某个透视点可以“删除”该透视点，也可以“选择”将这个点发散出来的透视线改颜色，方便用户对透视线加以辨别。

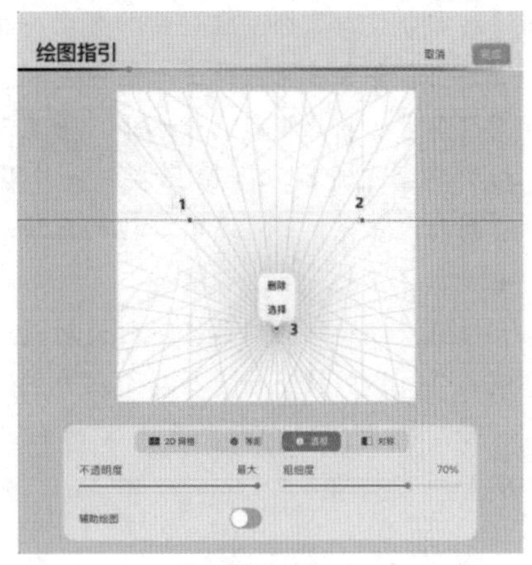

图1-128

适合用来创建含透视点的3D立体图形，可设置单个、两个或三个透视点，适合用于城市景观和漫画背景等绘画。

4. 对称

适用于创造反射图形、重复排版设计或设计万花筒样式的指引工具，让笔画透过垂直、水平、四象限和径向绘图指引镜像反射，拖曳蓝点可以改变对称轴的位置，拖曳绿点可以改变对称轴的方向，如图1-129所示。

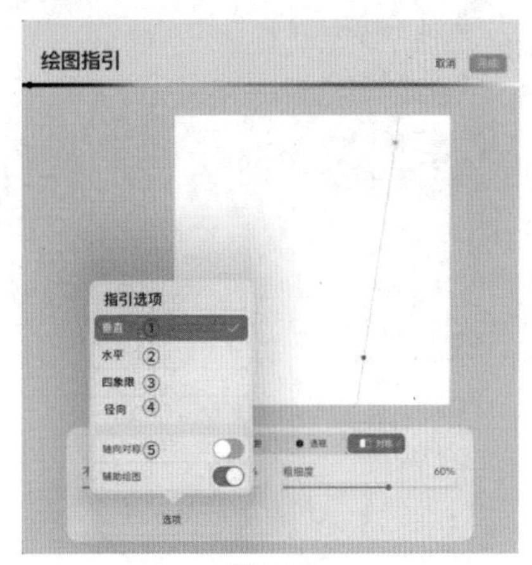

图1-129

接下来介绍“指引选项”面板。

- ①垂直对称：此模式将一垂直指引线置于画布中央，在画布任一边绘制的内容皆会实时在另一边复制重现。用户可以移动或旋转指引线来创造不同角度的镜像效果。
- ②水平对称：此模式将一水平指引线置于画布横跨中央，在画布上半部绘制的内容皆会实时在下半部复制重现，反之亦然。用户可以移动或旋转指引线来创造不同角度的镜像效果。

- ③四象限对称：此模式结合水平及垂直指引将画布分成四等分，在任意四分之一框内绘制的内容会实时在另外三个框内复制重现。
- ④径向对称：此模式结合水平、垂直及对角指引将画布分成八等分，在任一个区块内绘制的内容会实时在所有其他的区块内复制重现。
- ⑤镜像模糊和轴向对称：不打开时是“镜像模式”，指引将反射（反转）用户的笔画；打开后则为“轴向对称”，笔画被旋转并反射。

1.3.6 超多超丰富的滤镜

Procreate自带滤镜，能够快速改变画面整体氛围，增加更多趣味性和意想不到的效果。

点击“调整”按钮，打开“调整”面板，如图1-130所示。

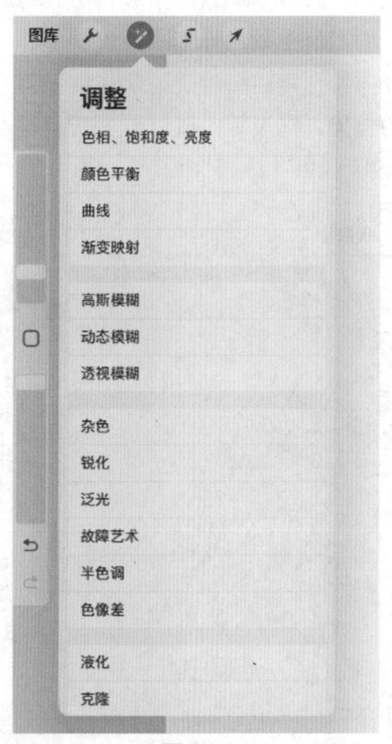

图1-130

1. 色相、饱和度、亮度

“色相、饱和度、亮度”功能可对图形的色相、饱和度和亮度进行调整。选中需要调整的图层，在“调整”面板中点击“色相、饱和度、亮度”按钮，如图1-131所示，滑动对应的滑块即可快速改变气球的颜色，如图1-132所示。

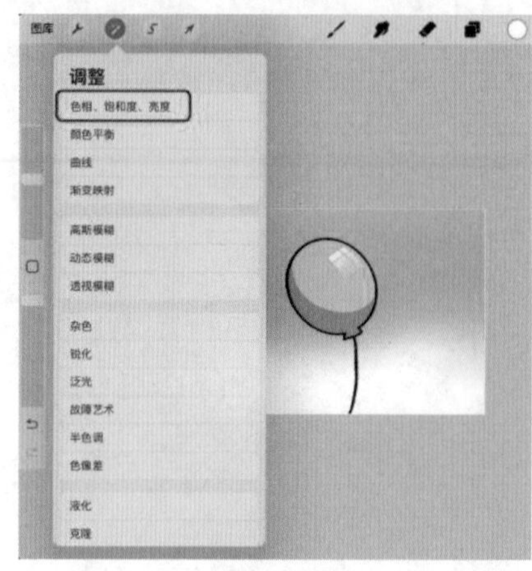

图1-131

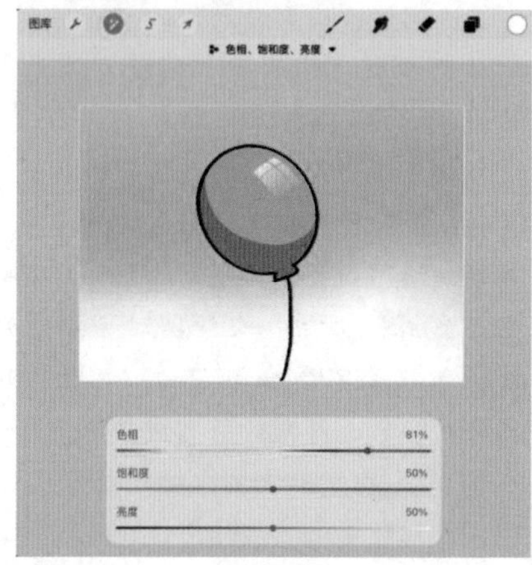

图1-132

2. 颜色平衡

“颜色平衡”功能可以改变画面“阴影”“中间调”和“高光区域”的色相，调整色彩平衡。

在“调整”面板中点击“颜色平衡”按钮，如图1-133所示，调整“阴影”时，画面中最暗的地方颜色变化最大，如图1-134所示，调整“高亮区域”时，画面中最亮的地方颜色变化最大，如图1-135所示。

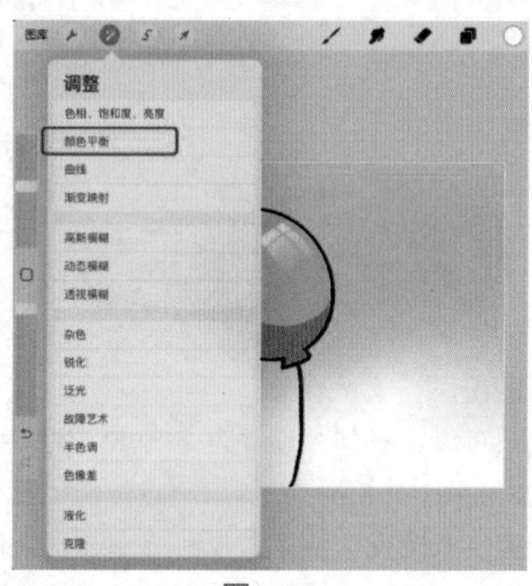

图1-133

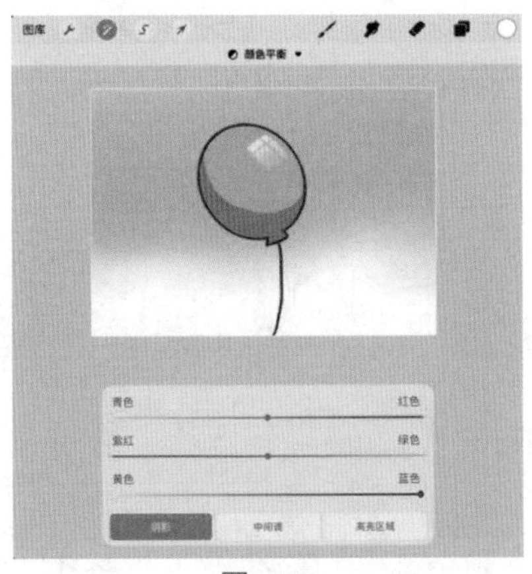
图1-134

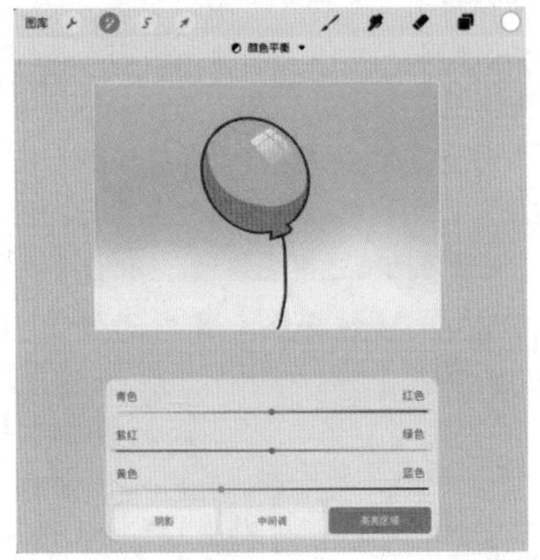
图1-135

3. 曲线

“曲线”是目前用以调节图像色彩及对比的最高阶方式，在“调整”面板中点击“曲线”按钮，如图1-136所示。

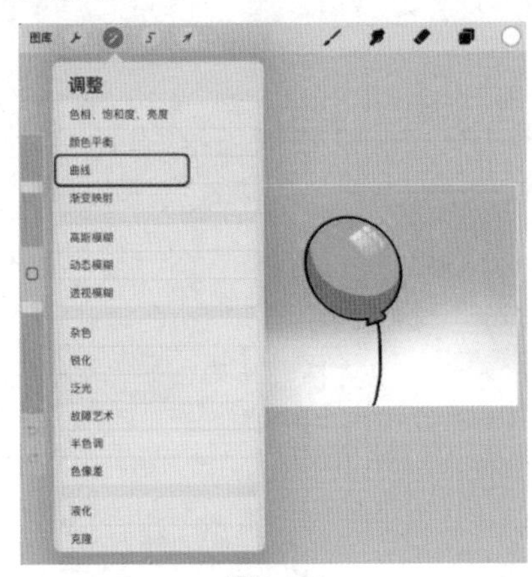

图1-136

在“伽玛”中将曲线往上拉，画面整体变亮，如图1-137所示。

在“伽玛”中将曲线往下拉，画面整体变暗，如图1-138所示。

在“伽玛”中将曲线左半截往下拉，右半截往上拉，画面对比变强，暗的地方变得更暗，亮的地方变得更亮，如图1-139所示。

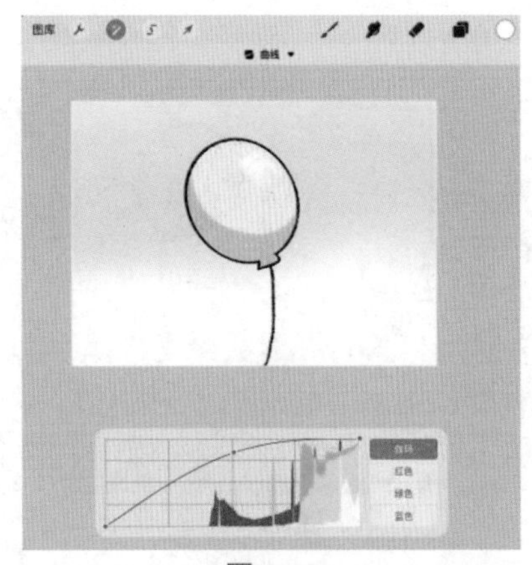
图1-137

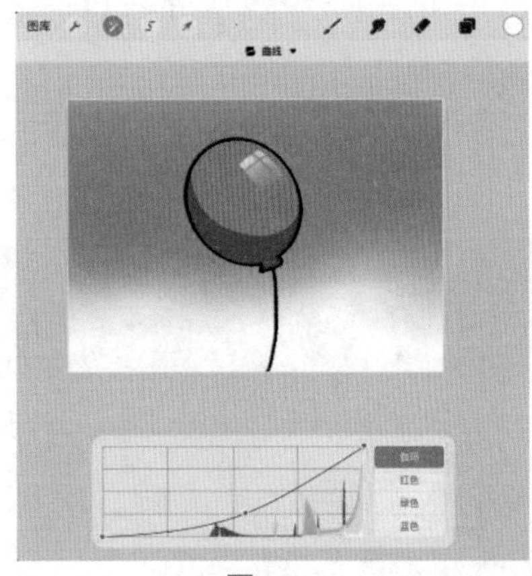
图1-138

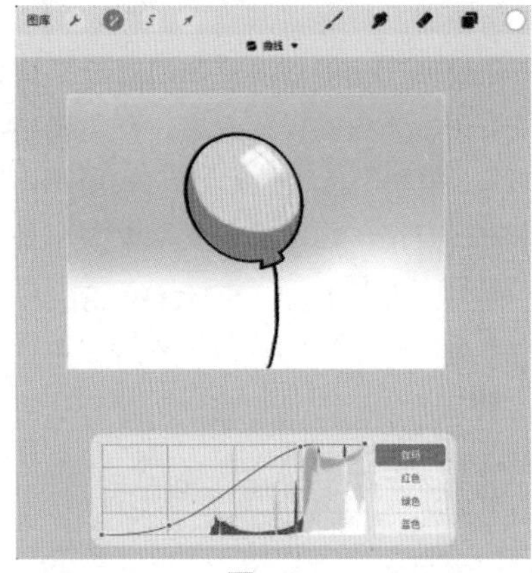
图1-139

4. 渐变映射

“渐变映射”分析图像中的高光、中间调和阴影部分，接着以新的渐变映射填充色取代原图色阶。

在“调整”面板中点击“渐变映射”按钮，如图1-140所示，图片颜色被替换为渐变色库中的颜色，如图1-141所示，色库中的配色能够满足大多数配色需求。

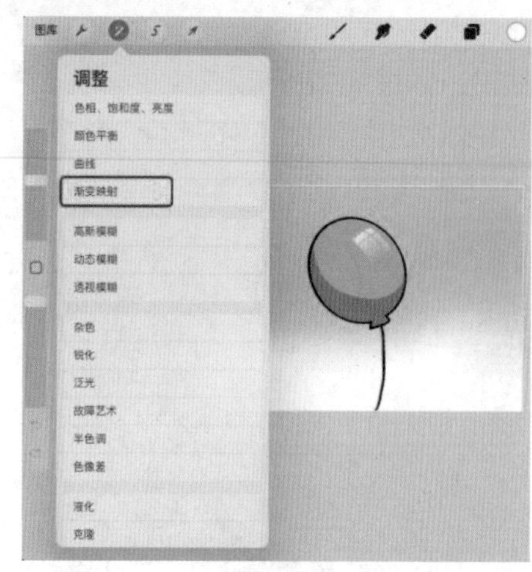

图1-140

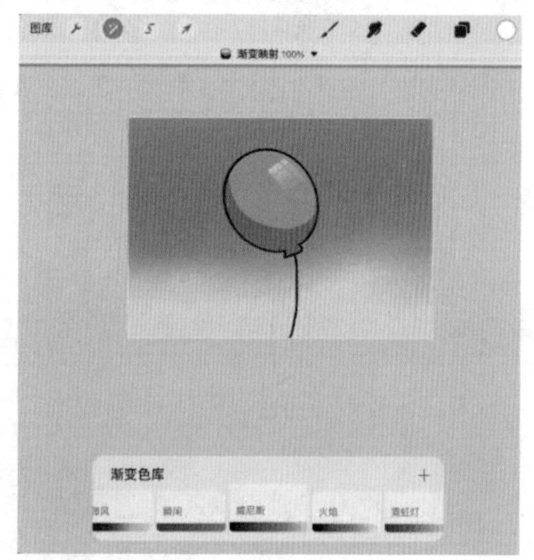

图1-141

5. 高斯模糊

“高斯模糊”功能将当前图层边缘柔焦化，让图像呈现柔和、失焦的视觉效果。在“调整”面板中点击“高斯模糊”按钮，如图1-142所示，用画笔点住屏幕并往右拉，画面就会变得模糊，且越往右越模糊，如图1-143所示。

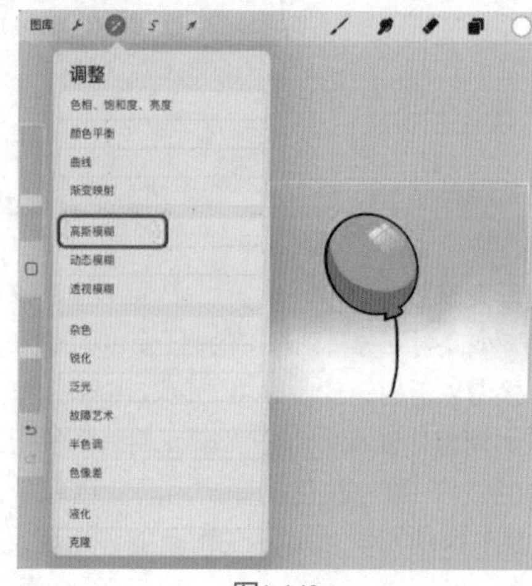

图1-142

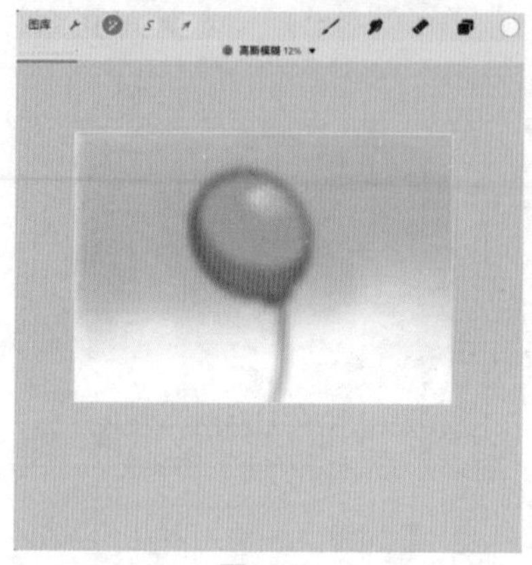

图1-143

6. 动态模糊

“动态模糊”功能为当前图层增添条纹式的模糊效果来创造速度及动态感。

在“调整”面板中点击“动态模糊”按钮，如图1-144所示，用画笔点住屏幕往任意方向拉动，画面就会往对应方向增强模糊效果，如图1-145所示。

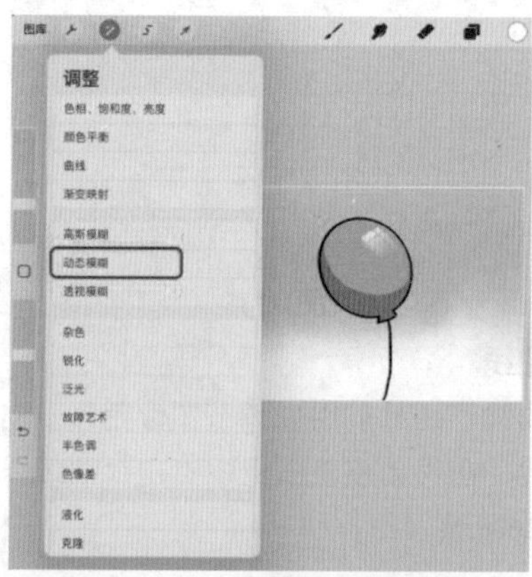

图1-144

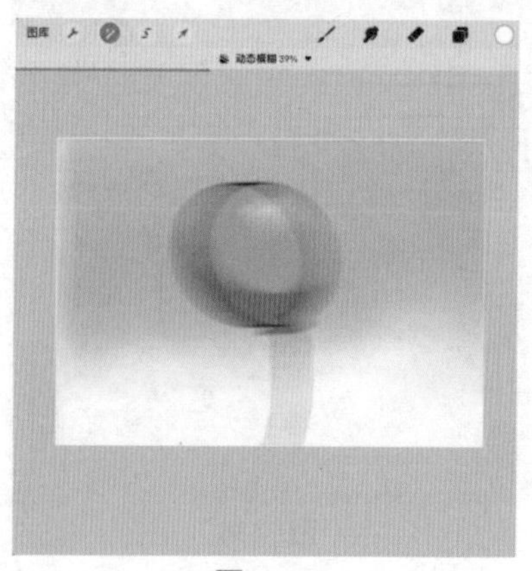

图1-145

7. 透视模糊

“透视模糊”功能创造全面或单向的放射型模糊来表现镜头缩放及爆炸的效果。

在“调整”面板中点击“透视模糊”按钮，如

图1-146所示。选中“位置”圆盘时，用画笔点住屏幕往右拉，画面将以圆盘为中心向各处创造透视模糊效果，用户可以任意挪动圆盘的位置，如图1-147所示；选中“方向”圆盘时，用画笔点住屏幕往右拉，画面将以圆盘上的小箭头起点单向创造透视模糊效果，圆盘位置和小箭头的方向都可以任意挪动，如图1-148所示。

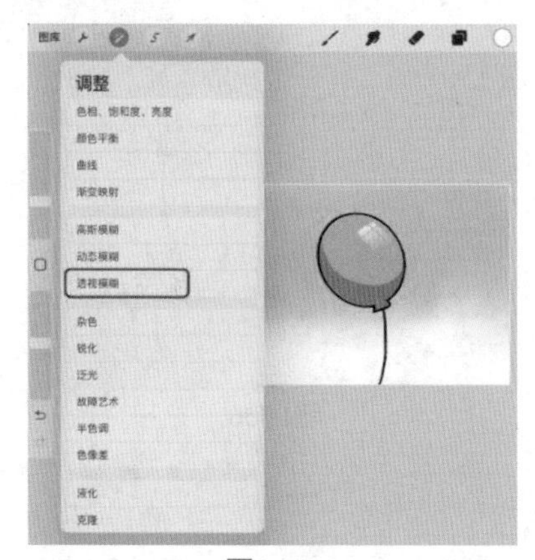

图1-146

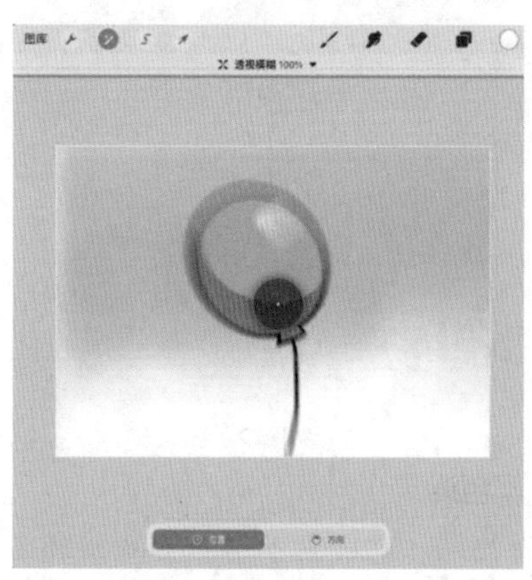

图1-147

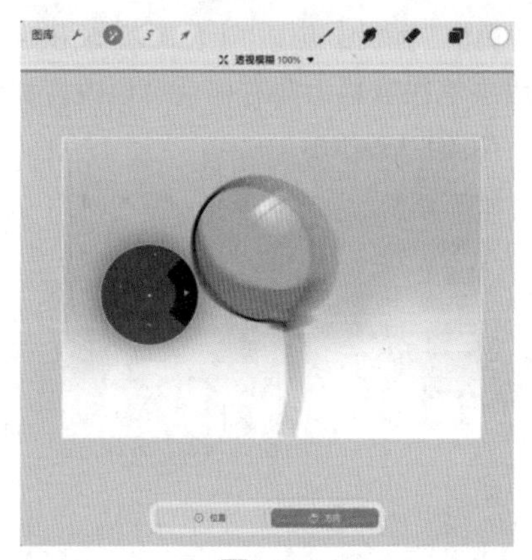

图1-148

8. 杂色

“杂色”功能让像素明度和颜色随机化，为图层带来颗粒噪点，模拟信号的质感。

在“调整”面板中点击“杂色”按钮，如图1-149所示，用画笔在屏幕上向右拖动可以改变杂色程度的强弱，如图1-150所示。

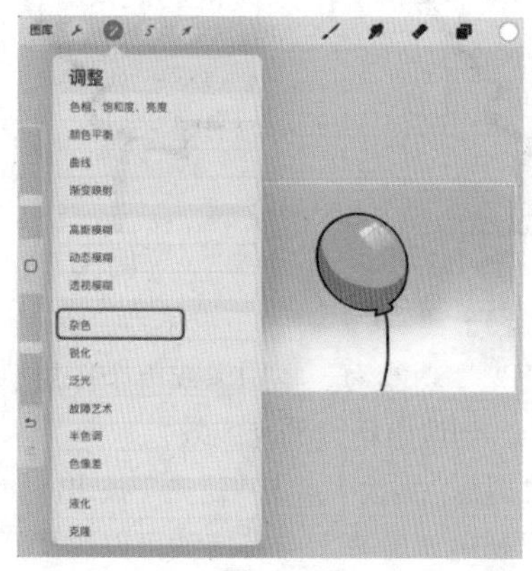

图1-149

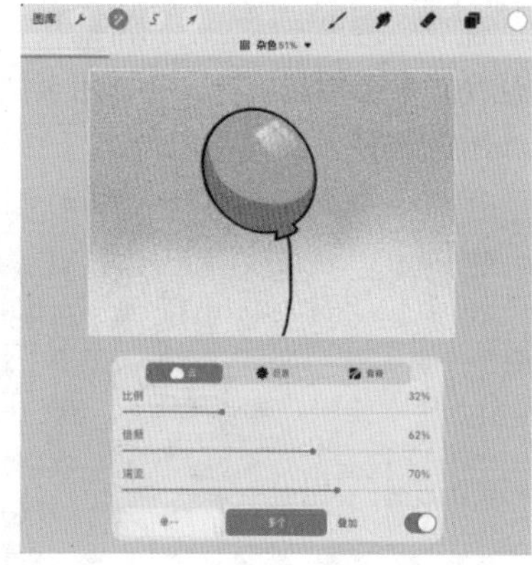

图1-150

9. 锐化

“锐化”功能带出明亮与阴影区块间更强烈的变化感，让作品看起来更利落和聚焦。

在“调整”面板中点击“锐化”按钮，如图1-151所示，用画笔在屏幕上向右拖动可以改变锐化程度的强弱，适当锐化可以让画面边缘更清晰利落，如图1-152所示，过度锐化则会让画面边缘失真，如图1-153所示。

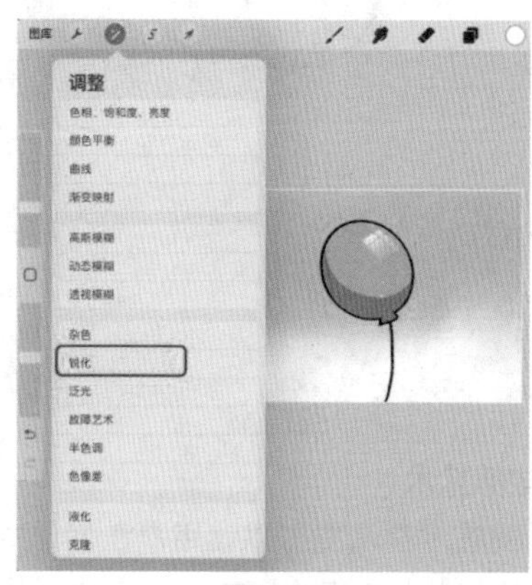

图1-151

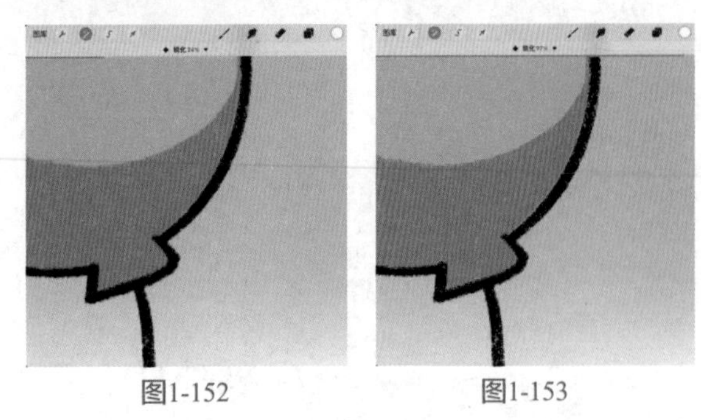

图1-152　　　图1-153

10. **泛光**

“泛光”功能为一幅图像或单个图层套用气氛感的泛光，创造出精美的光线效果。

在“调整”面板中点击“泛光”按钮，如图1-154所示，用画笔在屏幕上向右拖动可以改变泛光程度的强弱，设置较低的程度百分比时，在图像中只有较浅色调的部分会透出光线。泛光滑动按钮越往右边调动，泛光效果范围越广泛，并套用至图像中的深色调，如图1-155所示。

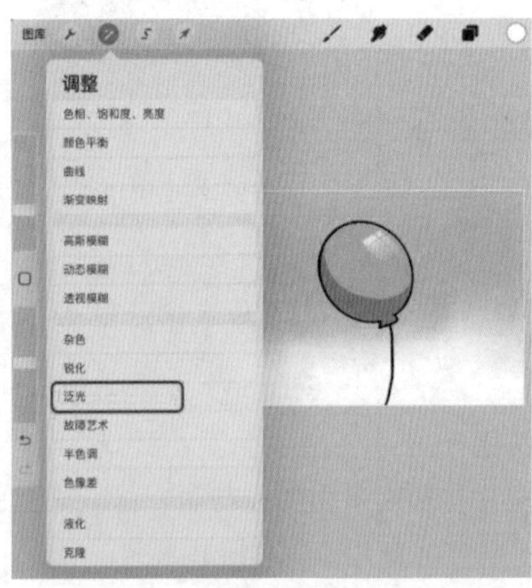

图1-154

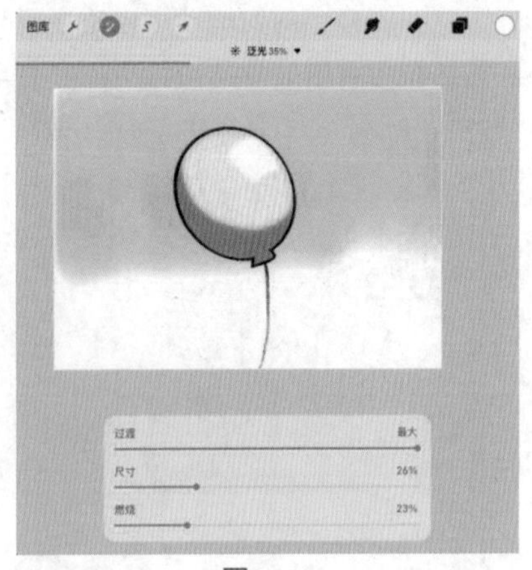

图1-155

11. **故障艺术**

“故障艺术”功能可以让用户在创作中重现各种故障干扰、扭曲失真的特效。

在“调整”面板中点击“故障艺术”按钮，如图1-156所示，在“伪影”面板下，将画笔在屏幕上向右拖动可以改变故障艺术效果的程度，如图1-157所示。

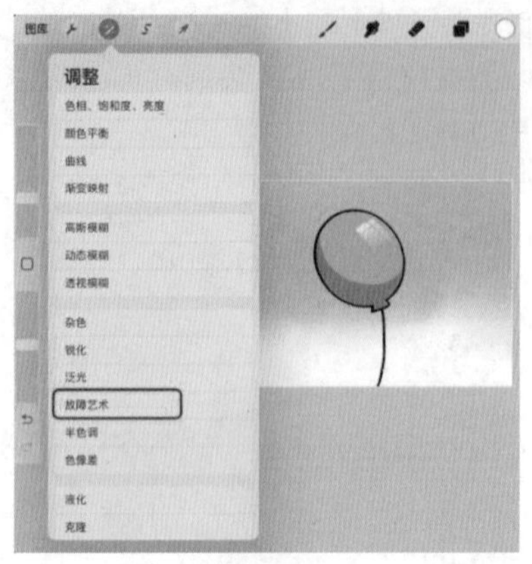

图1-156

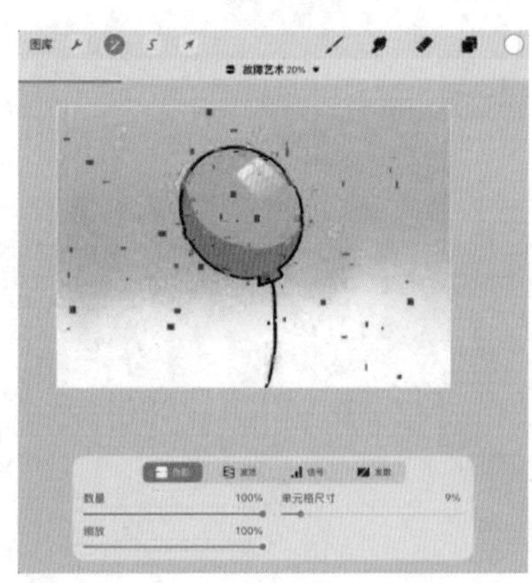

图1-157

12. **半色调**

“半色调”功能为图像增添灰阶和全彩的半色调网点。

在“调整”面板中点击“半色调”按钮，如图1-158所示，用画笔在屏幕上向右拖动可以改变滤镜的轻重程度，如图1-159所示。

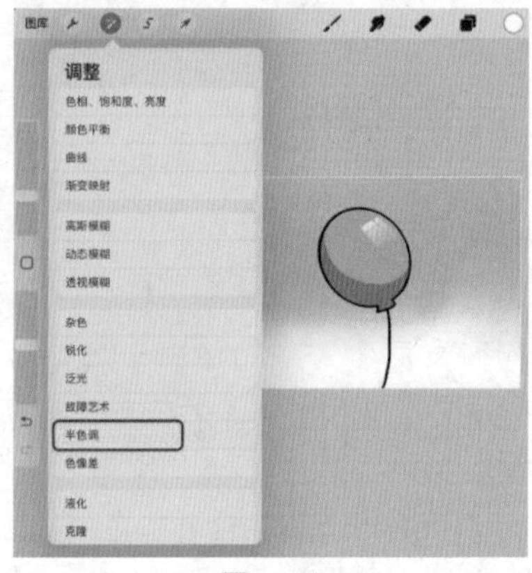

图1-158

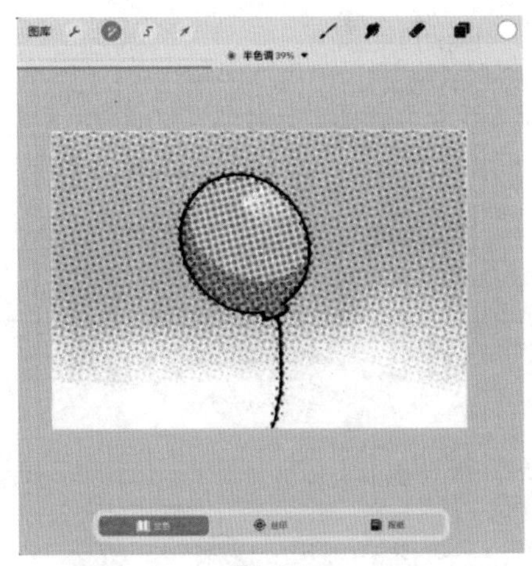

图1-159

13. **色像差**

“色像差”功能改变RGB图像中的红色和蓝色通道，仿造相机镜头中的色像差特效。

在“调整”面板中点击“色像差”按钮，如图1-160所示，用画笔在屏幕上向右拖动可以改变“色像差”中每一种滤镜的程度，有透视滤镜，如图1-161所示，和移动滤镜，如图1-162所示。

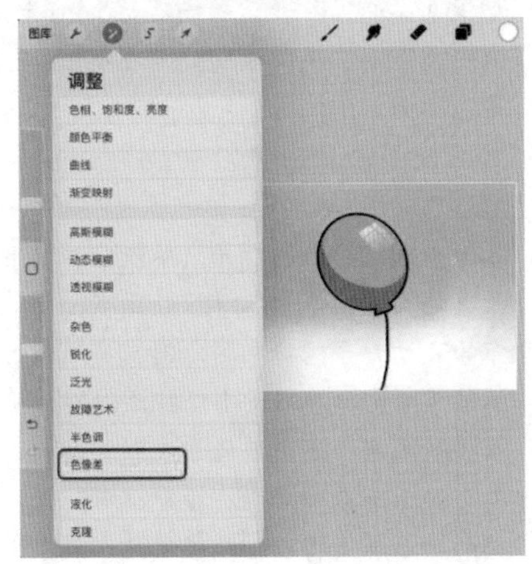

图1-160

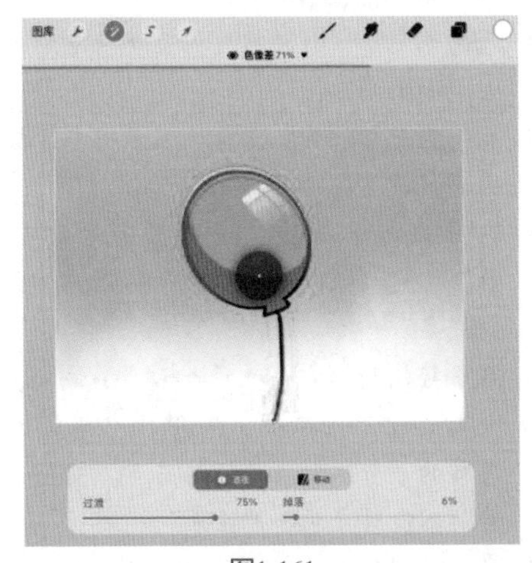

图1-161

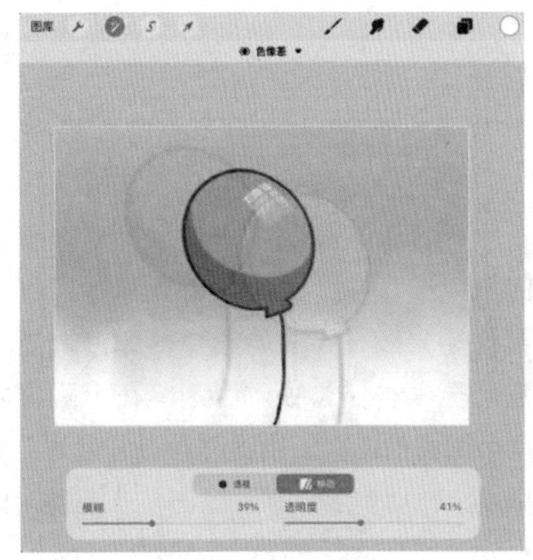

图1-162

14. **液化**

“液化”功能用不同方式扭曲变化图层上的像素，创造令人大开眼界的变形效果。

在“调整”面板中点击“液化”按钮，如图1-163所示，进入“液化”面板，如图1-164所示。

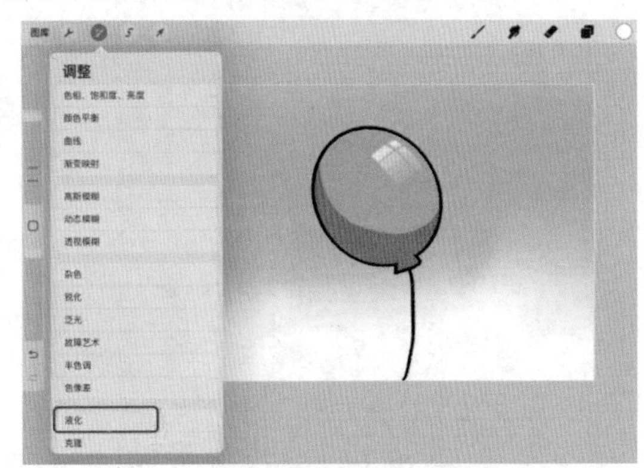

图1-163

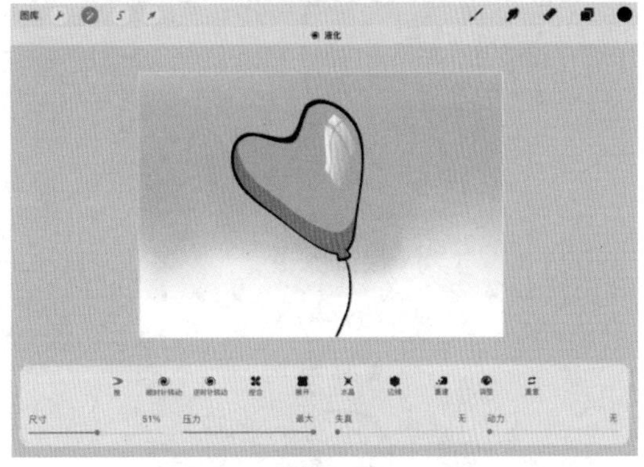

图1-164

在液化模式中，“推”按钮最常用，可以随心所欲地按照自己的想法将画面任意变形，其他按钮都是变形时不同的表现方式，用户可以自行探索。

15. **克隆**

“克隆”功能创造快速又自然的复制，将图像的部分拷贝，并绘制到另一部分中，以小圆盘作为来源点并开始绘图，即可瞬间将来源点图像拷贝至画布任意处。

在“调整”面板中点击“克隆”按钮，如图1-165所示，进入“克隆”界面后，屏幕上方会出现“克隆”字样提示，画笔工具变成“克隆画笔”，屏幕中间出现小圆盘，如图1-166所示，以屏幕中间的小圆盘作为来源点并开始绘图，即可瞬间将来源点图像克隆至画布任意处。用画笔在小圆盘内部落笔可移动小圆盘的位置，用画笔在小圆盘外部落笔则为开始克隆，在画布上任意处绘图，在圆盘内的区域即会被克隆至正在涂绘的地方，如图1-167所示。

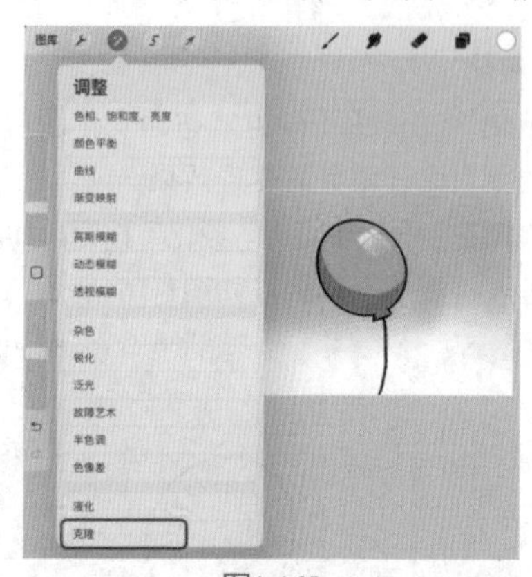

图1-165

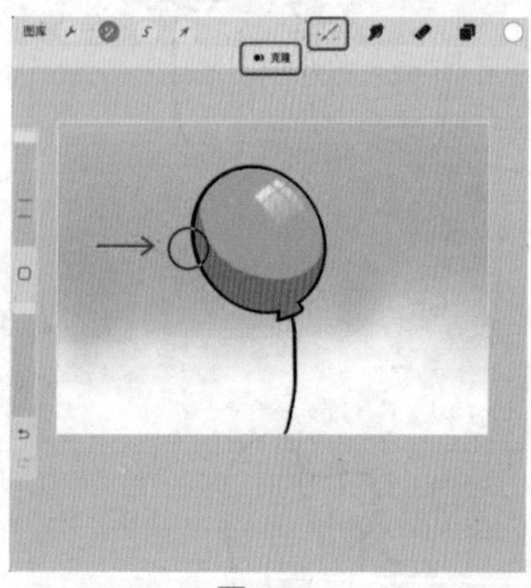

图1-166

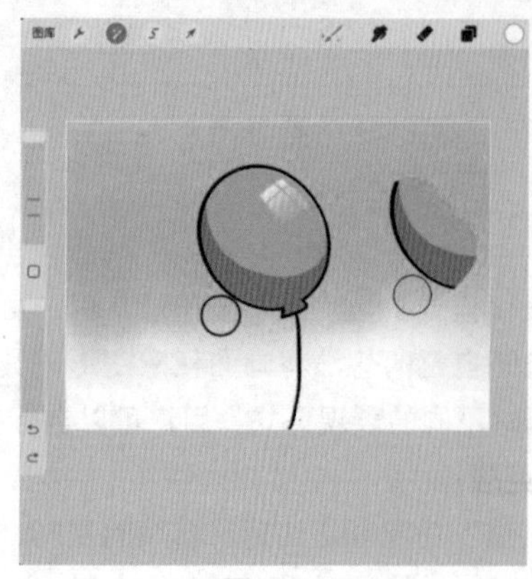

图1-167

1.3.7 偏好设置

在“操作”界面中打开“偏好设置”功能，如图1-168所示。

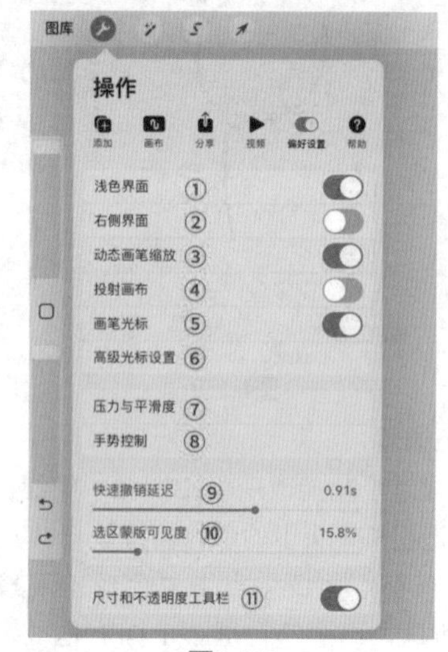

图1-168

接下来介绍“偏好设置”面板。

- ①浅色界面：打开该功能后整个Procreate呈浅灰色界面，关闭该功能后整个Procreate呈暗色界面。
- ②右侧界面：打开后侧边栏会移至屏幕右边。
- ③动态画笔缩放：打开该功能后，可智能缩放画笔尺寸，不论怎样缩放画布，画笔和画布的尺寸都会保持相同比例，关闭该功能后画笔尺寸会与屏幕大小保持原比例。
- ④投射画布：使用连接线或隔空播放连接第二个显示屏幕并启用“投射画布”功能，连接的显示屏上将以全屏模式显示画布，无界面、无缩放、不受任何打断。
- ⑤画笔光标：打开后可以直观地看到画笔的大小和轮廓。
- ⑥高级光标设置：光标的显示形态，按照个人喜好调整即可。
- ⑦压力与平滑度：适当提高笔刷“稳定性”，可以帮助画不稳线条的用户画出平稳的线条。
- ⑧手势控制：右边一列表示“手势”，左边一列表示“结果”，即用户“想通过右边怎样的手势达到左边的结果”。同一个“手势”不能对应两个“结果”。
- ⑨快速撤销延迟：当用户两指在画布上轻点

并长按，在短暂延迟后Procreate会快速撤销先前一系列操作，让用户快速移除不想要的步骤。这里的延迟指启动快速撤销操作前所需要的延迟时间。

- ⑩选区蒙版可见度：执行选取工具后，该选区会变成一个选区蒙版，未被选中的区域由动态斜角线显示，并默认为半透明。
- ⑪尺寸和不透明度工具栏：即左边侧栏的显示与否，通常为开启状态。

1.4 Procreate 绘画常用手势

有了直观快捷的手势，可以为用户的操作带来更多的便利和可能性，创作将如虎添翼。

1.4.1　画面类手势

1. 调整画布

双指捏住画布时可以缩小、放大或旋转画布，如图1-169所示。

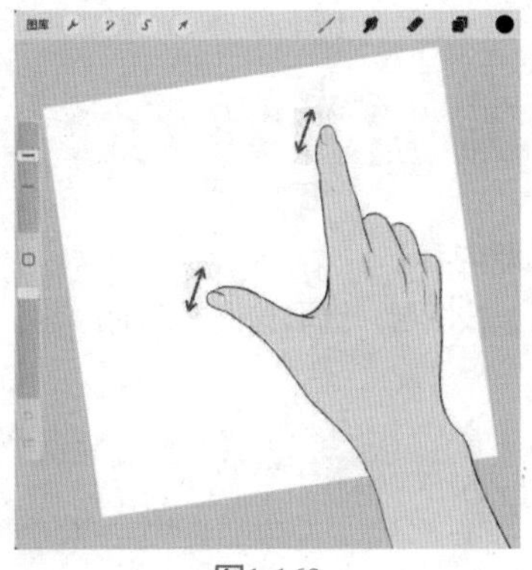

图1-169

2. 撤回

双指轻点屏幕，撤回到上一步，如图1-170所示。

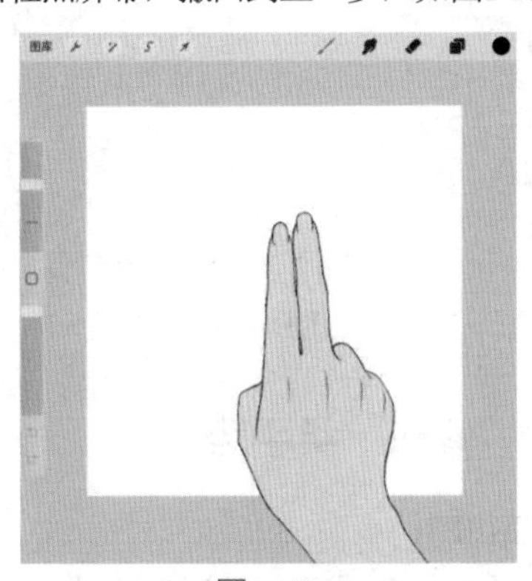

图1-170

3. 重做

三指轻点屏幕，重做上一步，如图1-171所示。

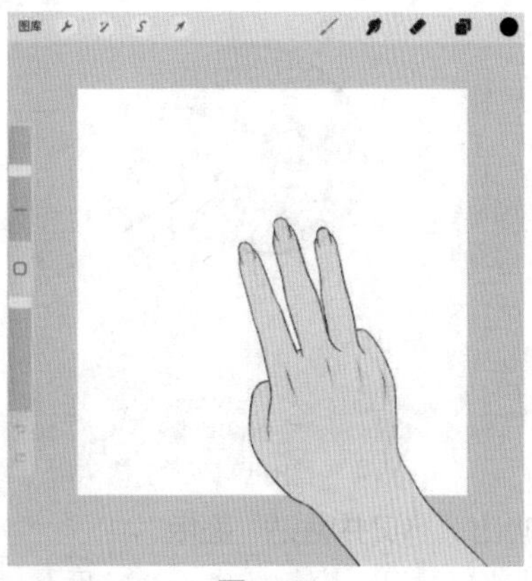

图1-171

4. 速创形状

若徒手画形状歪歪扭扭，如图1-172所示，可以在画好后不抬笔，停顿约一秒，将触发速创形状，歪歪扭扭的线条会变得规整，如图1-173所示。

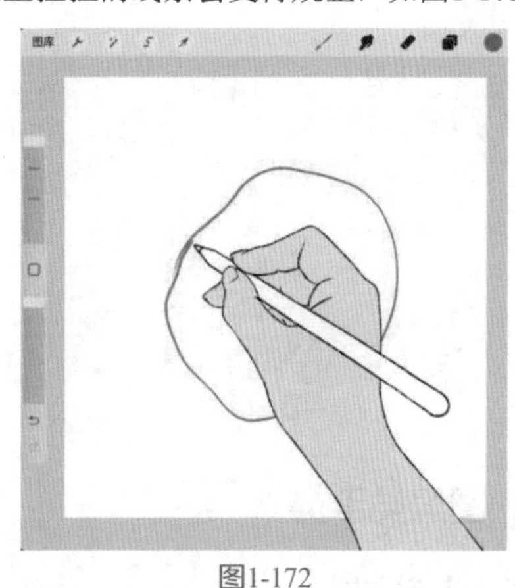

图1-172

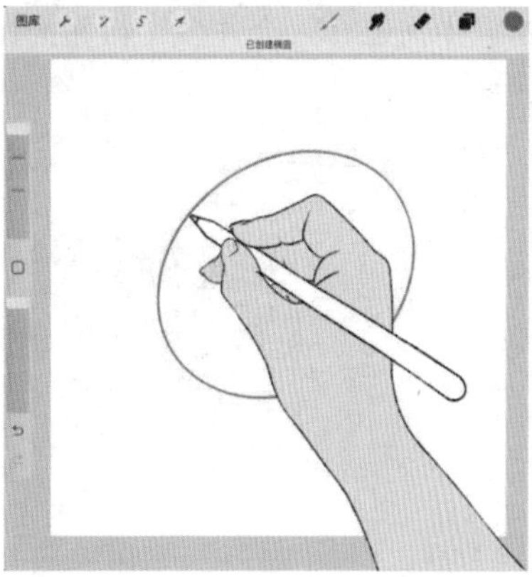

图1-173

5. 快速填色

拖曳以快速填色，按住“颜色”按钮，拖曳至闭合的线条里然后松手，可以快速实现范围填色，如图1-174所示。

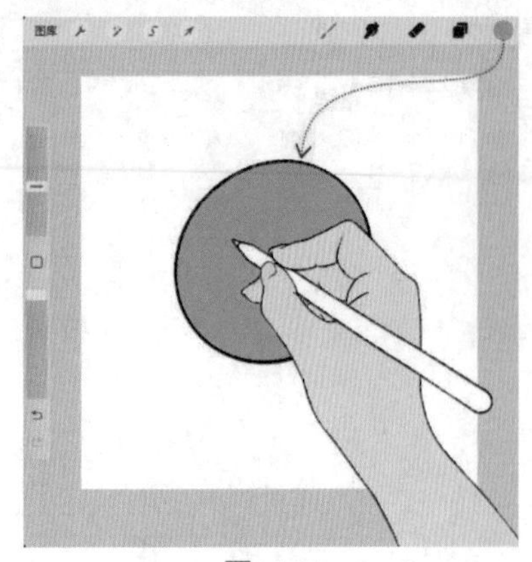

图1-174

6. 唤出“拷贝并粘贴”面板

三指在屏幕中下滑，弹出“拷贝并粘贴”面板，如图1-175所示。

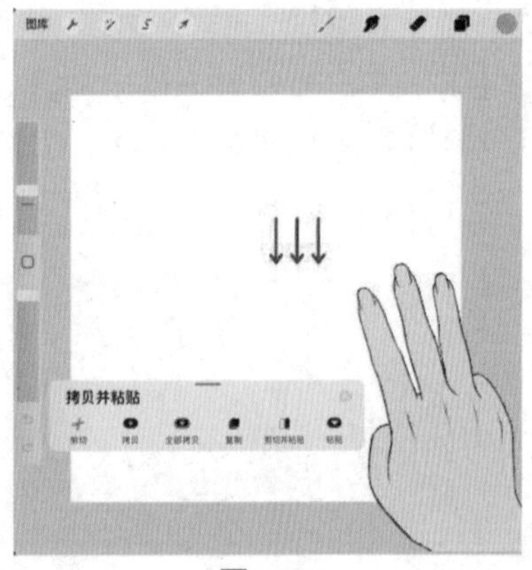

图1-175

1.4.2 图层类手势

1. 合并相邻图层

双指向中间捏合，合并多个相邻的图层，如图1-176所示。

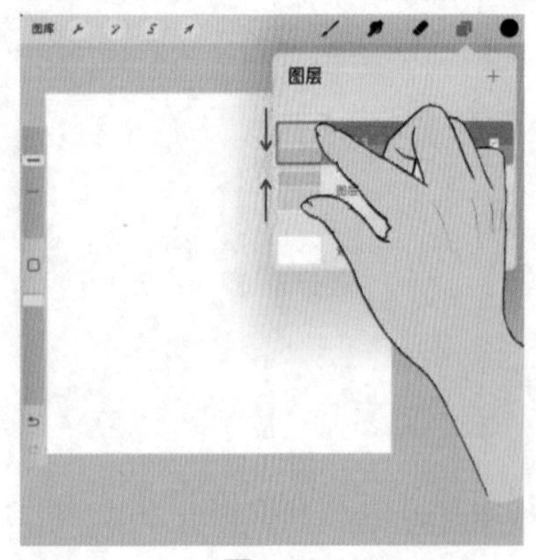

图1-176

2. 多选图层

单指右滑，多选图层，如图1-177所示。

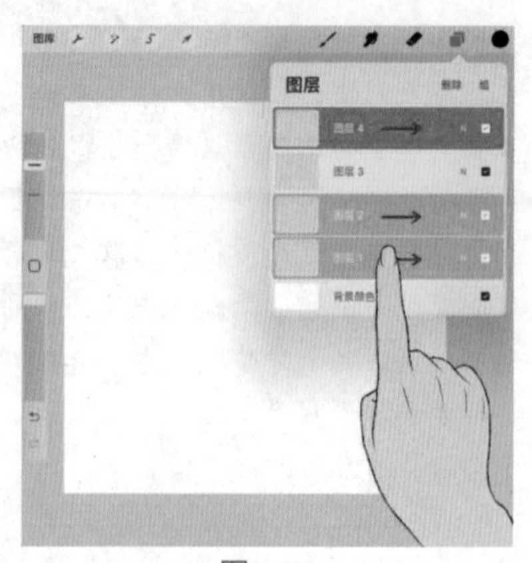

图1-177

3. 创建“阿尔法锁定”

双指右滑，快速为该图层创建“阿尔法锁定”，如图1-178所示。

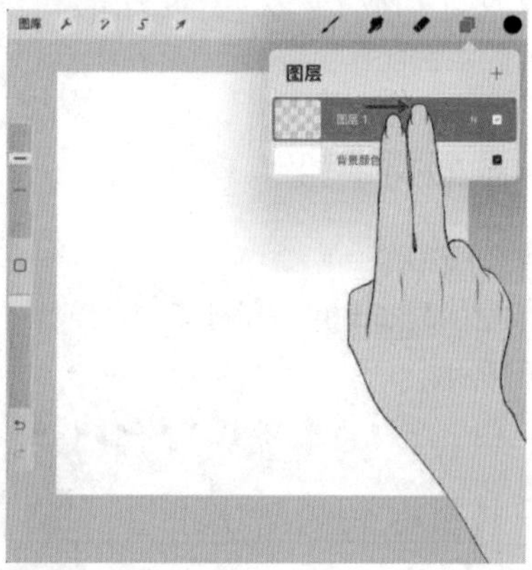

图1-178

4. 选取内容

双指长按图层，选取该图层上的内容，如图1-179所示。

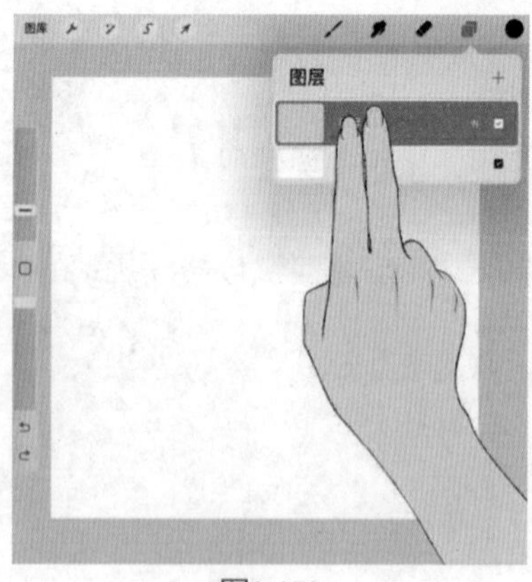

图1-179

1.4.3 “修改”类手势

1. 吸取颜色

指腹长按屏幕吸色，如图1-180所示，或按住

“修改”按钮，使用画笔轻触屏幕吸色，如图1-181所示。

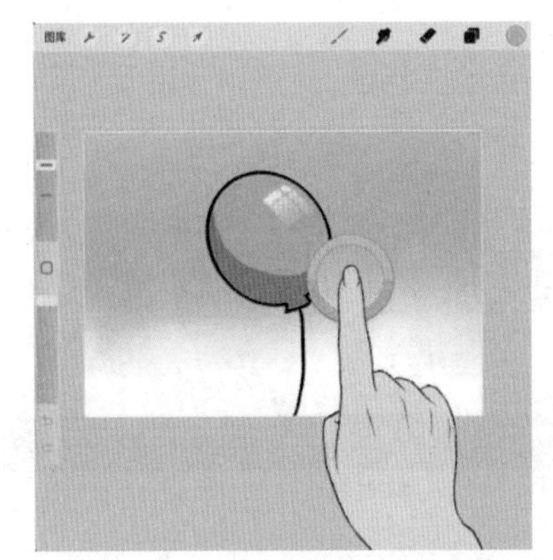

图1-180

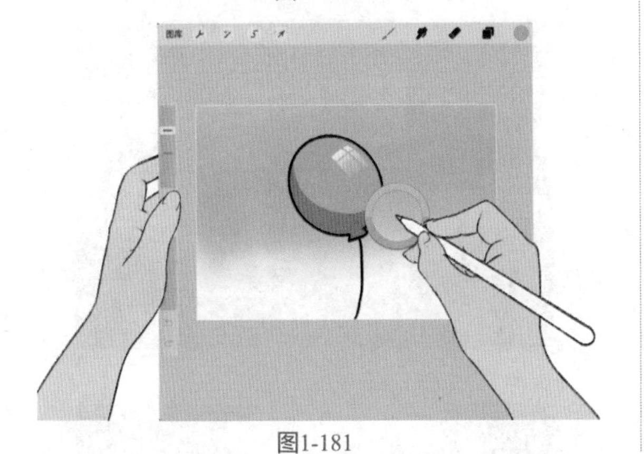

图1-181

2. 快速找到图层

一只手按住“修改”按钮，另一只手按住屏幕对应区域，即可快速找到该区域中的图层，如图1-182所示。

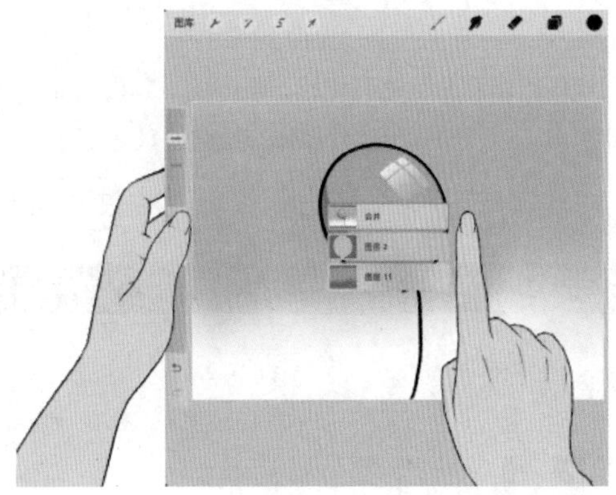

图1-182

第 2 章 ——

绘画小知识

软件绘画和传统绘画相比，唯一的区别的就是绘画工具改变了，而绘画知识没有改变。本章将通过4个小节讲述绘画基础知识，以及如何将软件操作与绘画基础知识相结合，真正实现Procreate绘画入门。

2.1 素描知识

用任何工具画画，都离不开绘画的基础知识。本节将介绍物体的基本形体、光影体积和光的方向对物体的影响等素描知识。

2.1.1 光与影

1. 光

人们能看见物体是因为太阳光照到了地球上的每一个物体上，而物体又将光反射到了人的眼睛里。

举个例子，人们常用“伸手不见五指”来形容一个地方很黑很暗，手指并没有消失，只是因为没有光，所以才看不见。

光沿直线传播并逐渐衰减，如图2-1所示，越靠近光源，受到的光照越多；越远离光源，受到的光照越少。

图2-1

主光源是画面中最大、最强的光源，如白天最大的主光源是太阳，晚上最大的主光源是灯光。日常生活中大多只有一个主光源。

次要光源一般是补光，补光的作用在于使阴影部的细节能获得适当的曝光。补光来源可以是补光灯，如图2-2所示，也可以是反光板，如图2-3所示。

图2-2

图2-3

不同的打光方式可以烘托不同的氛围。

平行光也叫自然光，是日常生活中最常见的打光方式，平行光的光源直射物体，较为柔和，如图2-4所示。

图2-4

侧光也叫伦勃朗光，可以突出面孔上的细微处，脸部的两侧是各不相同的，如图2-5所示。

图2-5

聚光灯或舞台灯光强调画面中的主体，投影明显，如图2-6所示。

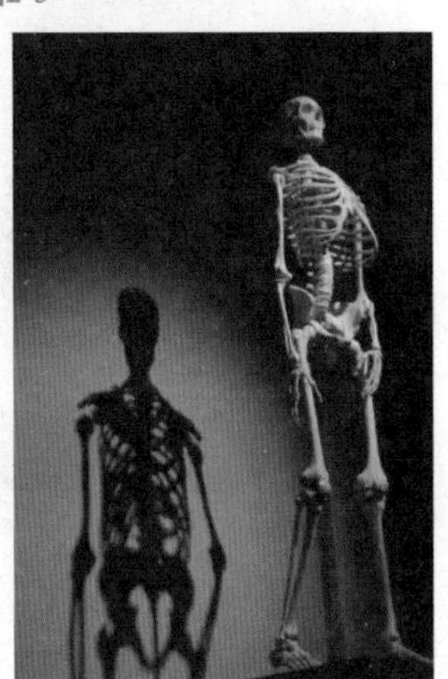

图2-6

背光也叫逆光，强调人物外轮廓的形状，如图2-7所示。

顶光指从人的头顶垂直往下的直射光，如图2-8所示。

除此之外还有由下往上的底光，如图2-9所示，可用来表现恐怖氛围。

图2-7

图2-8

图2-9

接下来介绍如何通过鼻子的影子分辨光源。

- 自然光：看不见鼻子的影子一般都是自然光。
- 侧光：鼻子的影子在脸的左边或者右边。
- 顶光：鼻子的影子在鼻子正下方。
- 底光：鼻底不仅没有变暗，反而很亮，鼻头变暗。
- 逆光：重点不在鼻子的影子，而在人物外轮廓，人物整体较暗，只有边缘亮，就是逆光。

2. 影

影子是由于物体遮住光线而投下的暗影。

实心物体不透光，影子也是实的，如图2-10所示，半透明物体可透光，影子也不那么实，如图2-11所示，影子的方向和光的方向是相对的。光从左边来，影子就在右边，光从右边来，影子就在左边。

图2-10

图2-11

越靠近物体与地面的交接处，影子边缘越清晰，颜色越深；越远离物体与地面的交接处，影子边缘越模糊，颜色越浅，如图2-12所示。物体腾空时，物体和影子相离，如图2-13所示。

图2-12

图2-13

2.1.2 球形石膏几何

在绘画知识中，有“三大面五大调子”的理论，指物体受光后，因明暗关系的不同，被分为亮面、灰面和暗面这三大面，再细分为五个基本层次，即亮面、灰面、明暗交界线、反光和投影。

球形石膏体的亮面、灰面和暗面如图2-14所示，亮面、灰面、明暗交界线、反光和投影如图2-15所示。

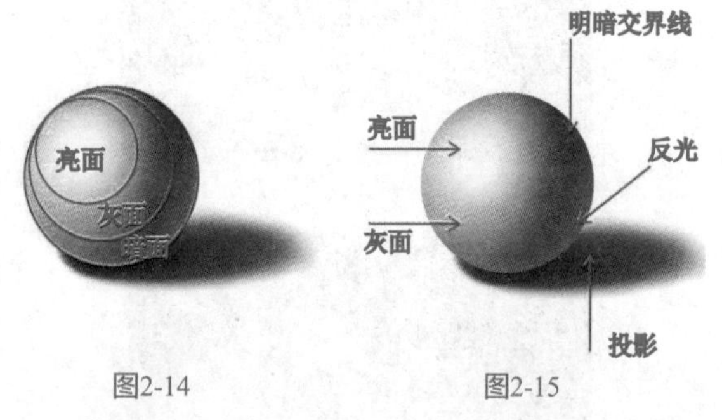

图2-14 图2-15

若画画时，发现画面不够立体，其中一个重要的原因就是缺少“反光”，表面质地越光滑的物体反光能力越强，如图2-16所示，表面质地越粗糙的物体反光能力越弱，如图2-17所示。

图2-16

图2-17

2.1.3 一个苹果

苹果是绘画的必经之路，因为它不仅外形近似简单球体，同时又有丰富的结构。

本案例使用笔刷：

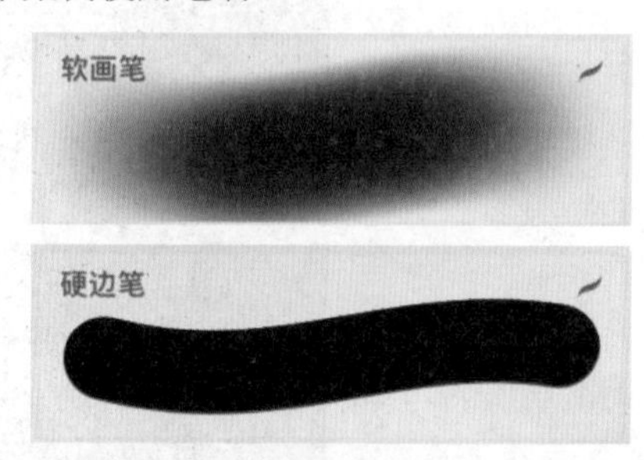

01 用“硬边笔”笔刷画出苹果剪影和苹果枝，如图2-18所示。

02 为苹果底色层新建“剪辑蒙版”图层，用“软画笔”笔刷画出灰面、明暗交界线和暗部，标记出苹果窝的位置，如图2-19所示。

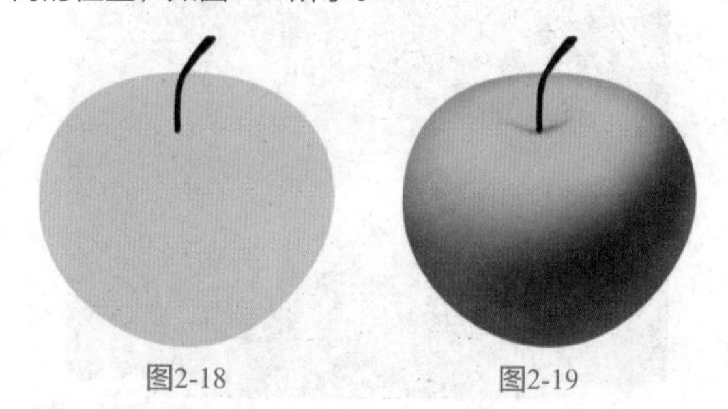

图2-18 图2-19

03 在明暗交界线处，纵向画出一些棱，画出苹果窝的结构，如图2-20所示。

04 加深苹果窝，画上主要高光，画上苹果枝的影子，如图2-21所示。

图2-20 图2-21

05 进一步完善、加深苹果窝附近的结构，还有苹果枝的亮部，如图2-22所示。

06 画投影时需注意投影的规律，越靠近物体颜色越深，边缘越清晰，越远离物体颜色越浅，边缘越模糊，如图2-23所示。

图2-22　　图2-23

07 注意顶部的苹果窝，影子在右边，光从左边来，主要高光也在左边，但由于苹果窝的结构是往下凹的，所以苹果窝又有次要高光，而且在右边，如图2-24所示。

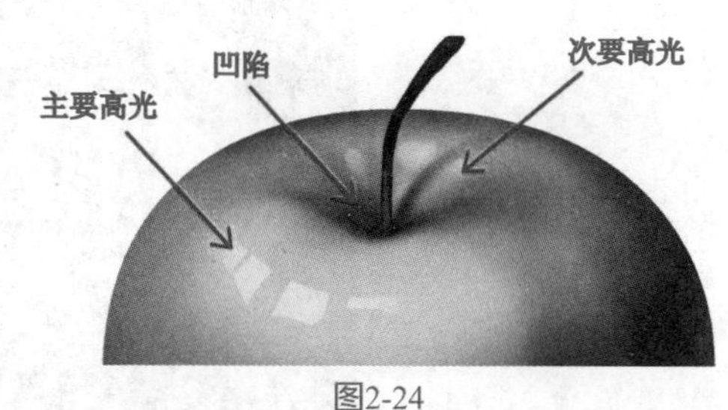

图2-24

提示：苹果窝的结构非常常见，如日常生活中的瓶口、杯口等中空圆柱体。

2.1.4　立方石膏几何

立方石膏体的亮面、灰面和暗面如图2-25所示，亮面、灰面、明暗交界线、反光和投影如图2-26所示。

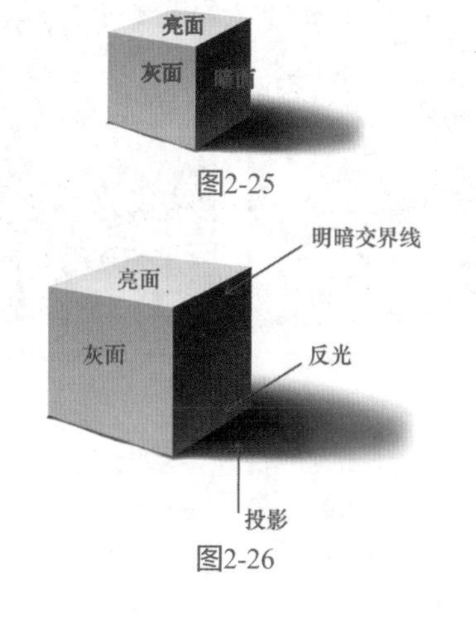

图2-25

图2-26

灰度也叫明度，是指物体在光照下的明暗反应，灰度和光的强度有关系。

立方石膏体的每个面并不是一个灰度贯穿到底，同一个面里的灰度也是略有变化的，但一定是以大体的明暗关系为前提。在亮面中，A处比B处更亮，因为A处更靠近光源，离观察者的视角更近；在暗面中，C处比D处更暗，因为C处最背光，而且D处反光，如图2-27所示。

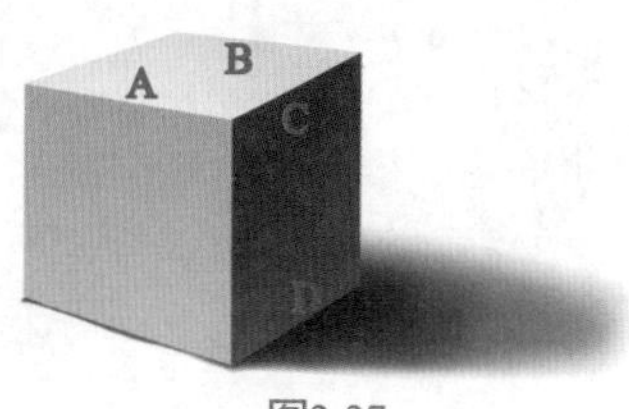

图2-27

2.1.5　一卷纸

一卷卫生纸的素描关系就像是圆柱体和苹果窝的结合。

本案例使用笔刷：

01 画出一卷卫生纸的草稿，如图2-28所示。

02 降低草稿层的“不透明度”，用“硬边笔”笔刷画出剪影，如图2-29所示，注意“纸筒”“圆柱体”和“多出来的一片”分别在三个不同的层。

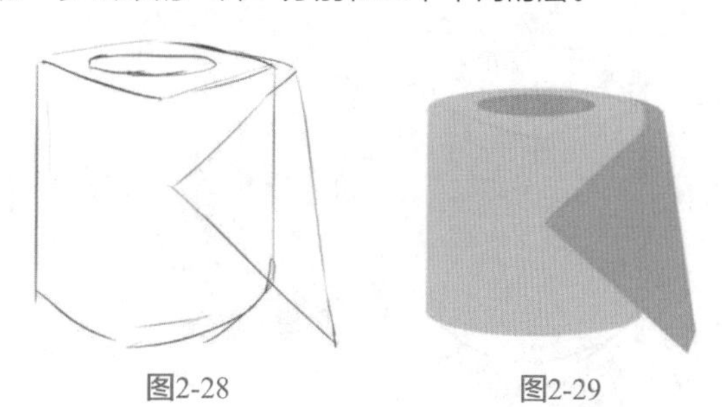

图2-28　　图2-29

03 删除草稿层，对中间圆柱体新建“剪辑蒙版”图层，用“软画笔”笔刷画出圆柱体的明暗关系，设定光从右边来，所以圆柱体的明暗交界线在左边，如图2-30所示。

04 用“软画笔”笔刷刻画多出来的这片纸的明暗关系，以及它对圆柱的投影，如图2-31所示。

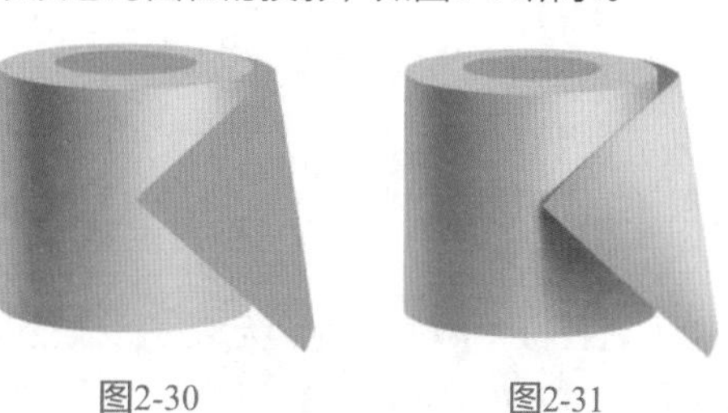

图2-30　　图2-31

05 刻画中间纸筒的明暗关系，注意纸筒的明暗方向和圆柱体的是相反的。提亮圆柱体的顶面，如图2-32所示。

06 整体投影，注意遵循投影“近实远虚”的规律，如图2-33所示。

图2-32

图2-33

2.2 色彩知识

缤纷的色彩让人们见识到颜色的美好，本节将认识色相、饱和度、明度、邻近色、互补色、冷色和暖色等基本色彩知识，以及掌握常用的色彩使用规律。

2.2.1 色彩基本概念

1. 色相

色相强调“是什么颜色”，人们日常生活中常提到的红、绿、蓝等都属于色相，如图2-34所示。

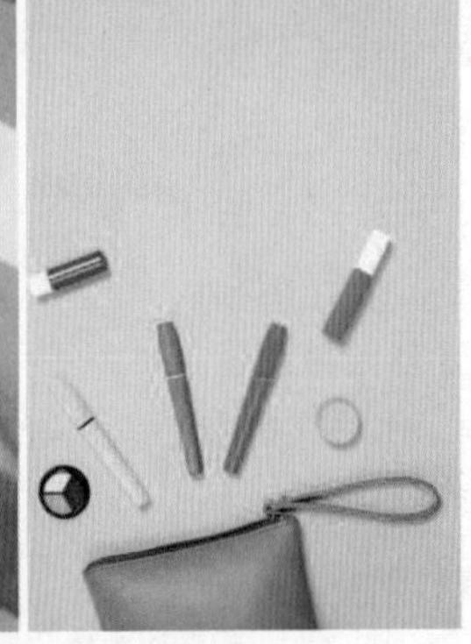
图2-34

2. 饱和度

色彩饱和度指色彩的鲜艳程度，人们常说的“马卡龙色”“莫兰迪色”“高级灰”指低饱和度的颜色，“东北大花袄”则是高饱和度的颜色搭配。

以Procreate“经典”页面为例，将取色框分为四宫格，如图2-35所示。

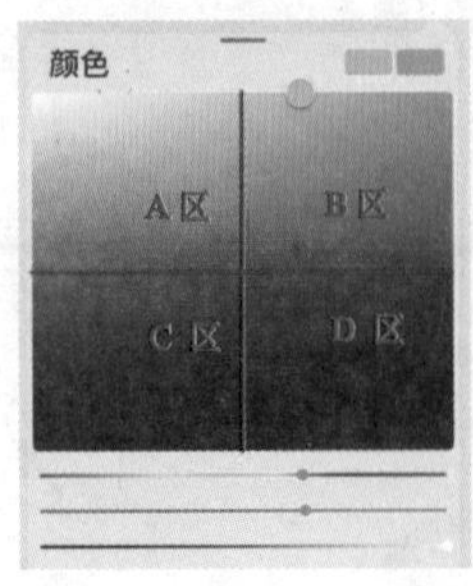

图2-35

A区的颜色不仅明亮而且饱和度低，是“马卡龙色”“莫兰迪色”“高级灰”的主要来源，如图2-36所示。

B区的颜色饱和度高，小面积使用可以给画面“提神”，有“点睛之笔”的效果，大面积使用则会显得刺眼，如图2-37所示。

图2-36

图2-37

C区的颜色不仅明度低，饱和度也不高，通俗来说也就是“显脏”的颜色，如图2-38所示。

D区的颜色饱和度高、明度低，是画暗部的常用色，如图2-39所示。

图2-38

图2-39

3. 明度

明度指颜色的深浅亮暗。如热气球外部的白色部分，白天看，明度就高，如图2-40所示。晚上看，明度就暗，如图2-41所示。

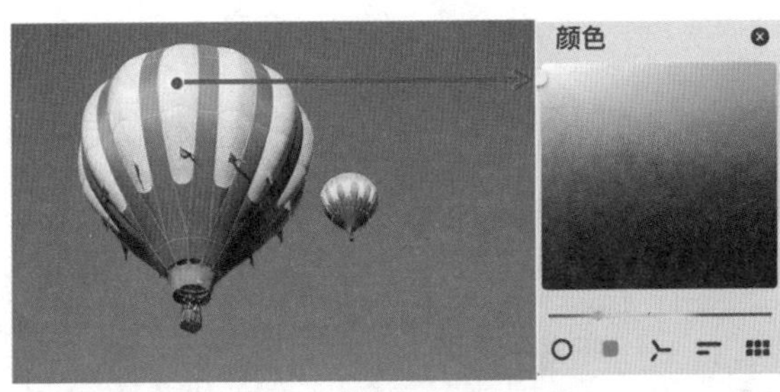

图2-40

图2-41

4. 邻近色

邻近色顾名思义就是一种颜色的“邻居”。

在色相环中，黄色左边邻居是绿色，右边邻居是橙色，那么黄色的邻近色就是绿色和黄色，如图2-42所示。紫色左边邻居是蓝色，右边邻居是红色，那么紫色的邻近色就是蓝色和红色，如图2-43所示。画画时适当地取用邻近色可以让画面颜色显得更丰富。

图2-42

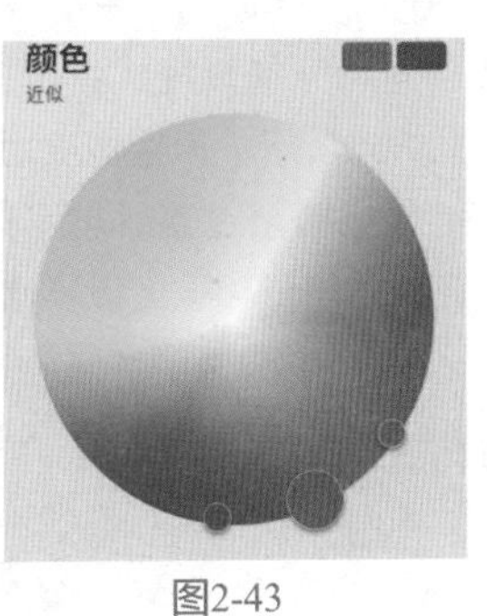

图2-43

5. 互补色

当选中色相环中的某个颜色时，它“对面”的颜色就是它的互补色，如图2-44所示。常用的互补色搭配为红色与蓝色，黄色与紫色。

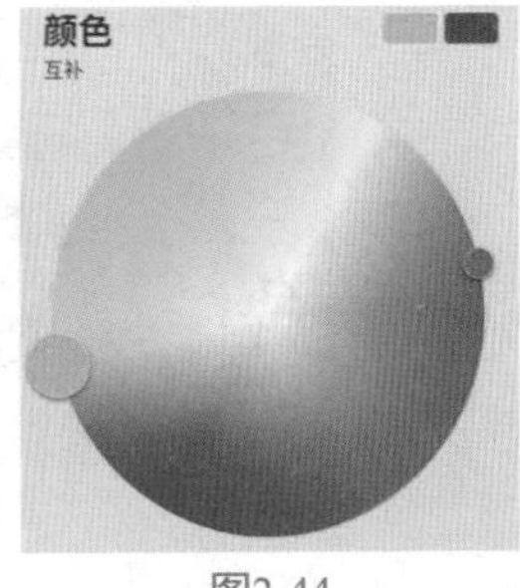

图2-44

6. 色调

色调即表现在画面颜色上的明暗、浓淡和冷暖等基调。一张画最重要的不是色彩，而是色调。色调往往主宰着一张画给人们带来的情绪反馈。

暖色调指红色、黄色和橙色等颜色，搭配在一起让人感到轻松愉悦，例如阳光、食物和花朵，如图2-45所示。

图2-45

冷色调指蓝色、绿色和紫色等，搭配在一起让人觉得冰冷凉爽，例如森林、大海和冰川，如图2-46所示。

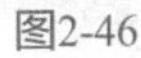

图2-46

通过观察冷暖色调在画面中的占比，可以判断一张图片的色调。当冷色调的占比高于暖色调时，就可以判断这是一张冷色调的图片，如图2-47所示。

图2-47

2.2.2 一杯橙汁

本小节将运用色彩的知识，以暖色调为主，带领读者画一杯让人心情愉悦的橙汁。

本案例色卡：

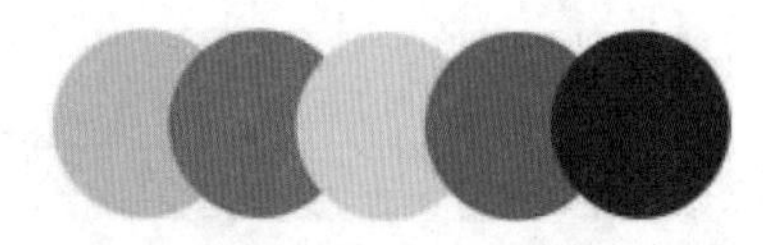

本案例使用笔刷：

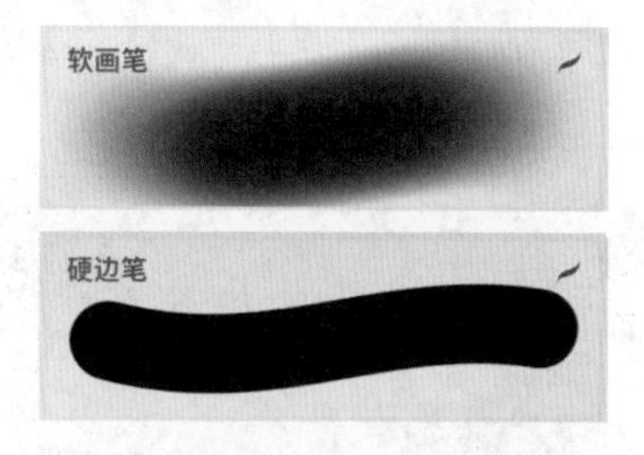

01 用“硬边笔”笔刷结合“速创形状”功能绘制出杯子的线稿，如图2-48所示。

02 新建图层，将该图层放在线稿层的下方，在该图层用“硬边笔”笔刷给杯子内部涂满橙色，如图2-49所示。

图2-48

图2-49

03 为橙色范围新建“剪辑蒙版”图层，用“软画笔”笔刷，由下至上画出黄色渐变，再由上至下，画出橘红色渐变，并在新图层画上玻璃杯底部的颜色，如图2-50所示。

04 加上能够和橙汁相呼应的背景色，并画上投影，投影无法一笔成型，多结合橡皮擦工具使用，同时注意投影“近实远虚”的规律，如图2-51所示。

图2-50

图2-51

05 用“硬边笔”笔刷取较深的橘红色，沿着杯子的结构画一条直线，将上下两端超出的部分擦掉，如图2-52所示，再用橡皮里的“软画笔”笔刷，由下至上轻轻擦出过渡，就可以得到一道干净的渐变，如图2-53所示，重复该步骤，绘制效果如图2-54所示。

图2-52

图2-53

图2-54

06 画出杯子底部玻璃的透光效果，新建图层，用手绘选区画出一块弧形范围，如图2-55所示，然后用“软画笔”笔刷由外至内轻扫上一些橘红色，如图2-56所示，重复该步骤，将图层模式改为“添加”，绘制效果如图2-57所示。

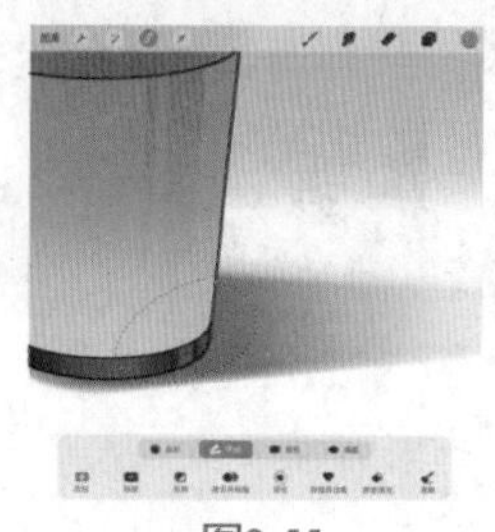

图2-55

图2-56

图2-57

07 沿着杯口画横向高光，沿着杯壁画纵向高光，用“硬边笔”笔刷取白色由下至上画出一整道痕迹，然后用“软画笔”橡皮擦擦出渐变。再将水面处的线稿颜色改为橘黄色，会比黑色的线显得更干净，绘制完成，如图2-58所示。

图2-58

2.2.3　一颗冰冰凉凉的冰块

本小节将运用色彩的知识，以冷色调为主，画一颗冰冰凉凉的冰块。

本案例色卡：

本案例使用笔刷：

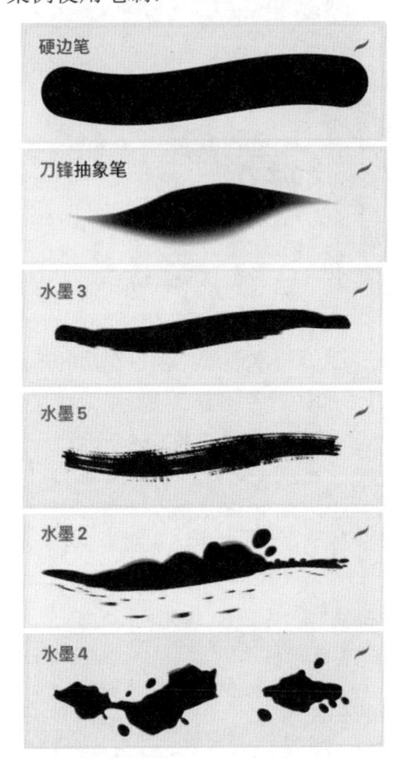

01 用任意笔刷绘制出一个方块的草稿，如图2-59所示。

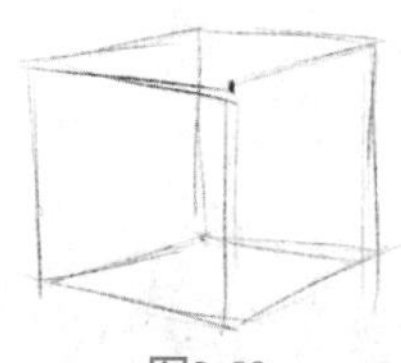
图2-59

02 新建图层，用“硬边笔”笔刷画出方块的剪影，注意边缘要硬朗，中间不留缝隙。新建图层放到最下面作为背景，用“软画笔”笔刷画上蓝色渐变。草稿层不用删，降低草稿层“不透明度”，调至隐隐约约可见的程度，如图2-60所示。

图2-60

03 使用“水墨2”笔刷，给冰块的顶部和底部加上深色，边缘不用太规整，可以适当乱一点，如图2-61所示。

图2-61

04 使用“水墨2”笔刷再次加深结构处的暗部，如图2-62所示。

图2-62

05 新建“添加”图层，使用刀锋笔刷，提亮顶面，使用“水墨2”笔刷提亮底，在提亮后的顶面中间擦去一笔，就会出现凹陷效果，如图2-63所示。

图2-63

06 新建“颜色加深”层，使用“水墨3”笔刷，再次加深暗部，如图2-64所示。

图2-64

07 新建普通图层，使用“水墨5”笔刷，调整和加深冰块纵向的边缘结构，如图2-65所示。

图2-65

08 如感觉冰块整体较暗，可以在“曲线”面板中进行整体调整。

关闭所有背景层和投影层，只留冰块。先三指下滑，点击“全部拷贝”按钮，接着再次三指下滑，点击“粘贴”按钮，将新出现的图层移至所有图层的最上面，最后点击“操作”按钮，在“调整”面板中点击“曲线”按钮进行调整，就能对冰块进行整体提亮，调好后在冰块下方画上投影，如图2-66所示。

09 新建图层，使用“水墨4”笔刷，画出水渍效果，如图2-67所示。

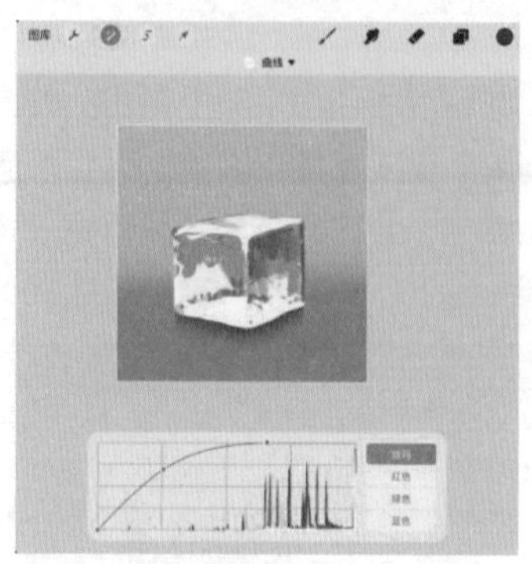
图2-66

图2-67

10 在“变形”工具中选择“扭曲”功能，对水渍进行拉伸，让水渍更自然，如图2-68所示。

图2-68

11 完成变形后，将水渍层拉到投影层的下面，图层模式改为“添加”，若感觉水渍颜色太浅，还可以再复制一层水渍图层，效果如图2-69所示。

图2-69

2.3 透视知识

透视是在平面上描绘物体、表现空间深度的方法之一，本节将带领读者了解并使用线透视中的一点透视、两点透视和三点透视的用法及使用场景。

2.3.1 什么是透视

透视即在平面上体现物体的空间感与体积感，它最大的特点就是“近大远小”，甚至会在远处汇集成“点”。观察建筑类照片时，可以感受到照片带来的视觉冲击和空间上的“延伸感”，如图2-70所示，这就是透视的力量。

图2-70

接下来以站台为例，如图2-71所示，介绍与透视相关的基本术语。

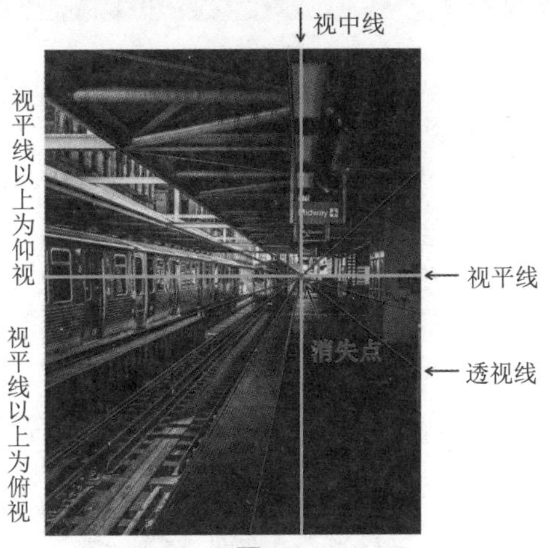

图2-71

- 透视线：是一种表现物体在三维空间中的位置和关系的技巧。透视线是从物体的各个角度延伸到一个或多个消失点的虚拟线条。
- 视点：观察者眼睛所在的地方。
- 视平线：与观察者眼睛等高的一条水平线。
- 视中线：观察者两只眼睛的对称线，是观者所看方向的中心视线，与画面垂直。视中线越靠近画面右边，则画面左边展现的内容越多；视中线越靠近画面左边，则画面右边展现的内容越多。
- 消失点：也叫灭点，是透视线的视觉相交点，消失点可能在画面内，也可能在画面外。
- 视角：视点与任意两条视线之间的夹角。

俯视时，物体在视平线以下，可以看到物体的顶面，显得场景辽阔，被观察的物体显得渺小；仰视时，物体在视平线以上，可以看到物体的底面，显得有压迫感，被观察的物体巍峨、巨大。

越靠近视平线，视角越小，看到的顶面或底面的面积越小；越远离视平线，视角越大，看到的顶面或底面的面积越大。

“画”出来的内容往往比较主观、容易出错，所以从现实出发，根据对现实物品分析透视理论，是训练透视知识中非常重要的一环。

接下来介绍不同基本型之间的透视规律。

以长方体为例，理论上ABC三个边等长，但在画面中A要比BC长；D和E理论上等长，但在画面中D要比E长；F和G理论上等长，但在画面中F要比G长。这就是近大远小对画面的影响，如图2-72所示。

图2-72

以球体为例，将物体想象成透明体，如图2-73所示，然后围着它们缠绕一圈圈红色的线，这些红色的线就是这个物体的透视线，如图2-74所示，接着沿红线把球体一刀切下去，就可以得到一个被切开的球体，如图2-75所示。在日常中最为常见的球体透视就是西瓜，如图2-76所示。

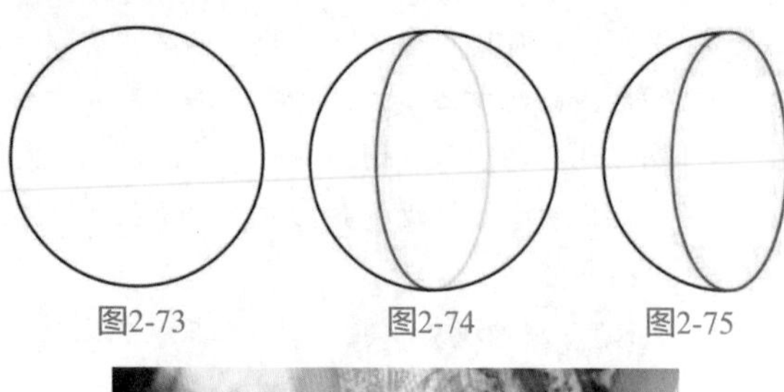

图2-73　　图2-74　　图2-75

图2-76

以室内风物照为例，寻找视平线并验证透视规律，如图2-77所示。在该图中有ABC三个置物架，A置物架可以看到底面，BC置物架可以看到顶面，所以视平线在AB置物架之间。A置物架露出的底面面积更多，B置物架露出的底面面积更小，所以判断视平线不仅在AB之间，且更接近B置物架。

图2-77

以桌面上的圆柱形卫生纸筒验证判断，高处的卫生纸筒逐渐看不到顶面，说明视角小，趋近于零，越往下看到的卫生纸筒顶面越大，说明视角在变大。视平线判断正确。

2.3.2　一点透视理论

“一点透视”的“点”指的是消失点，即只有一个消失点的透视。

在现实建筑中，沿着建筑的结构向画面中间延伸，必定会在同一个地方相交，这个相交的点就是消失点。

有时消失点在画面中间，如图2-78所示。

图2-78

有时消失点在画面的左侧或右侧，如图2-79所示。

图2-79

当消失点在画面左侧时，画面的右半边展示的物体多，看到的大多为右半边物体的左边面。

当消失点在画面右侧时，画面的左半边展示的物体多，看到的大多为左半边物体的右边面。

有时消失点甚至在画面之外，如图2-80所示。

图2-80

常见的一点透视练习图如图2-81所示。

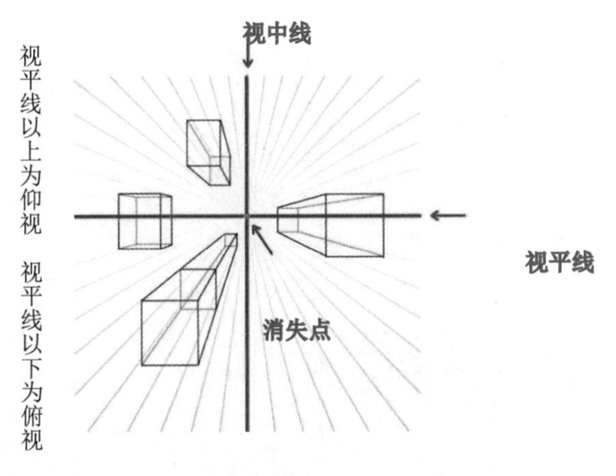

图2-81

立方体的6个面中，始终有一个面正对着镜头，与该面相邻的上下左右4个面全部向消失点无限延伸。

每两条理论上相等的线条，在实际画面中都是近处的长于远处的。

在视平线以上的物体可以看到底面，在视平线以下的物体可以看到顶面，正好压着视平线的则看不到上下面。

在视中线左边的物体可以看到右面，在视中线右边的物体可以看到左面，正好压着视中线的则看不到左右面。

2.3.3　用一点透视画教室

01 点击“操作”按钮，进入“画布”，打开“绘图指引”功能，进入“编辑绘图指引”，在“透视”中准备一根一点透视的透视线。创建好透视线后在图层面板里打开“绘图辅助”功能，如图2-82所示。

图2-82

提示：消失点不一定非要在画面正中间，如此处想更多地展示画面右边的内容，则在创建时将消失点放在画布靠左边的位置。

02 画出视线尽头的那堵墙，沿着四个角向外延伸出四条线，就形成了天花板和地板，如图2-83所示。

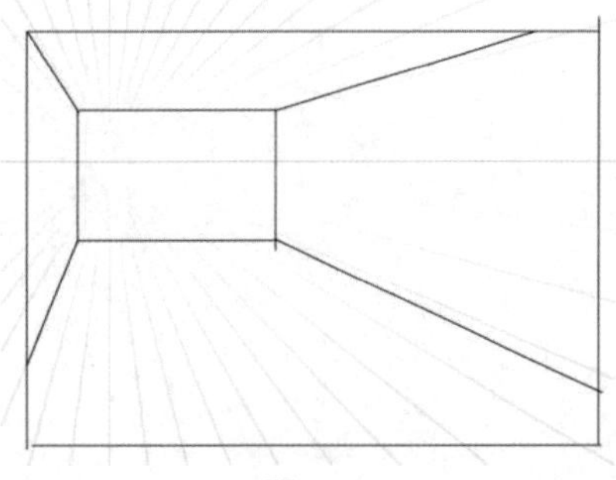

图2-83

03 在面积较大的墙上画出门和窗户，如图2-84所示。

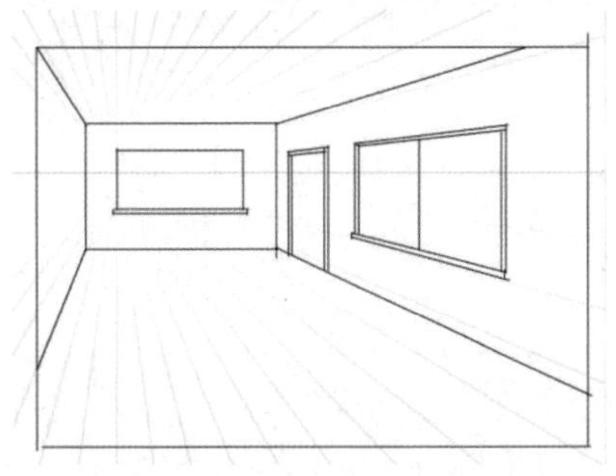

图2-84

04 画出课桌的高度和大概摆放位置，因为课桌是规律摆放的，所以不用一个个画，画出大概区域然后再做区分即可，如图2-85所示。

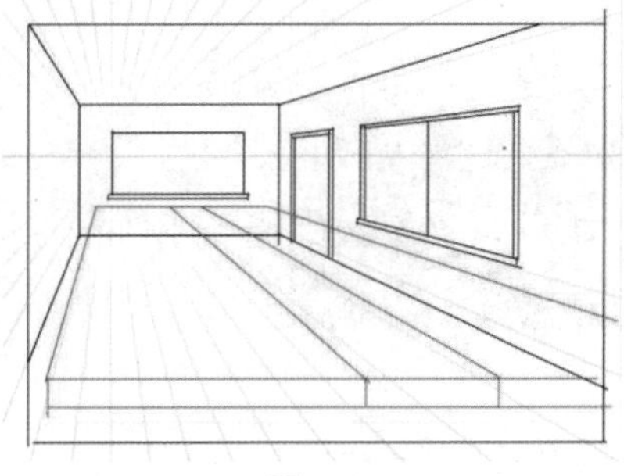

图2-85

05 在该区域内画出一个个方格，即课桌的大小和空隙，如图2-86所示。

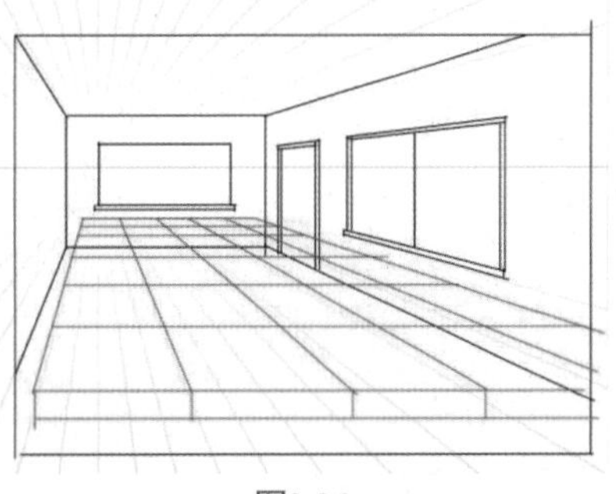

图2-86

06 擦除多余的线条，剩下的就是课桌，如图2-87所示。

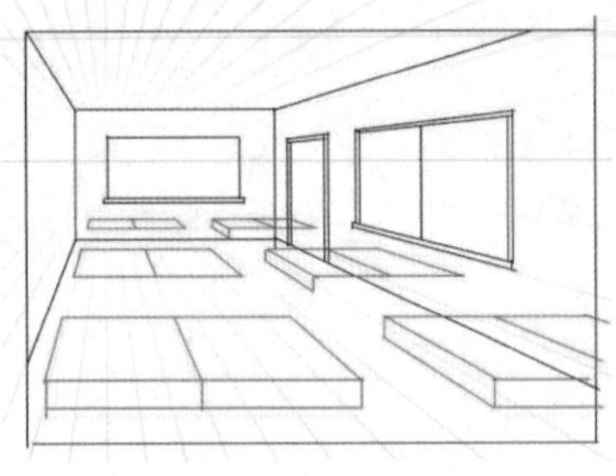

图2-87

07 将课桌的厚度补上，如图2-88所示。

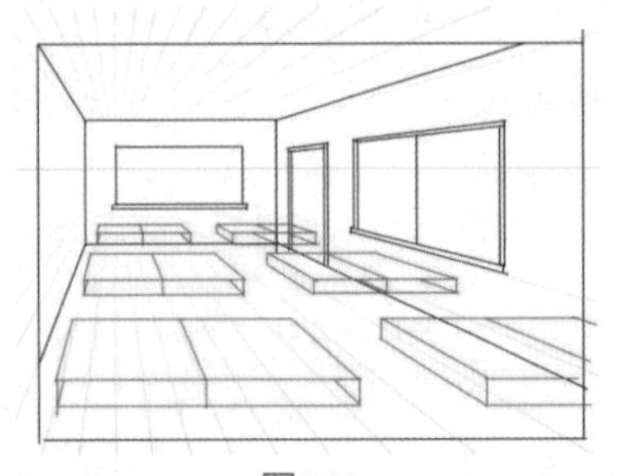

图2-88

08 从桌子两侧向下垂直画出桌子腿，并从中心引出新的透视线来统一桌子腿的高度，如图2-89所示。

09 整理和擦除多余的线条，画出天花板的方形灯罩和左侧墙壁上的窗户，教室的一点透视图就绘制完成了，如图2-90所示。

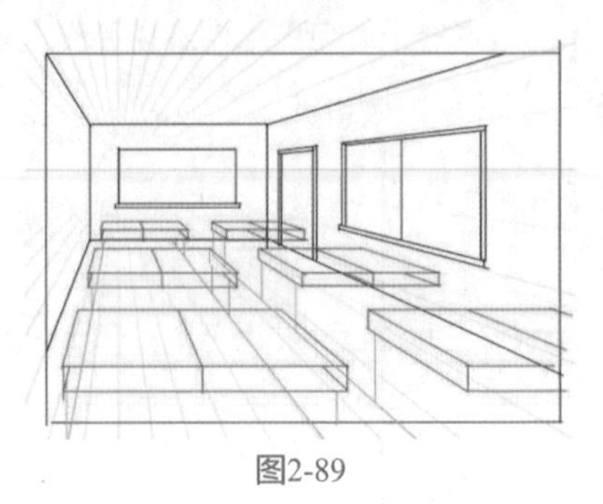

图2-89

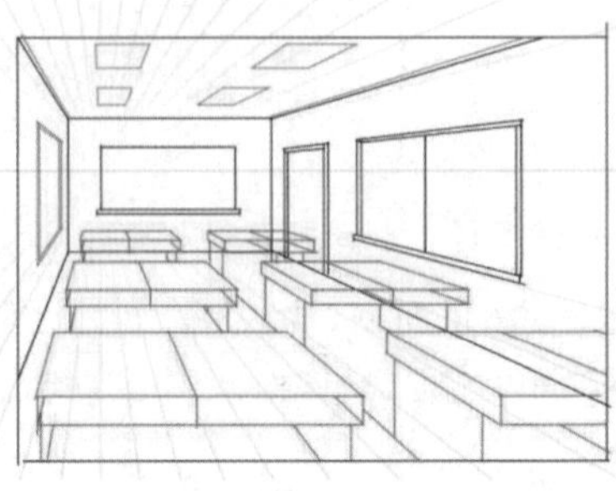

图2-90

2.3.4 两点透视理论

两点透视有两个消失点，视角没有一点透视那么"正"，多多少少有点"侧"。

根据建筑整齐的边缘向左右两侧画出延长线，可以得到一左一右两个消失点，连接两个消失点，得到的就是视平线，如图2-91所示。

图2-91

提示：依靠"不可挪动的"的物体画出来的参考线往往更准，如房梁、墙壁等建筑物；依靠"可挪动的"物体画出的参考线往往更容易有误差，如桌子、板凳等小物件。

常见的两点透视练习图如图2-92所示。

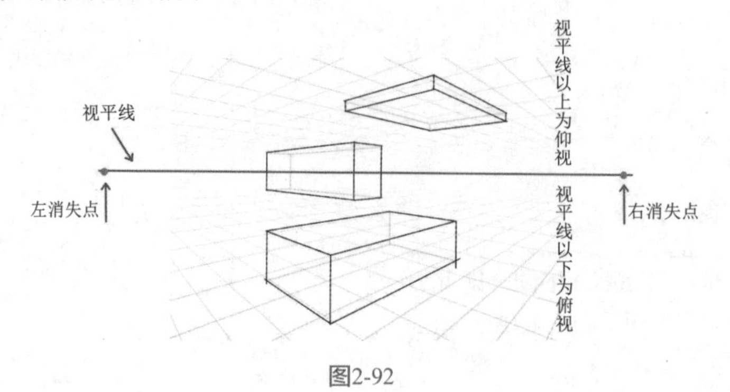

图2-92

一点透视是“一个面”面对镜头，两点透视则是“一个边”面对镜头，在两点透视中“左”“右”相对，没有视中线的概念。近大远小的概念和一点透视一样，即每两条理论上相等的线条，在实际画面中都是近处的长于远处的。

2.3.5 用两点透视画房间

01 点击“操作”按钮，进入“画布”，打开“绘图指引”功能，进入“编辑绘图指引”，在“透视”中准备两点透视的透视线，为了避免两个消失点离得太近导致画面变形，可以将消失点定在画面之外，如图2-93所示，定好透视线的位置后，在视平线以下选一块区域画出方形，作为房间的地面形状，如图2-94所示。

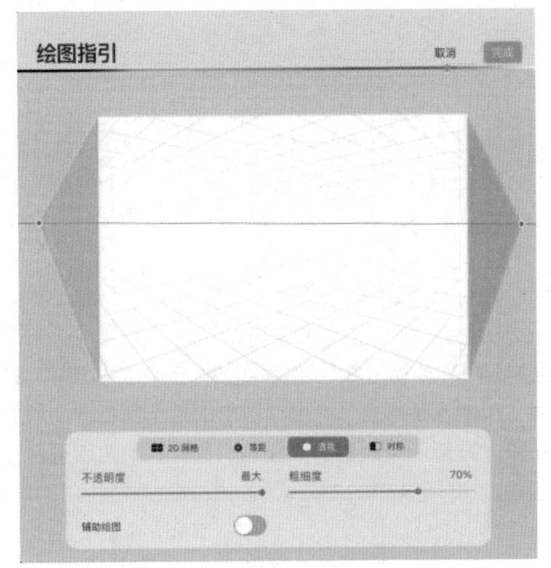

图2-93

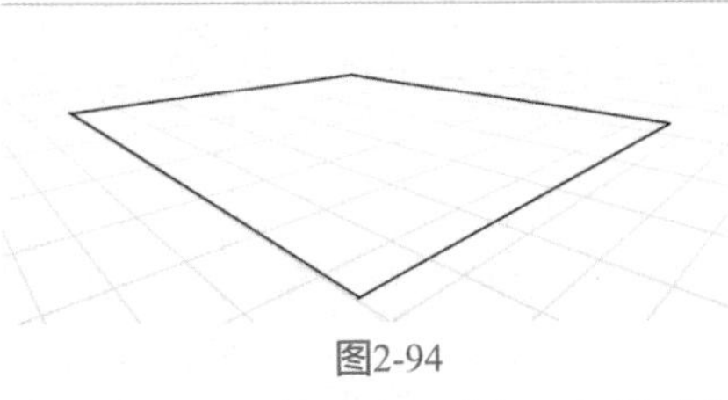

图2-94

02 向上延伸出左右墙壁和天花板，因为房间的陈设主要放置在地面，所以要保证地面的完整性，可以不用完全画出天花板，如图2-95所示。

03 画出地面物体的占地面积，先画物体的底面，可以保证物体之间的底面不会有重叠，如图2-96所示。

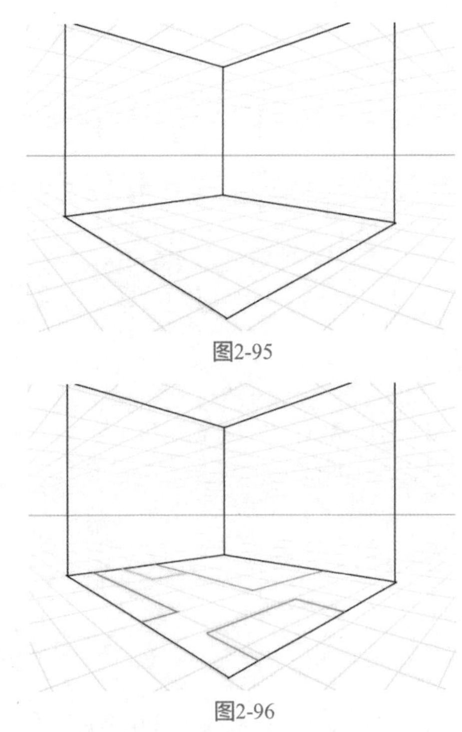

图2-95

图2-96

04 由下至上画出地面物体，因为床的视野在最里面，所以先画床，尽量“由内至外”进行绘画，如图2-97所示。

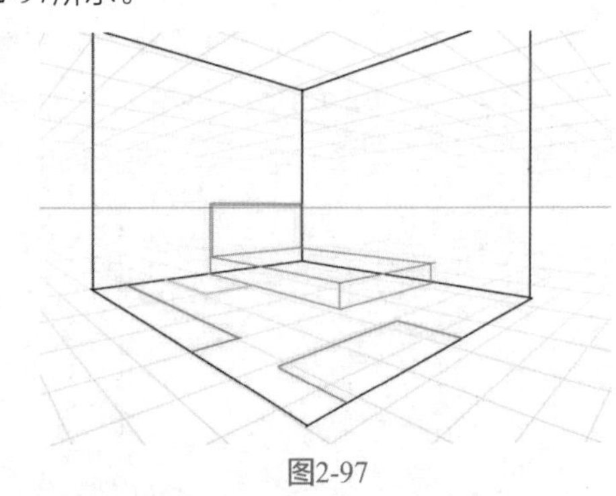

图2-97

提示：可以画真实的房间，也可以画想象中的房间，不必完全遵照现实。

05 再画出床头柜，如图2-98所示。

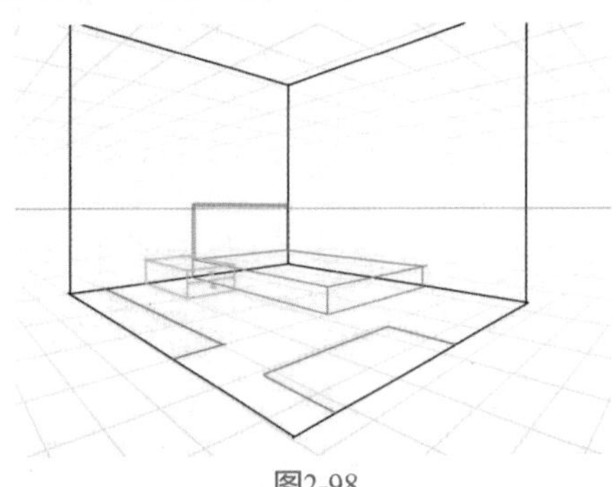

图2-98

06 图中的衣柜靠在左边墙上，虽然看不见这堵墙，但可以从地面的边缘线判断出它的位置，如图2-99所示。

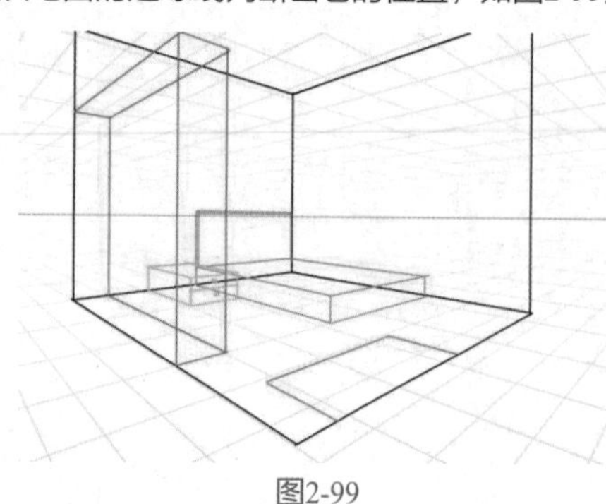

图2-99

07 画出衣柜的隔断，注意隔断的每一层与视平线的关系，如图2-100所示。

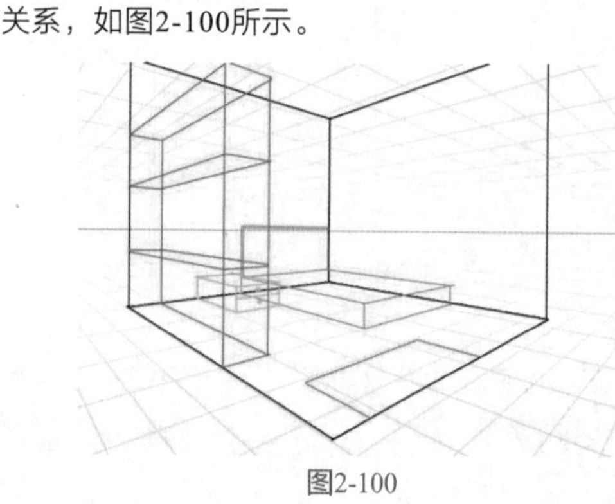

图2-100

08 继续画小桌子，虽然桌子只有四条桌腿接触地面，但绘画方法与床和柜子相同，都是从一个方盒子开始细化，如图2-101所示。

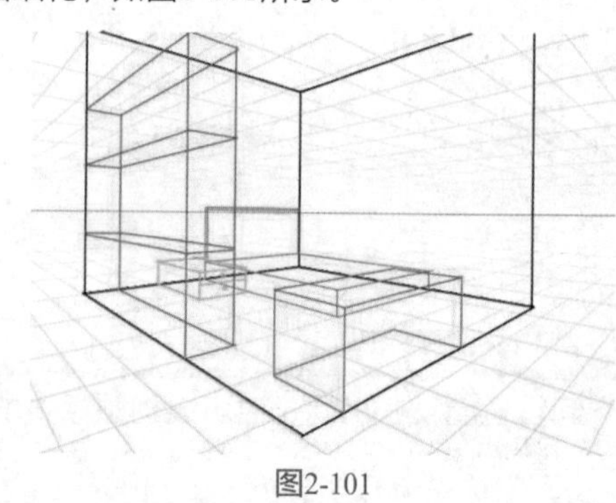

图2-101

09 画出桌子的厚度和四条桌腿，如图2-102所示。

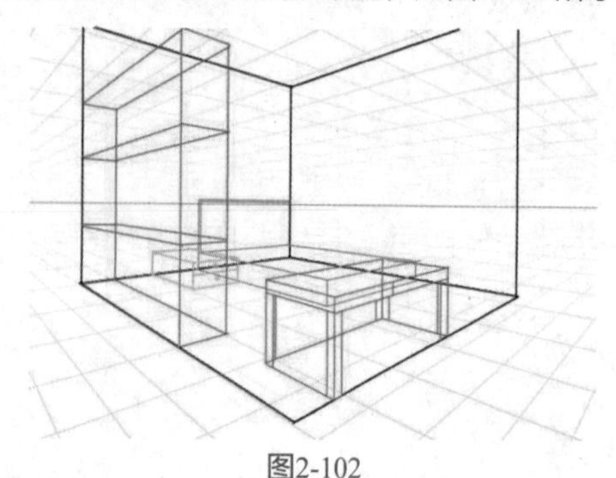

图2-102

10 画上门，并在床头加一幅画，如图2-103所示。

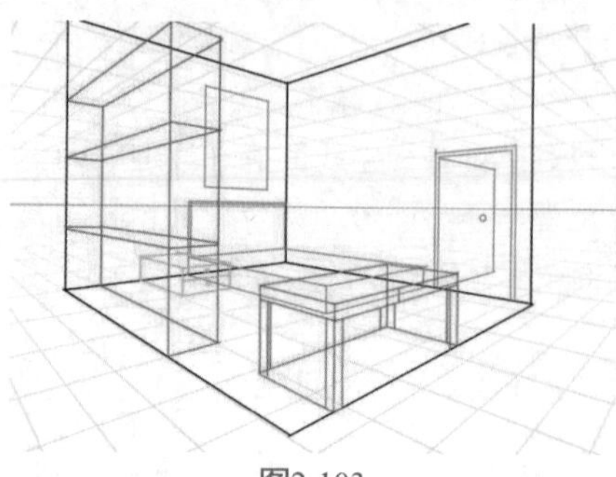

图2-103

11 房间大致绘制完成，考虑到目前的物体边缘都是平直的，所以本书加入了一点复杂元素，即给墙上挂一个椭圆形装饰。

12 先画一个方形，在中间打上“米”字形辅助线，由于受透视影响，很难直接找到中心点，所以要先画对角线的“×”，再从中间的交点引出“+”，如图2-104所示。

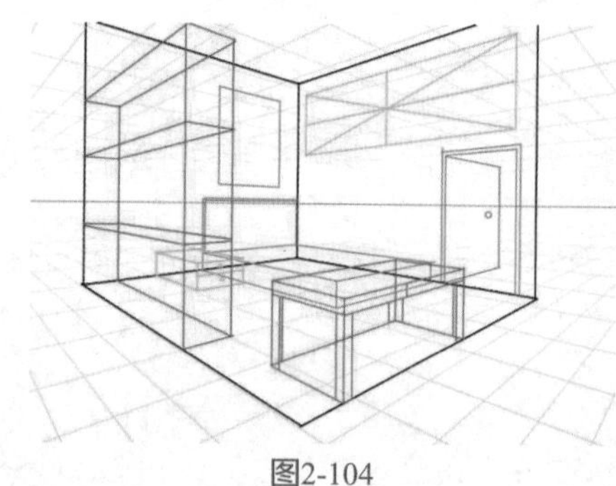

图2-104

13 使用“速创形状”功能画出圆形，随后使用“变换”工具将圆形变形，要让圆形的上下左右四个顶点和刚才方形四条边的中点重合，即ABCD四点重合，如图2-105所示。

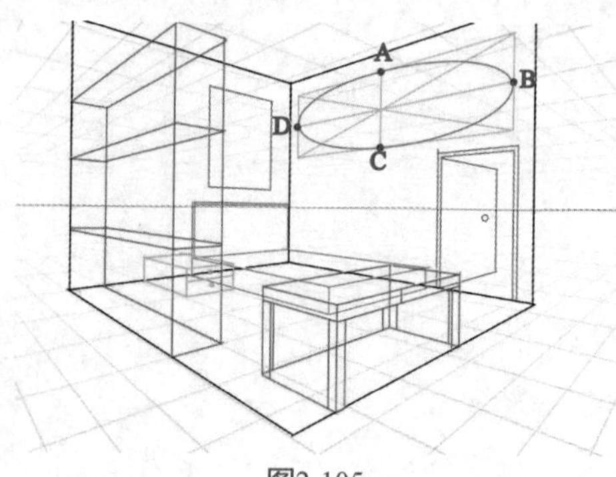

图2-105

14 点击“操作”按钮，在“添加”中选择“添加文本”，并打上任意字样，如图2-106所示。

15 使用“变换”工具中的“扭曲”功能，拖曳字体，直到符合透视规律，即横向框跟透视线方向一致，纵向框保持垂直，如图2-107所示。

16 擦除多余的辅助线，两点透视的房间就绘制完成了，如图2-108所示。

图2-106

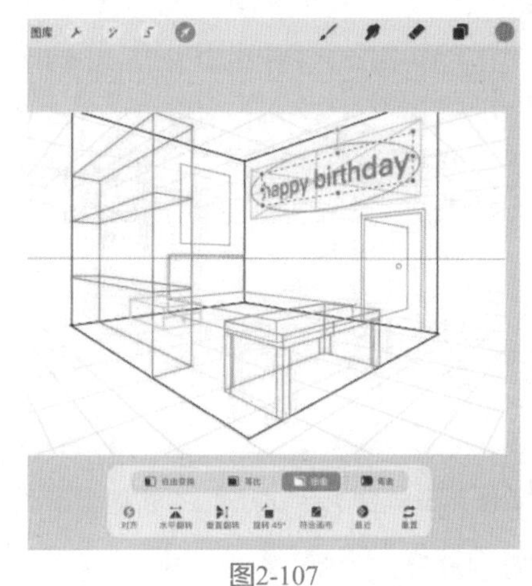

图2-107

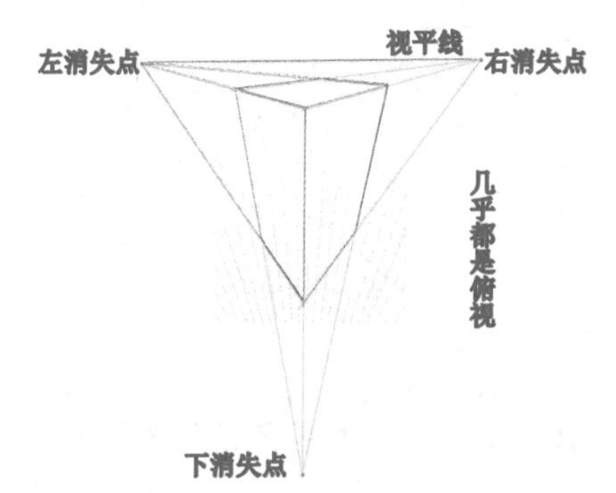

图2-108

2.3.6　三点透视理论

三点透视共有三个消失点，这种透视效果大多用在大型建筑上。仰视角度可以体现高楼的雄伟，如图2-109所示，俯视角度可以鸟瞰城市，如图2-110所示。

图2-109

图2-110

沿建筑边缘无限延伸即可找到消失点，如图2-111所示，与拍摄角度相关，有些消失点会超出画面非常远。

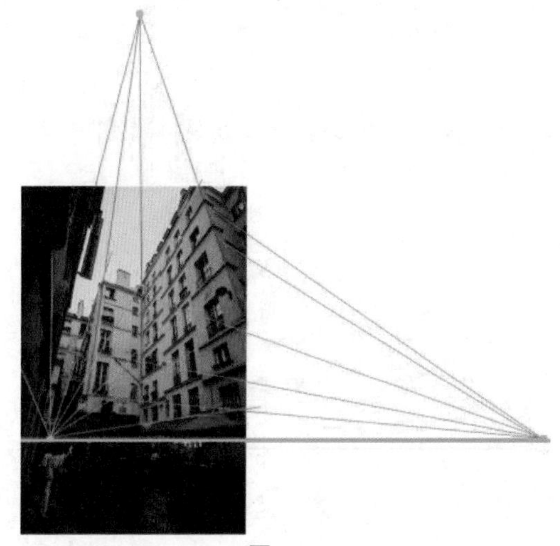

图2-111

常见的三点透视练习图如图2-112所示。

三点透视共有三个消失点，左右各一个消失点。当第三个消失点在视平线下方时，画面为俯视，常用来鸟瞰城市；当第三个消失点在视平线上方时，画面为仰视，常用来体现建筑的高大宏伟。

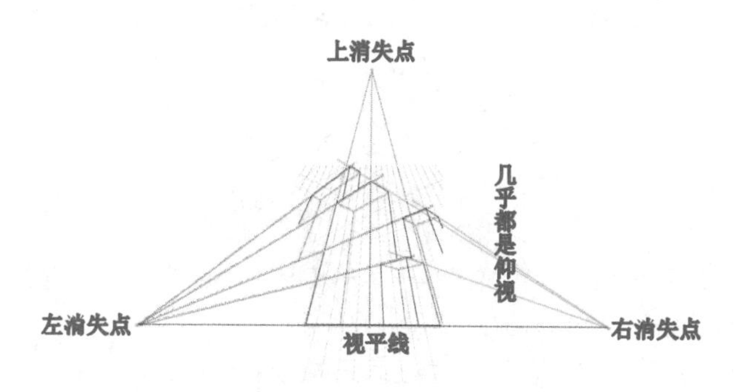

图2-112

2.3.7 用三点透视画高楼大厦

01 点击“操作”按钮，进入“画布”，打开“绘图指引”功能，进入“编辑绘图指引”，在“透视”中准备一个俯视的三点透视，如图2-113所示。

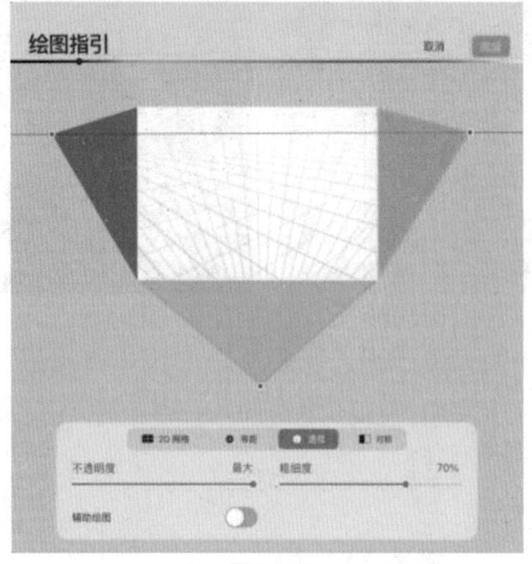

图2-113

02 先做好城市区域划分，画上十字马路，如图2-114所示。

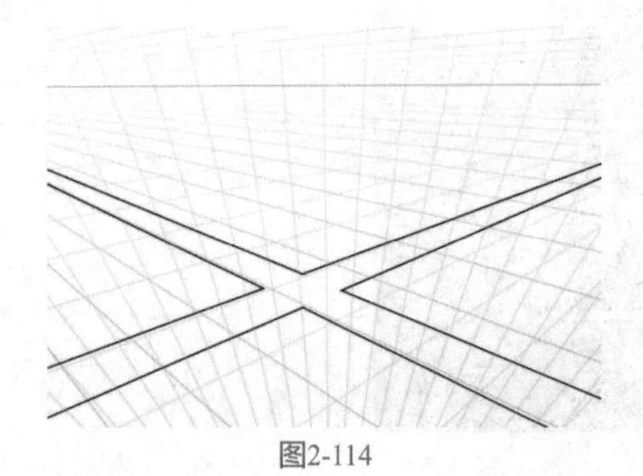

图2-114

03 在底面画出每栋建筑的占地面积，确保建筑之间的底面不重合，如图2-115所示。

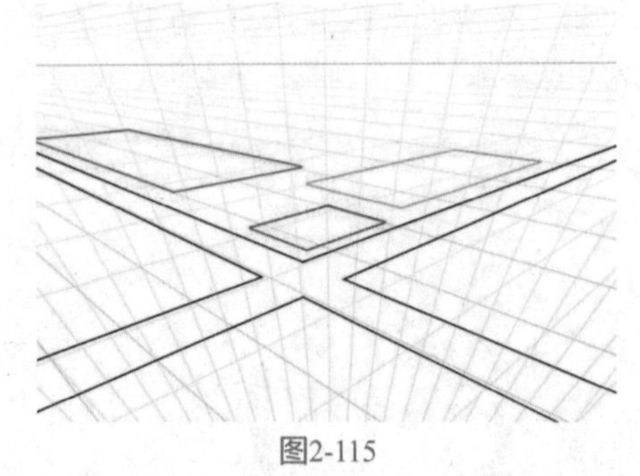

图2-115

04 由下至上画出最远处的第一栋建筑，让它高于视平线，看不见建筑顶面，如图2-116所示。

05 让第二栋建筑低于视平线，可以看见建筑顶面，如图2-117所示。

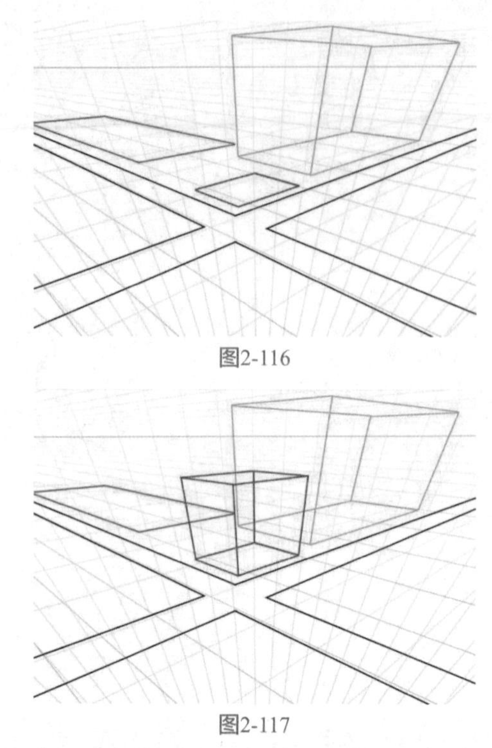

图2-116

图2-117

06 接着画第三栋建筑，让建筑之间高低错落，更有层次感，如图2-118所示。

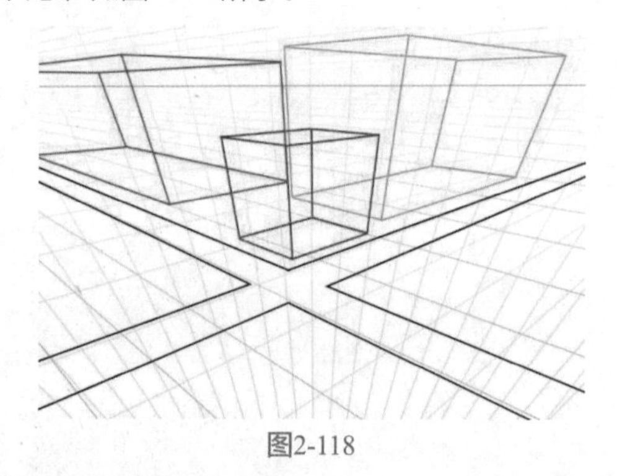

图2-118

07 在其他区域也画上建筑的底面，如图2-119所示。

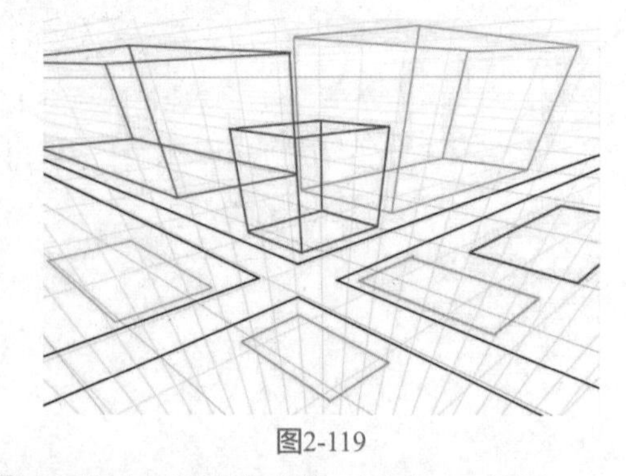

图2-119

08 由下至上画出所有建筑，如图2-120所示。

提示：用户可以任意控制建筑的位置和高度，不必跟本图完全一样。

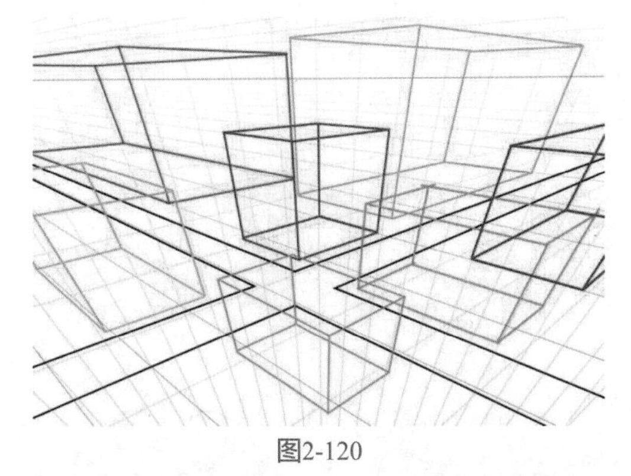

图2-120

09 如果感觉建筑物过多，可以关闭“绘图指引”功能，并将画面里被遮挡的建筑进行擦除，会让视觉效果变得清爽，如图2-121所示。

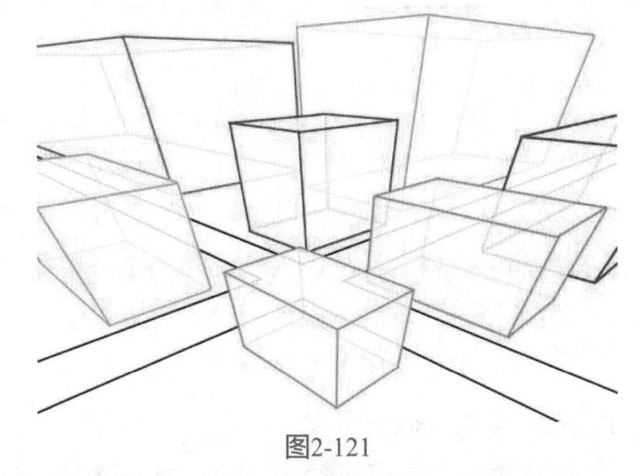

图2-121

10 选定画面最中间的一栋建筑进行细化，加上屋檐，让它看起来更像建筑物，如图2-122所示。

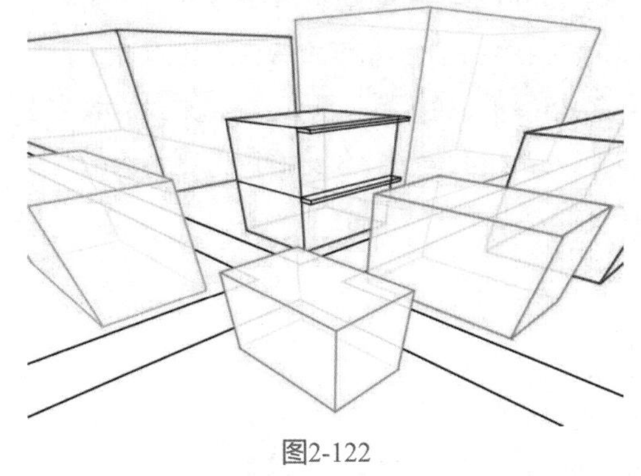

图2-122

11 遵循“原则上等距，但视觉上随透视递增或递减”的透视理论，为中间这栋建筑画好第一个窗户后，在窗户内画上“米字形”辅助线，方便找到窗户右边线的中点，如图2-123所示。

12 将窗户左下角和右边的中点进行连接并延伸，和横线相交的点就是第二个窗户的右边缘线，如图2-124所示。

13 画好第二个窗户后，重复步骤即可得到第三个窗户，如图2-125所示。

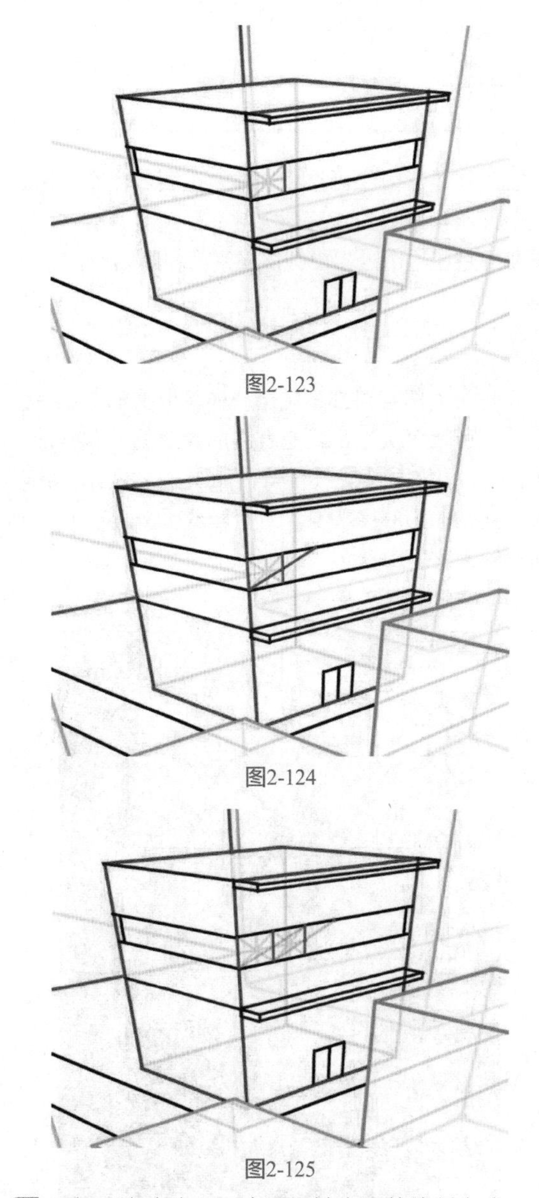

图2-123

图2-124

图2-125

14 画好所有窗户，三点透视城市图就绘制完成了，如图2-126所示。

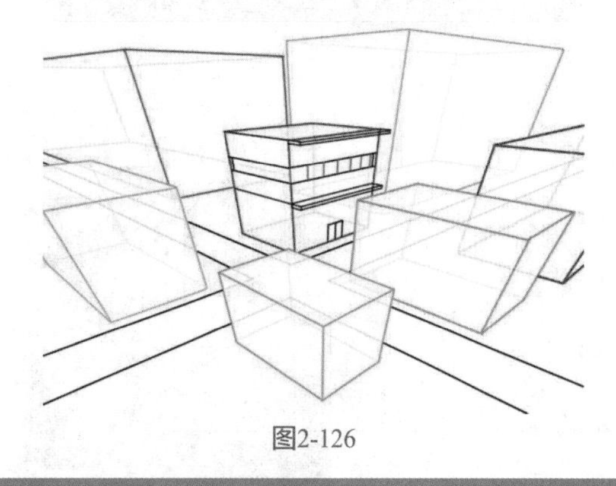

图2-126

提示：如果有多余的面积，把它当作墙壁即可，不要急着画窗户。

2.4 速写知识

速写是学习绘画过程中非常重要的一个环节，很多人错误地认为速写的关键在于速度，其实真正重要的是在这个过程中锻炼观察力和感知力。

2.4.1 常见的Q版人体姿势

每个人的身高都不完全一样，但头的大小都差不多，所以“头”常常是身高的参照物，正常的成年人身高比例约为7～8头身，如图2-127所示，模特身高通常约为8～9头身，青少年约为5～6头身，小朋友约为3～4头身。

图2-127

因为圆润的身型会更给人萌感，所以Q版人体约为2～3头身。

起形时可以尽量画梨形身材，如图2-128所示，Q版人物通常不会有太多的身型曲线，避免出现成人身体配幼态脸的情况，画上衣服后如图2-129所示。

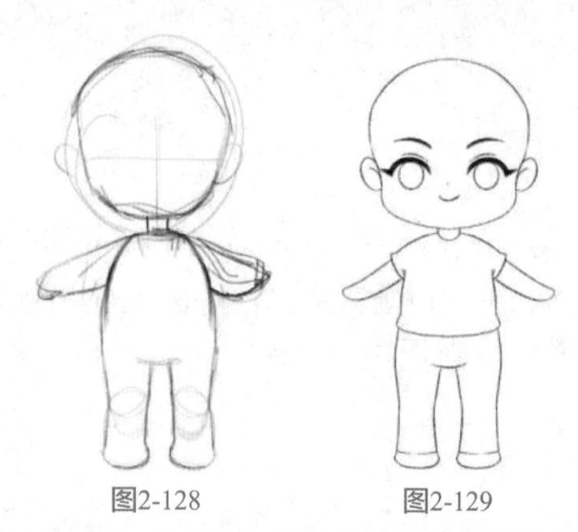

图2-128　　图2-129

3头身的Q版人物，通常以裆部作为脖子到脚底的1/2分界线，将裆部位置往上挪，则会让角色的腿变长。手部可以依据具体的人物动作决定是否要画出每一根手指，在不影响画面的情况下可以选择省略手指，但如果人物手上拿了物品，或者涉及具体的手势时，就可以画出手指。

Q版人物的站姿通常约为3头身，坐姿约为2头身，如果想让人物更Q更可爱，还可以不画脖子，如图2-130所示。很多幼态的动漫角色，如蜡笔小新、樱桃小丸子和小猪佩奇等，都没有脖子，这样会显得年龄更小更圆润，年纪看起来约为4、5岁，如果将人物加上脖子，年纪看起来则约为6、7岁，如图2-131所示。

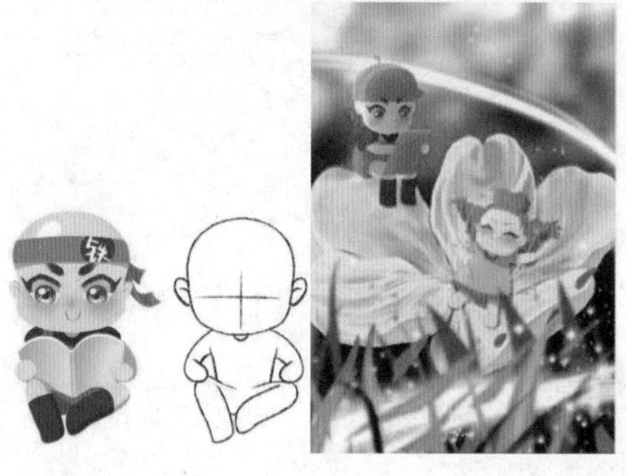

图2-130

图2-131

2.4.2　常见服装褶皱

1. 常见衣服褶皱

在各种各样的衣服中，只需了解几个典型的版型和面料，并总结褶皱规律，在绘画中即可“以不变应万变”。

接下来介绍常见的褶皱规律。

（1）褶皱多呈“勾”形，如“1、2、7、S”等形状，两个相邻的褶皱之间尽可能不要平行，大小和方向也要错开，线条之间不要“打结”。

（2）褶皱大多由“内”产生，向“外”生长和放射。

卫衣的料子比较厚实，如图2-132所示，但整体还是柔软的面料，所以绘画的线条比较柔和，如图2-133所示，主要褶皱都集中在关节部位，如腋下和胳膊肘等，如图2-134所示。

图2-132

图2-133

图2-134

普通的棉质T恤料子更轻薄，容易产生一些细小褶皱，如图2-135所示，褶皱主要集中在关节部位和受力点，所以绘画时要画出这些褶皱，如图2-136所示，由于衣服下摆掖在裤子里，所以抬手时会有许多纵向褶皱，画这种褶皱时，褶皱一定是从受力点呈放射状拉出来。即使受力方向是纵向，也不要全部垂直画，尽可能多一些方向的变化，如图2-137所示。

图2-135

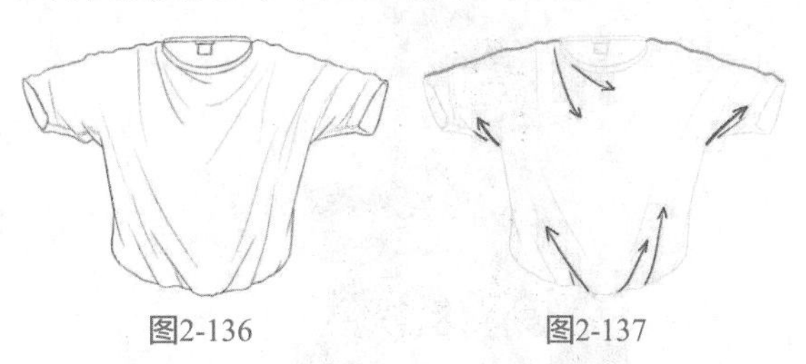

图2-136　图2-137

西装的料子较为硬挺，产生的褶皱较少，如图2-138所示，所以绘画时尽量少画褶皱，如图2-139所示，西装的褶皱一旦多了就会感觉衣服皱巴巴的，因为褶皱主要集中在手肘内侧，所以画的时候需要把注意力放在结构上，只用画出最关键、最代表结构的那几根褶皱线即可，如图2-140所示。

图2-138

图2-139

图2-140

2. 常见裤子褶皱

裤子的褶皱线主要集中在裆下、膝盖和屁股下方。

西装裤子的料子相对平整，如图2-141所示，褶皱大多由“内”产生，向“外”生长和放射，如图2-142所示，膝盖作为受力点，外轮廓线相当平滑，褶皱都集中在膝盖后方，如图2-143所示。

图2-141

图2-142

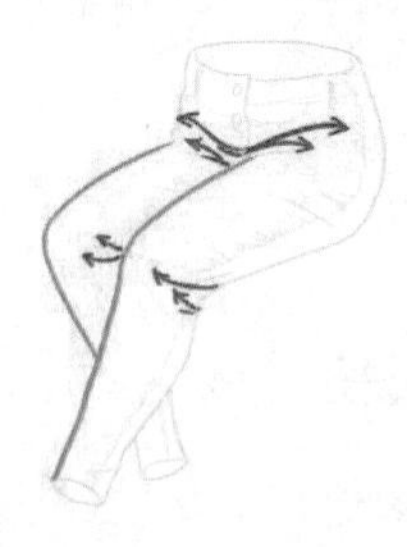

图2-143

如果尝试画站立的裤子，又发现站立的裤子较为平整、褶皱线较少时，如图2-144所示，就可以画衣服缝合的结构线。缝合线有两个作用，一是丰富画面，让画面不单调，但注意缝合线要有起伏地跟着结构走，二是可以表现身体的朝向，当用户看到右边的缝合线，说明这个人朝向右边，如图2-145所示，褶皱主要集中在膝盖后方和屁股下面，外轮廓线依然平整，如图2-146所示。

图2-144

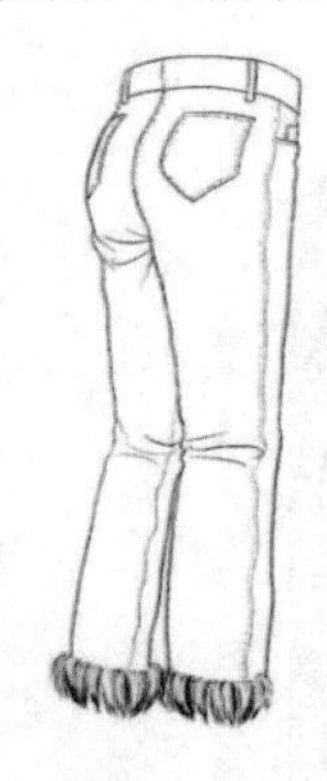

图2-145

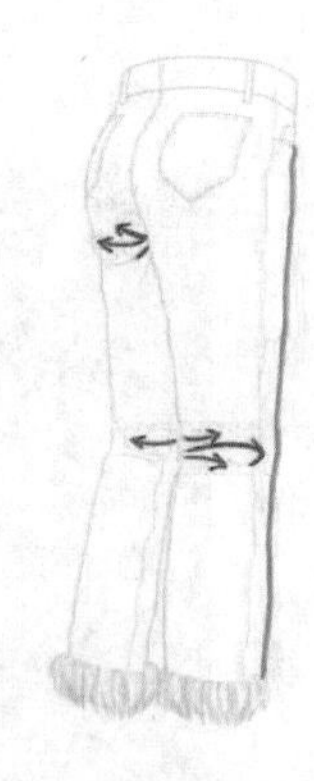

图2-146

抱膝弯曲和坐姿画法相同，如图2-147所示，臀部外边缘和膝盖外边缘保持平整、平滑，如图2-148所示，主要注意胯下和膝盖后方的褶皱，如图2-149所示。

图2-147

图2-148

图2-149

3. 常见裙子褶皱

裙子与裤子不同，裤子的褶皱主要来自于胯下和膝盖两处，而裙子既没有胯下结构也没有膝盖结构。

有荷叶边或蕾丝边的裙子如图2-150所示，绘画时要强调一瓣一瓣的花边感，如图2-151所示，以及缝合处的细小褶皱，如图2-152所示。

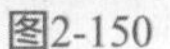

图2-150

图2-151

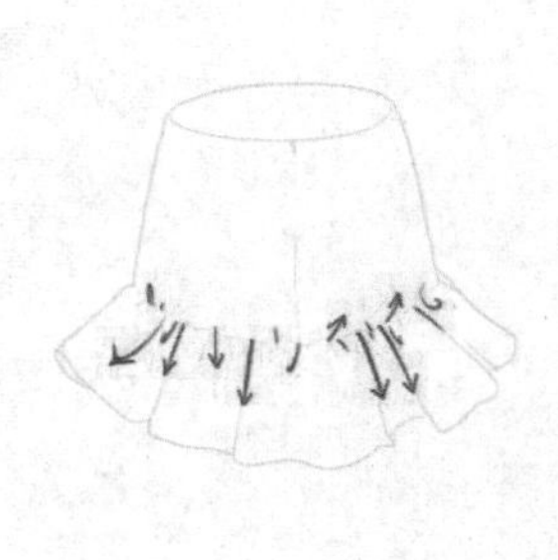

图2-152

牛仔裙料子硬挺，如图2-153所示，褶皱较少，可以选择画上缝合线，如图2-154所示，裙子没有膝盖的褶皱，所以牛仔裙的褶皱主要来自胯骨的拉扯，如图2-155所示。

图2-153

图2-154

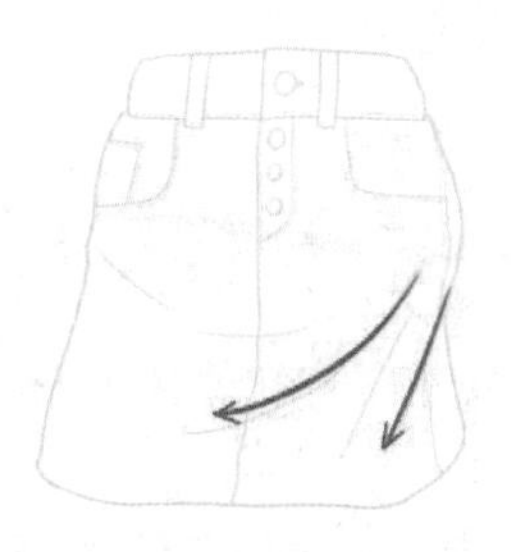

图2-155

凡带有一褶一褶的裙子，如图2-156所示，褶就是它出彩的地方，主要画出褶子之间的重叠，如图2-157所示，因为这种裙子本就不贴身，所以没有太多肢体拉扯出的褶皱，为数不多的肢体褶皱主要在小腹处，如图2-158所示。

图2-156

图2-157

图2-158

2.4.3 人物速写实训

刚开始绘画时容易出现“最外面的最先画，看不到的就不画”这种问题，若画画时对于体积理解不够，建议“由内到外”一层层地画，这样更能保证结构的准确。

接下来以人物照片为例，如图2-159所示，展开人物速写实训。

图2-159

本案例使用笔刷：

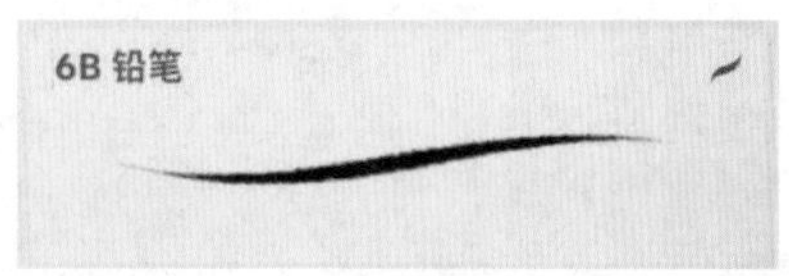

01 在草稿阶段确定人物头身比例和肢体动态，如图2-160所示。

02 用“6B铅笔”笔刷刻画人物主要肢体，虽然人物肢体被衣服覆盖，但也要考虑人物结构，不能因为没有露出来而忽视，如图2-161所示。

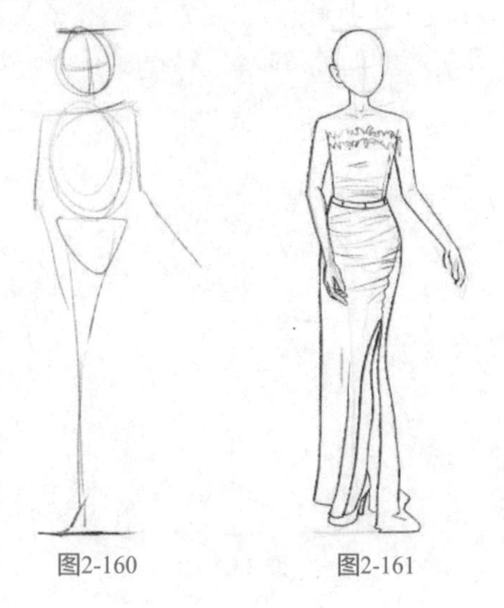
图2-160　　图2-161

03 画出抓起的飘带，注意飘带褶皱的走势，越靠近手心处褶皱越紧且呈放射状，如图2-162所示。

04 给人物画上外套，并擦除被覆盖的地方，如图2-163所示。

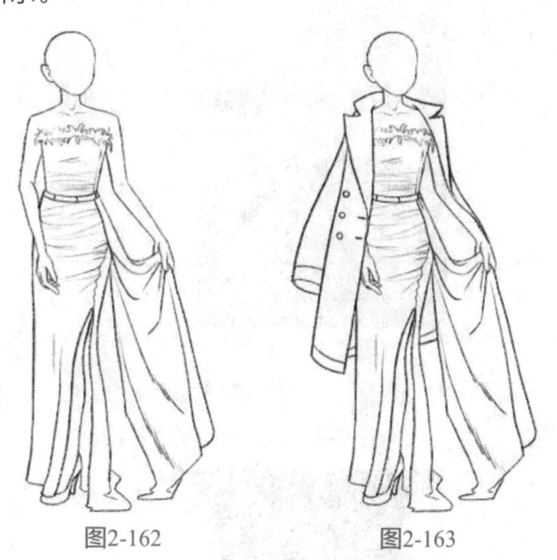
图2-162　　图2-163

05 速写更多在于表现人物肢体与动态，五官相对没有那么重要，所以最后画上头发和五官即可。为了避免头重脚轻，要给衣服“里面”加上重色阴影，如图2-164所示。

图2-164

第 3 章
循序渐进的绘画训练

了解Procreate软件的操作和对相关绘画理论具备一定的认识后，本章将以生活中最常见的4组绘画题材为例，带领读者进入绘画实操阶段，让读者使用Procreate画出简单、好看和符合想法的作品。

3.1 百搭绿植

绿植和花朵是插画创作中必不可少的百搭神器，本节将介绍在Procreate中不同植物的画法。

3.1.1 好看的叶子

本案例色卡：

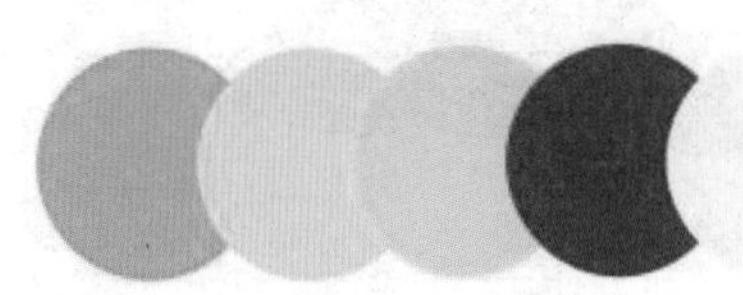

本案例使用笔刷：

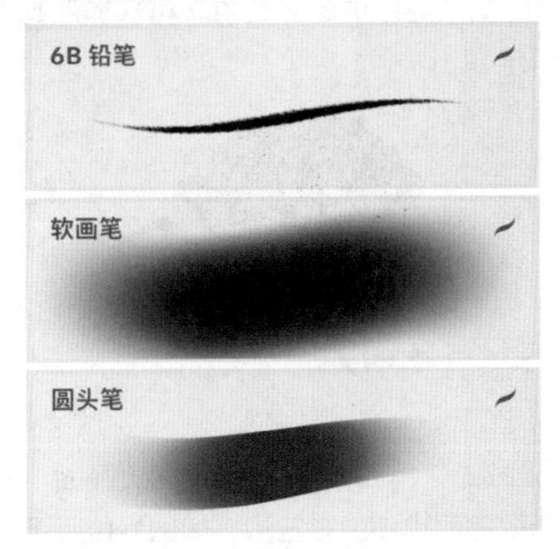

01 用“6B铅笔”笔刷绘制出叶子的线稿，叶子外边缘呈波浪状，叶子里面的线条相对更细一些，如图3-1所示。

02 将线稿层设置为“参考”，使用“快速填色”功能在新图层里给叶子的线稿填充绿色，如图3-2所示，注意线稿层在上，颜色层在下。

图3-1

图3-2

03 加深叶子的左半边部分，注意不要加深叶子边缘，如图3-3所示。

04 新建图层，使用“软画笔”笔刷，从右往左轻扫一些浅橙色，图层模式设置为“强光”，如图3-4所示。

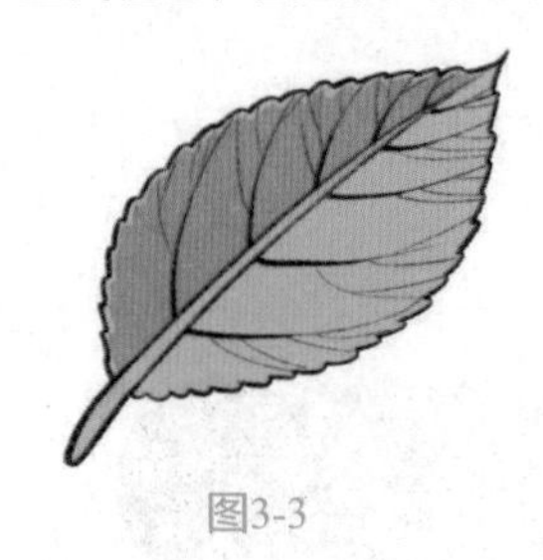

图3-3

图3-4

05 选取“硬边笔”笔刷，用亮色将叶子中间的茎提亮，如图3-5所示。

06 在线稿层上方新建图层并设为“剪辑蒙版”，用“软画笔”笔刷在该图层扫上绿色，右边浅左边深，这样就可以改变叶子的线稿颜色，由原本的纯黑改为跟画面融为一体的绿色，如图3-6所示。

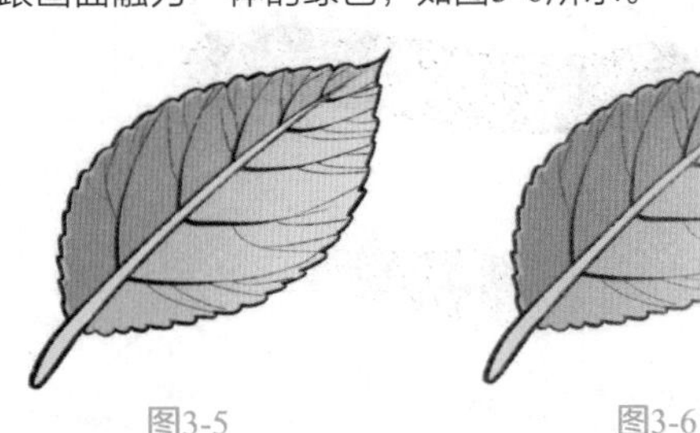

图3-5　　图3-6

07 新建图层，用“圆头笔”笔刷选择浅绿色，在茎叶的各种边缘给叶子表面画上高光，如图3-7所示。

图3-7

08 右滑选中叶子的所有图层，并分为“组”，将“组”复制，得到一上一下共两片叶子。

接着对下面的叶子进行操作，点击“平展”按钮使其成为一个图层，调整大小和位置，为其创建新的“剪辑蒙版”层，并将图层模式设置为“正片叠底”，添加投影，使得两片叶子之间有空间感，最后加上一些小点缀，绘制完成，如图3-8所示。

图3-8

3.1.2 一朵玫瑰

本案例色卡：

本案例使用笔刷：

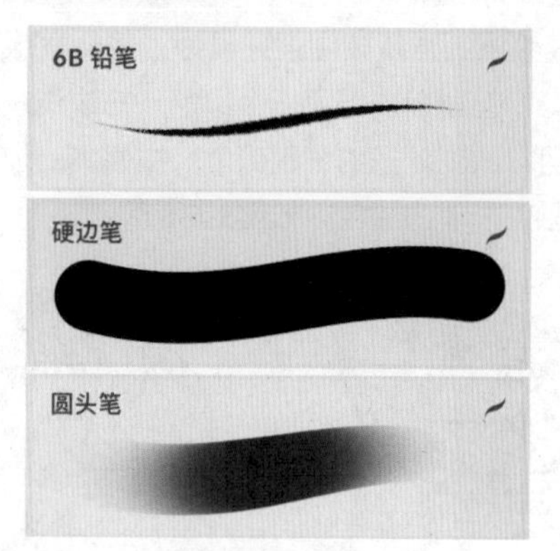

01 用“6B铅笔”笔刷由内至外画出玫瑰花，玫瑰花中间可以像个元宝的形状，如图3-9所示。

02 完成玫瑰花整体线稿后，画上叶子，如图3-10所示。

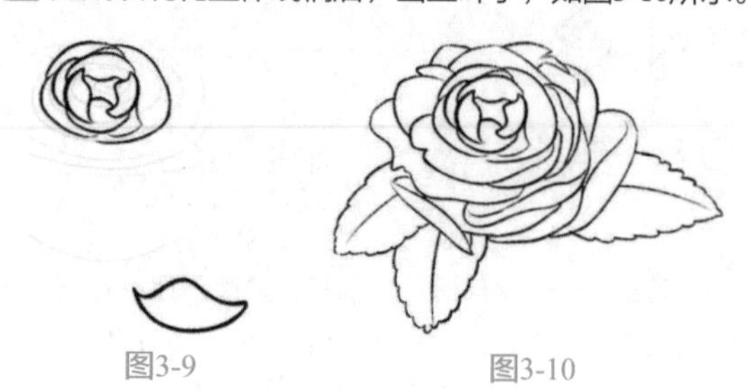

图3-9　　图3-10

03 新建图层并放在线稿层的下方，用“硬边笔”笔刷在不同图层分别画上花朵和叶子的固有色，如图3-11所示。

图3-11

04 新建图层，选择一种深红色画上花朵的阴影，如图3-12所示。

图3-12

05 选择比花朵阴影更深的红色，再次加深暗面，如图3-13所示。

图3-13

06 用“圆头笔”笔刷给花朵边缘画上亮面，光从左边来，所以亮面也集中在左边，如图3-14所示。

图3-14

07 画上叶子的暗面，因为叶子的固有色不是同一种颜色，所以画暗面时也不能使用同一种颜色，如图3-15所示。

图3-15

08 在叶茎的左边，沿着边缘稍微提亮一些，如图3-16所示。

图3-16

09 复制几个花朵，位置稍微错开，放到所有层的最下方，摆好位置后合并图层，并降低“不透明度”，如图3-17所示。

图3-17

10 点击“调整”按钮，对合并后的背景图层选择“高斯模糊”滤镜，如图3-18所示。

图3-18

11 在“调整”面板中选择“色像差”滤镜，对背景图层进行处理，如图3-19所示。

图3-19

12 再次点击“调整”按钮，选择“透视模糊”滤镜，如图3-20所示。

图3-20

3.1.3 一朵百合

本案例色卡：

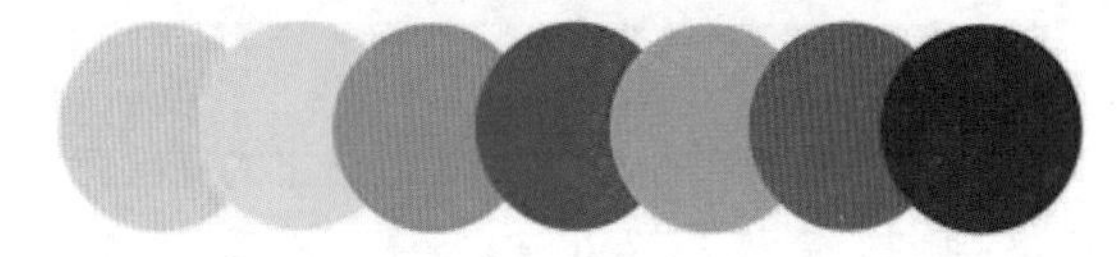

本案例使用笔刷：

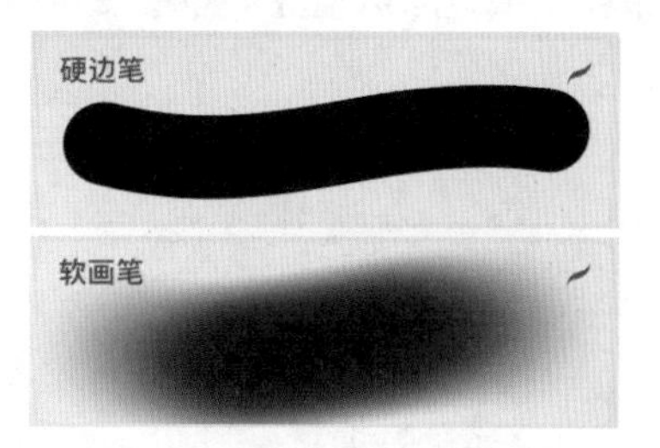

01 用任意笔刷绘制出一朵百合花的草稿，如图3-21所示。

02 用“6B铅笔”笔刷画出干净的线稿，暂时不画花蕊部分，如图3-22所示。

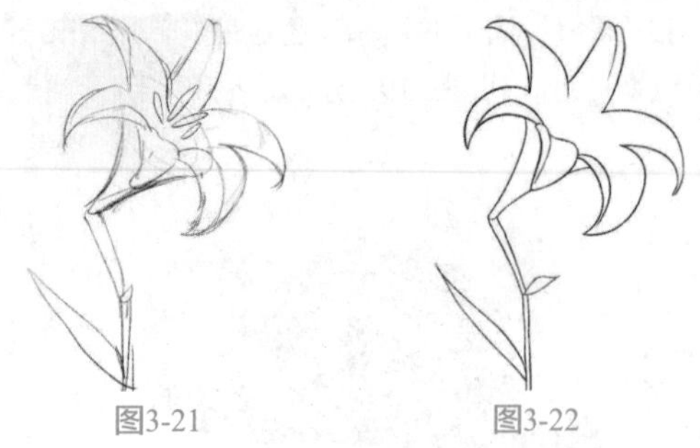
图3-21　　图3-22

03 在线稿层下方新建图层，用“硬边笔”笔刷画上百合花的固有色。在百合花的图层下方新建图层，叠加一个色块，不仅可以衬托出白色的百合花，还可以让百合花有一种冲出方框的张力，如图3-23所示。

图3-23

04 画出百合花瓣中间的纹路，第一遍使用“软画笔”笔刷轻轻地画，第二遍使用“6B铅笔”笔刷强调花瓣中间的纹路走势，如图3-24所示。

图3-24

05 用“硬边笔”笔刷画上花蕊和花枝上的亮暗面。用“软画笔”笔刷在花朵的末端轻扫一些绿色上去，让花朵和花枝的颜色更为融合，如图3-25所示。

图3-25

06 在线稿层的上方新建图层，并设为“剪辑蒙版”，在该图层中上色以改变线稿的颜色，由黑色改为跟花朵自身相呼应的颜色，让画面显得干净。接着绘制百合花的影子，右滑选中百合花所有图层，分组，并进行复制，然后将图层顺序位于下方的百合组进行“平展”，使用“变换”工具中的“扭曲”功能，对影子进行拉伸变形，让影子有透视的效果，最后在扭曲的百合图层上方创建图层并设为“剪辑蒙版”，修改颜色，如图3-26所示。

图3-26

3.1.4　多肉植物

本案例色卡：

本案例使用笔刷：

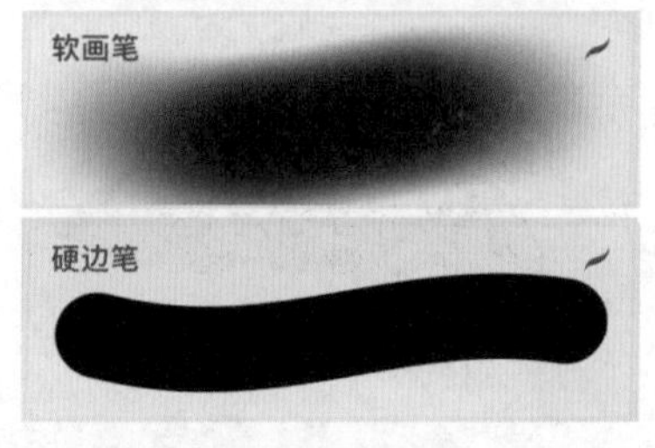

01 用“6B铅笔”笔刷画出多肉植物的线稿，如图3-27所示。

02 将线稿层设置为“参考”，新建不同的图层，分别给植物、茎和盆使用“快速填色”功能，填充固有色，如图3-28所示。

图3-27　　图3-28

03 在多肉植物的固有色层上方新建图层并设为“剪

辑蒙版”，给多肉植物每片叶瓣的尖尖部分，都用“软画笔”笔刷加浅色渐变，如图3-29所示。

04 在每片叶瓣尖尖上再加一个颜色较浅的红色圆点，如图3-30所示。

图3-29

图3-30

05 缩小画笔，用更深的颜色再强调每片叶瓣尖尖上的红色圆点，如图3-31所示。

06 用“硬边笔”笔刷提亮盆的前边缘，并用深色画出盆里的土，如图3-32所示。

图3-31

图3-32

07 用“硬边笔”笔刷取白色在土上点缀一下，绘制完成，如图3-33所示。

图3-33

3.1.5　一起插花吧

本案例色卡：

本案例使用笔刷：

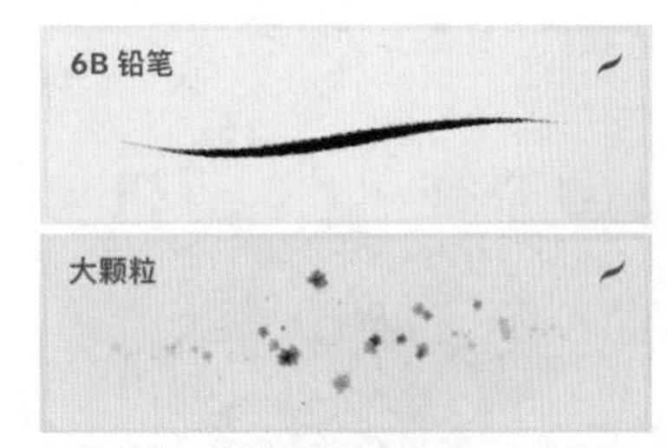

01 先画出草稿的轮廓，注意画面平衡，左右两边尽可能不要一多一少，如图3-34所示，草稿左边有一束高高的铃兰，草稿右边的包装纸就要拉高一点，再加一只蝴蝶，左右就平衡了。

图3-34

02 用“6B铅笔”笔刷画出线稿，如图3-35所示。

图3-35

03 分别在不同图层画上所有物体的固有色，如图3-36所示，让每朵花在不同的图层，方便后期调整多种配色方案。

图3-36

04 画上蝴蝶结，并给包装纸创建“剪辑蒙版”层，画出装饰性条纹，如图3-37所示。

图3-37

05 在所有颜色层的上方新建图层，并设为“正片叠底”模式，画出暗面，光从左边来，暗面就在右边，如图3-38所示。

图3-38

06 在所有颜色层的上方新建图层，并设为“颜色减淡”模式，用“大颗粒”笔刷点缀一些满天星，绘制完成，如图3-39所示。

图3-39

3.2 甜蜜下午茶

水果和甜品等食物也是创作中出现频率很高的物品，本节将带领读者，由绘制单一的物体，循序渐进到复杂的多个物体，从而提高读者的造型能力和色彩的感知能力。

3.2.1 一挂香蕉

本案例色卡：

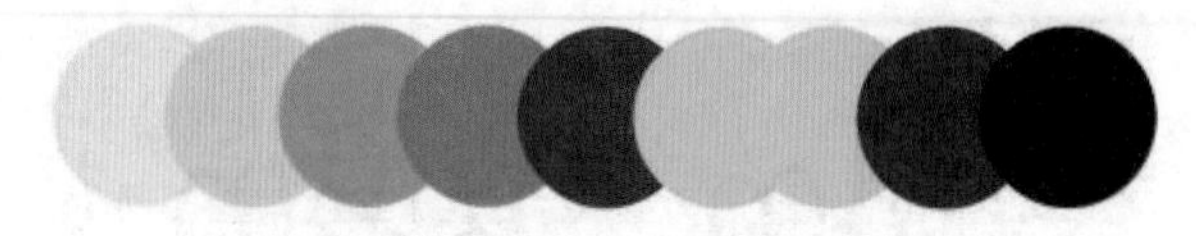

本案例使用笔刷：

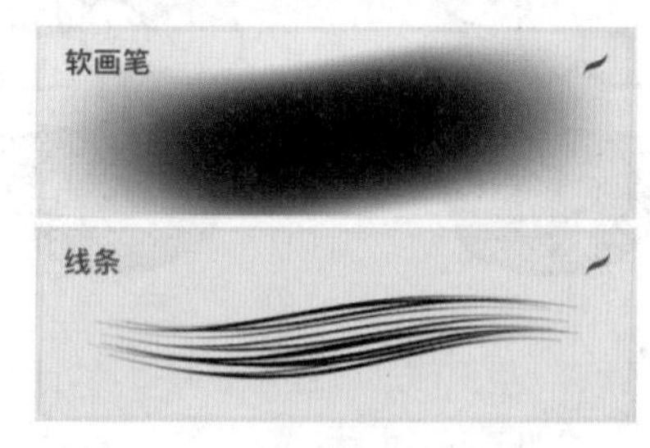

01 用“6B铅笔”笔刷画出香蕉的线稿，如图3-40所示。

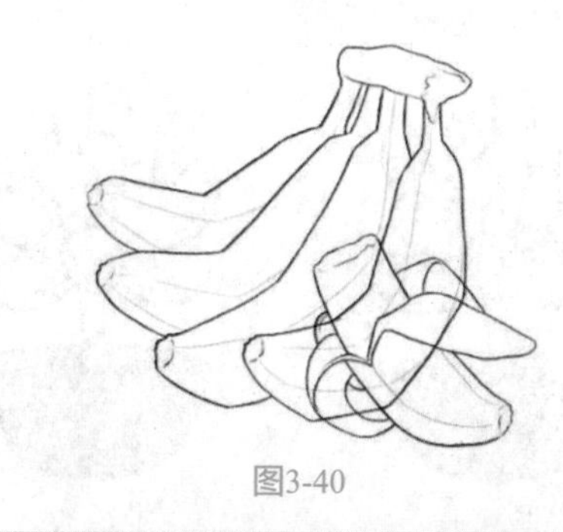

图3-40

提示：剥开的小香蕉和后面一挂大香蕉的线稿分别画在不同的图层，将被遮住的部分都画出来，如果后期想要挪动香蕉的位置，被遮挡的部分就不会突然变为空白。

02 分别在不同图层填充前后香蕉的固有色，前后香蕉依旧画在不同的图层，如图3-41所示。

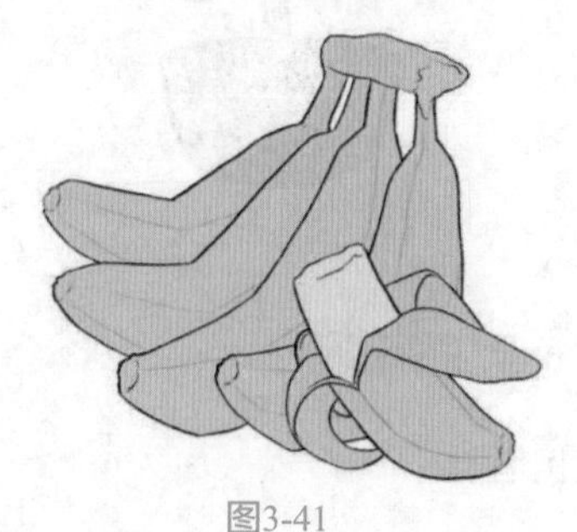

图3-41

03 先隐藏前面剥开小香蕉的线稿层和固有色层。用“软画笔”笔刷给大香蕉前后扫上一些青色，以及断面的褐色，如图3-42所示。

04 画上香蕉的暗面。选择“选取”面板中的“手绘”工具画出香蕉暗面的形状，用“软画笔”笔刷吸取深色从左往右轻扫，不要直接把颜色填实，不然暗面会很沉闷。以此类推画出①②③④每一个暗面，如图3-43所示。

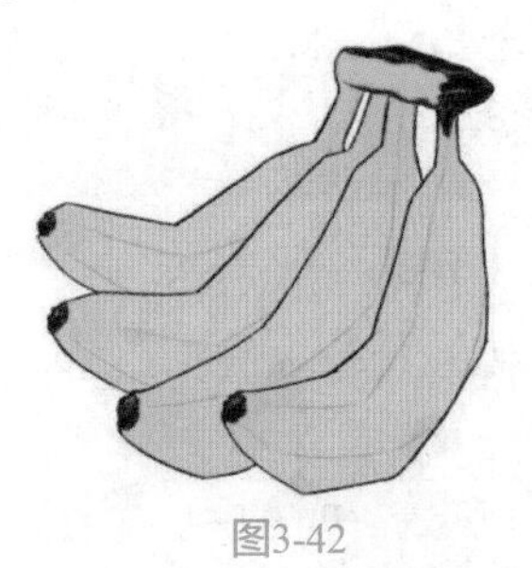

图3-42

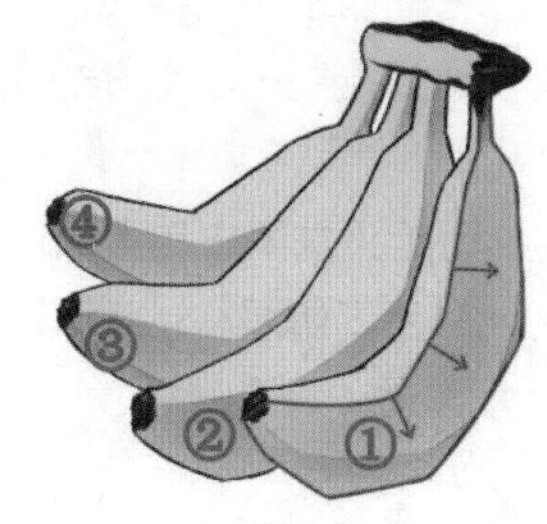

图3-43

05 画上香蕉的亮面。选择“选取”面板中的“手绘”工具配合“软画笔”笔刷，由下至上轻扫亮色，如图3-44所示，以此类推画出每一个亮面。

图3-44

06 在每一根香蕉的明暗交界线处轻轻画上高饱和度的暖色，让香蕉看起来更通透，如图3-45所示。

图3-45

07 用“圆头笔”笔刷在香蕉表面画上斑点，斑点主要集中在香蕉的暗面，模拟出香蕉熟透了的感觉，降低“不透明度”，如图3-46所示。

08 稍微着重加深几个斑点，斑点有深有浅看起来会更有层次感，如图3-47所示。

09 稍微加深每一根香蕉尾部和头部的转折处体积，让香蕉更有饱满和立体的感觉，如图3-48所示。

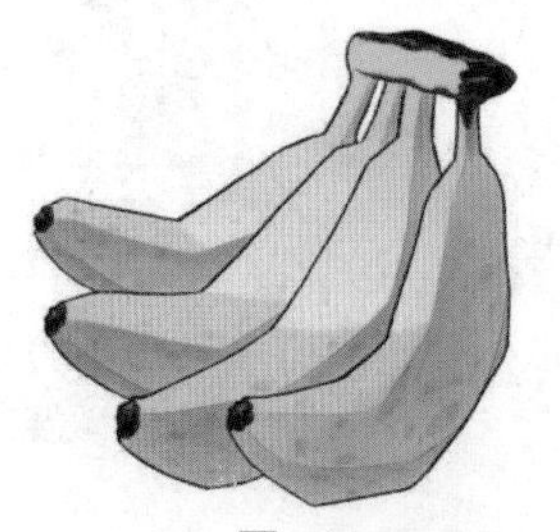

图3-46

图3-47

图3-48

10 给香蕉的棱角处画上高光，使香蕉看起来更有光泽，如图3-49所示。

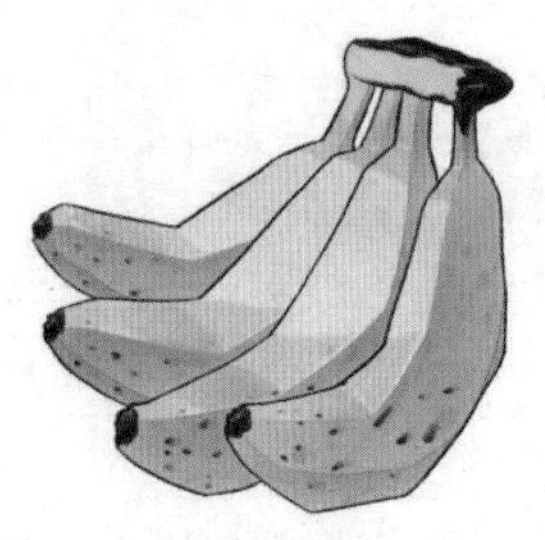

图3-49

11 打开小香蕉的图层，把小香蕉皮的青色、褐色和暗面画出来，如图3-50所示。

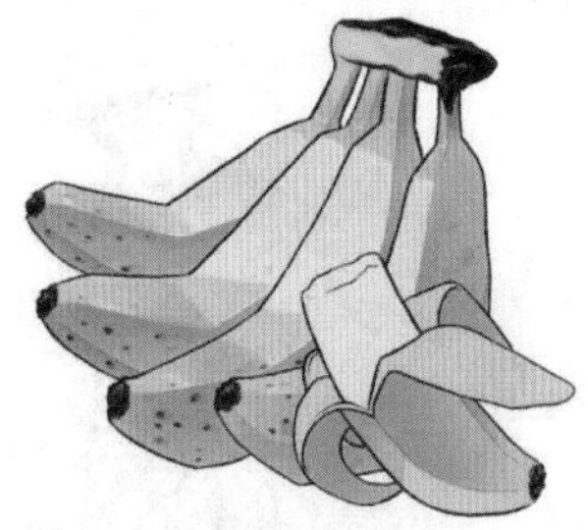

图3-50

12 用同样的方法画出小香蕉的斑点，如图3-51所示。

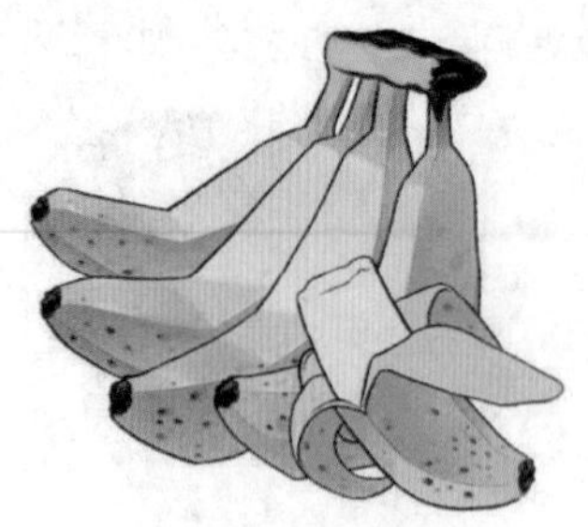

图3-51

13 用“软画笔”笔刷提亮内侧的香蕉皮，并用“线条”笔刷给内侧香蕉皮和香蕉本身画上纹理，注意先用“线条”笔刷画横向纹理，再用“6B铅笔”笔刷画纵向纹理，如图3-52所示。

图3-52

14 从后面大香蕉的亮面可以看出光从左边来，所以小香蕉有些背光，在小香蕉颜色层上方新建图层，模式设置为“正片叠底”，用“软画笔”笔刷给小香蕉画上暗面，如图3-53所示。

图3-53

15 在所有图层的下方新建普通图层，用“软画笔”笔刷画出所有香蕉的投影，并对线稿层创建“剪辑蒙版”以改变线稿的颜色，让整体看上去更融合，绘制完成，如图3-54所示。

图3-54

3.2.2 一颗火龙果

本案例色卡：

本案例使用笔刷：

01 用“6B铅笔”笔刷画出火龙果线稿，为了展示不一样的质感，本书选择绘制一个切开的火龙果线稿，如图3-55所示。

02 在不同图层分别给火龙果皮和果肉画上固有色，果肉部分不使用纯白色，如图3-56所示。

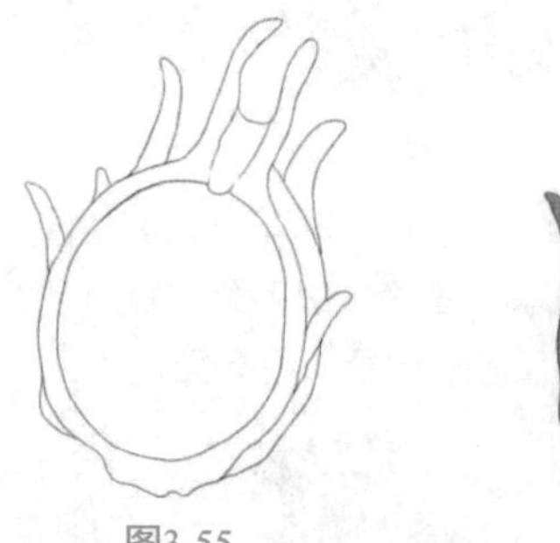

图3-55　　图3-56

03 给火龙果皮新建图层并设为“剪辑蒙版”，用“软画笔”笔刷给火龙果皮扫上绿色，先扫深绿色，再扫亮绿色，突出层次感，如图3-57所示。

04 选一个红色的邻近色，如橙色，用任意肌理笔刷，如“材质-格洛弗”笔刷，给火龙果皮轻轻画上肌理，模式设为“覆盖”，这样既可以丰富火龙果的表面纹理，又不破坏刚画上去的颜色，如图3-58所示。

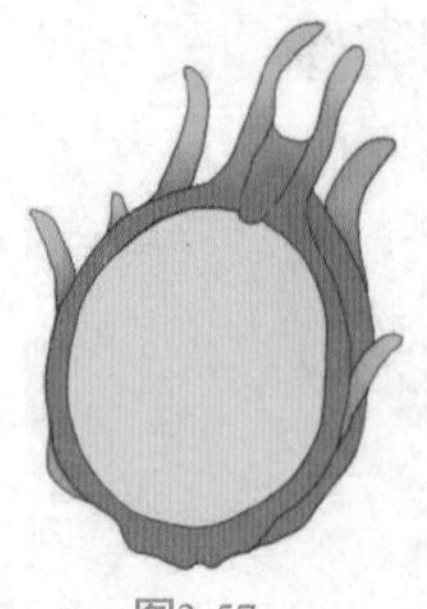

图3-57

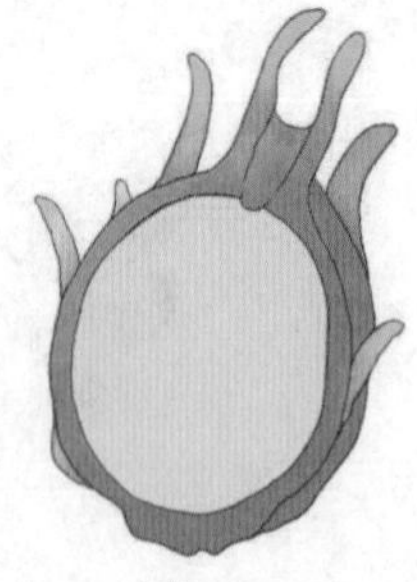

图3-58

05 新建图层并设为“正片叠底”模式，给火龙果右半边画上暗面，如图3-59所示。

06 用“软画笔”笔刷取白色提亮果肉的外边缘，如图3-60所示。

07 用“芝麻笔”笔刷在果肉里均匀地画上芝麻，如

图3-61所示。

08 新建图层并设为“正片叠底”模式，用“硬边笔”笔刷在果肉上画上网格，会让火龙果肉看起来被切开了一样，用笔随意一点，不用太整齐，如图3-62所示。

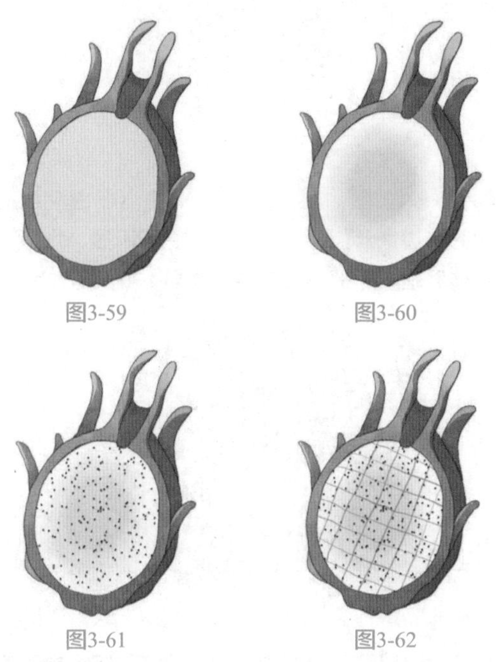

图3-59　图3-60

图3-61　图3-62

09 给果肉新建图层并设为“正片叠底”模式，将果肉压暗，随后选一些小格子来擦除，这样果肉有亮有暗，就像果肉被挤出后有高有低一样，如图3-63所示。

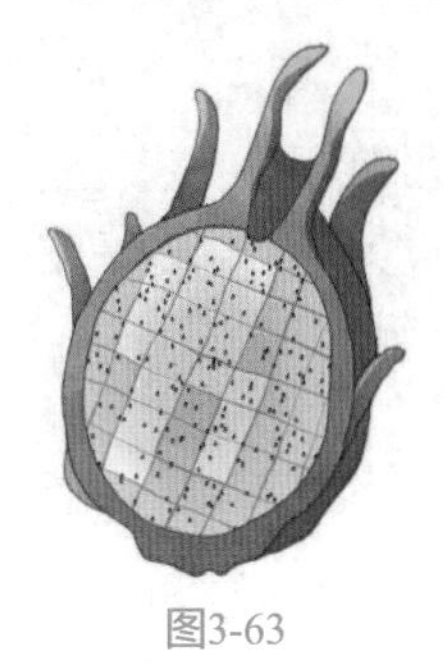

图3-63

3.2.3　餐桌水果盘

本案例色卡：

本案例使用笔刷：

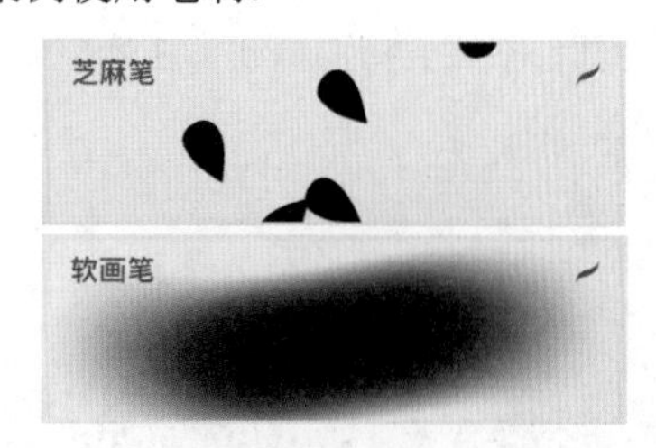

01 准备一张俯视图的线稿，画上任何想画的水果，俯视图不需要考虑透视，构图比较好看，在水果的选择上，可以尝试使用重复性元素，让画面显得整齐干净有规律，如图3-64所示。

图3-64

02 给不同种类的水果分别在不同的图层画上固有色，如所有的葡萄在同一个层，所有的猕猴桃在另一个层。由于葡萄和蓝莓这种体积小、数量重复和外形单一的元素，可以使其中几个水果稍微有点颜色变化，如图3-65所示。

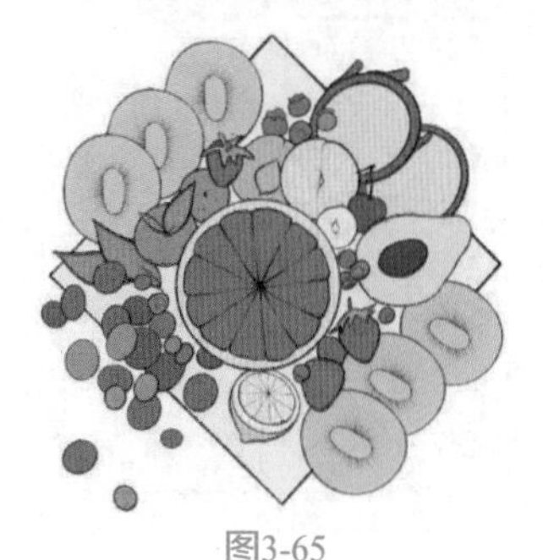

图3-65

03 给每个水果分别加上渐变效果，也就是给每一个水果的固有色层分别添加“剪辑蒙版”，配合“软画笔”笔刷来达到渐变效果，如图3-66所示。

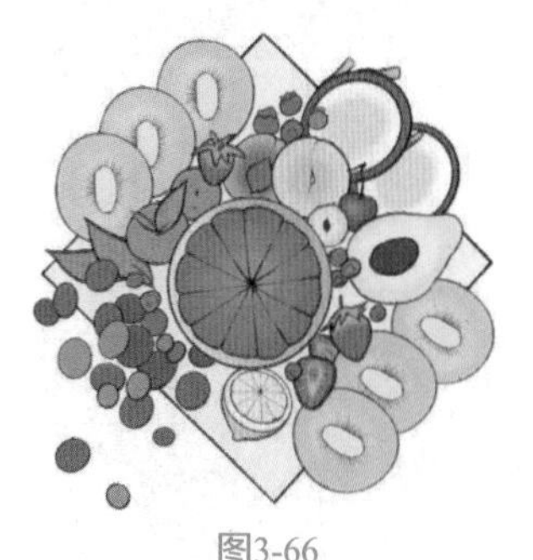

图3-66

04 假定光从左边来，则给右下方的草莓画上阴影，给切开的草莓画上内部纹理和厚度。因为内容丰富，所以每个物体都不需要特别精细，注重整体即可，如图3-67所示。

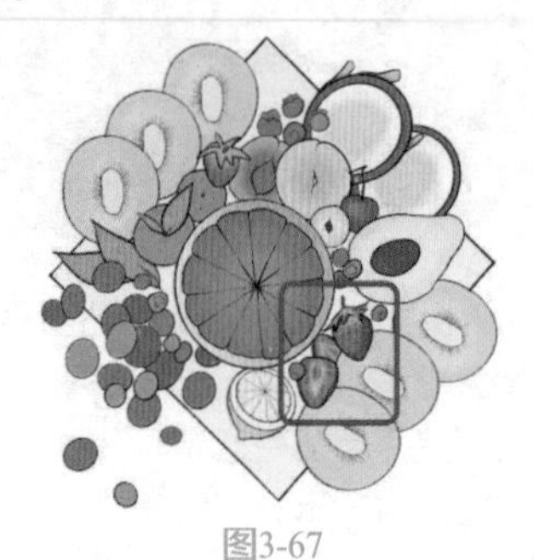

图3-67

05 给草莓画上O形和C形的高光，如图3-68所示。

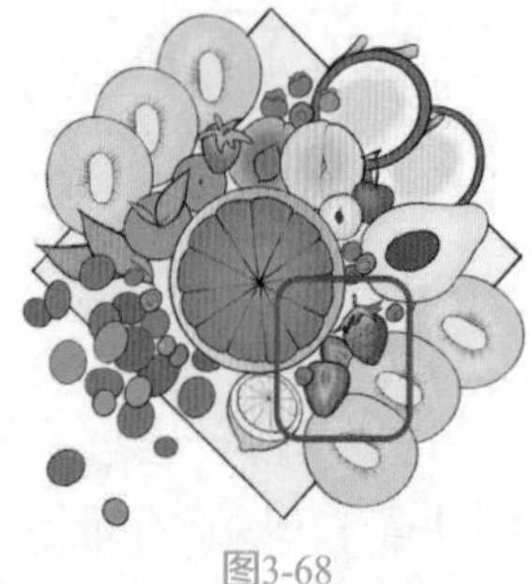

图3-68

06 用相同方法将画面左上方的草莓也画上高光，给猕猴桃中间画上放射状纹理和周围一圈厚度，如图3-69所示。

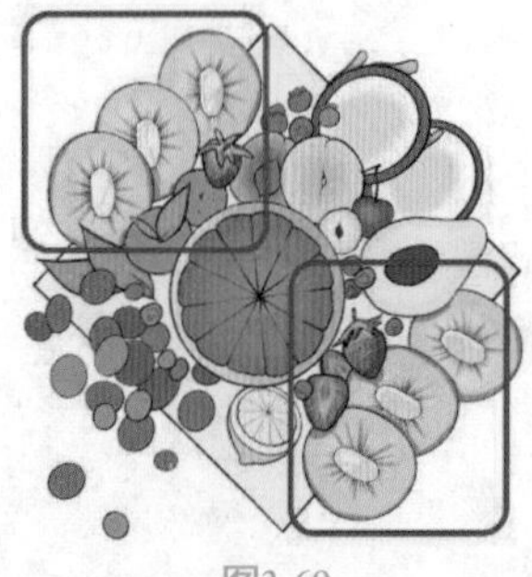

图3-69

07 新建图层并设为“正片叠底”模式，画上葡萄和蓝莓的暗面，新建“饱和度”图层，给葡萄的明暗交界线处加一些高饱和度的暖色，再画上牛油果的核，如图3-70所示。

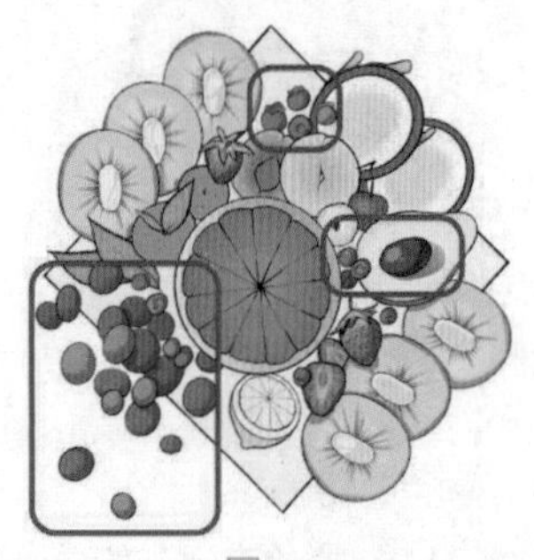

图3-70

08 给葡萄和蓝莓画上高光，如图3-71所示。

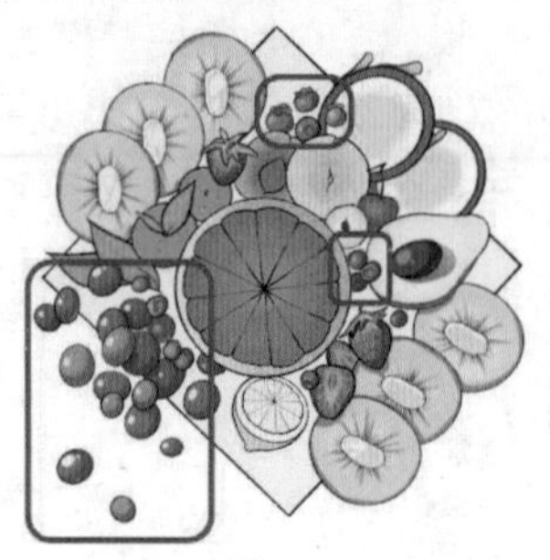

图3-71

09 用“软画笔”笔刷配合“剪辑蒙版”提亮西柚和柠檬的左边缘，如果颜色太浅提亮不明显，也可以先把右边压暗，再提亮左边会更明显，如图3-72所示。

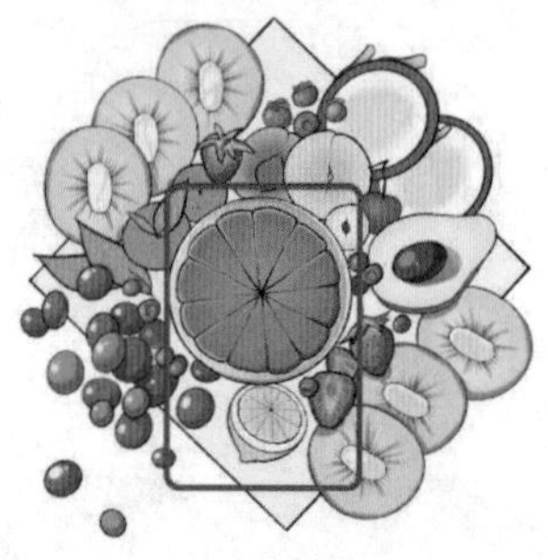

图3-72

10 用“6B铅笔”笔刷稍微勾出西柚和柠檬果肉的颗粒感，再画几颗实心籽，如图3-73所示。

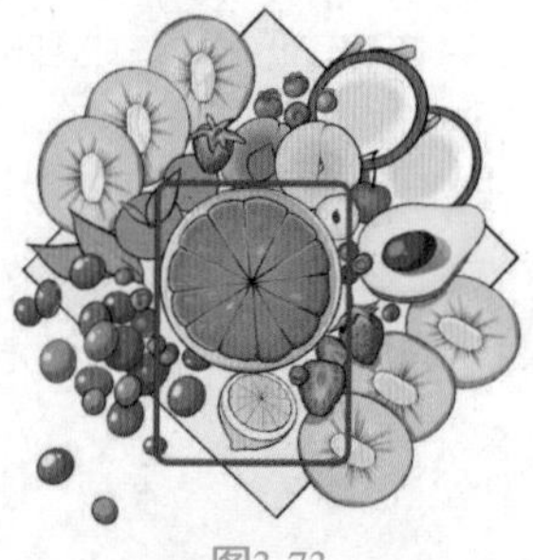

图3-73

11 在“正片叠底”模式的图层中画出两片火龙果之间的阴影，再用“芝麻笔”笔刷画出猕猴桃和火龙果上的籽，如图3-74所示。

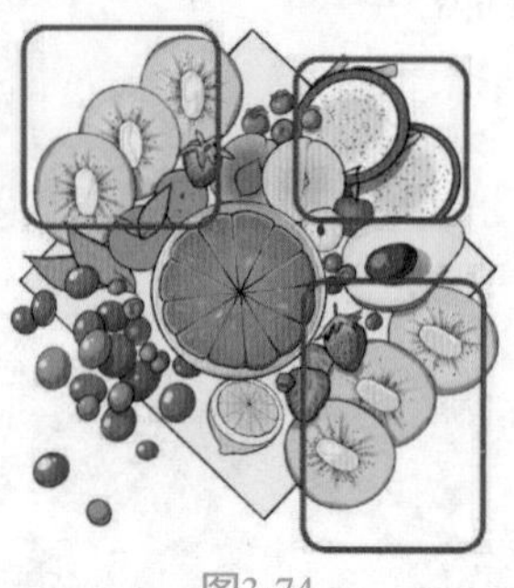

图3-74

12 继续处理桃子，左边是切开的红桃子，右边是完整的黄桃子。用“软画笔”笔刷加深左边桃子窝窝的左边，这样就好像桃子核被去掉留下了一个凹洞，吸取外边缘的浅色，往中间拉丝。在黄桃子的窝窝处，右边加深，左边提亮，留下的笔触越少，桃子看起来越水灵，如图3-75所示。

图3-75

13 再看桃子右边的荔枝，剥了壳的荔枝画法跟黄桃子一样，没剥壳的荔枝画法跟草莓一样，画出网格状的纹理，并沿着纹理点缀上高光，如图3-76所示。

图3-76

14 给橘子和叶子上色，这一步比较简单，注意给橘子顶部加深，让它感觉是凹进去的，然后打上高光，如图3-77所示。

图3-77

15 在“正片叠底”模式的图层中整体调整暗面，再用“剪辑蒙版”改变线稿颜色，由黑色改为每一物体对应的同色系深色，让画面看起来更干净，如图3-78所示。

16 如果想让画面看起来更明媚，可以给画面增加暖色。三指下滑，选择“全部拷贝”功能，再次三指下滑，选择“粘贴”功能，将画面所有内容都合并在一个新图层里。选择“调整”面板中的“曲线”工具，选择“红色”选项卡，将曲线往上拉一些，如图3-79所示，画面中红色变多，看起来更阳光明媚，如图3-80所示。

图3-78

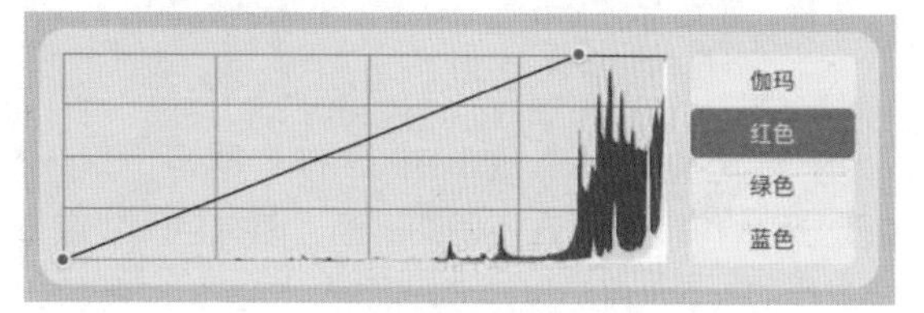

图3-79

图3-80

3.2.4　自制果茶

本案例色卡：

本案例使用笔刷：

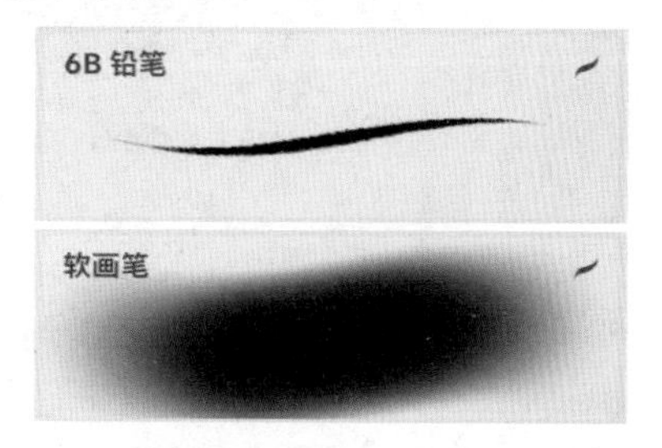

01 若要画家庭版自制果茶，在画草稿时可以画出制作果茶时留下的痕迹，如水渍、毛巾等。打好草稿后画个简单的背景，然后选择“高斯模糊”滤镜进行处

理，既简单又出效果，如图3-81所示。

图3-81

02 分别给每个物体在不同图层画上固有色，注意每个物体的前后关系，以及分好图层，如图3-82所示。

图3-82

03 给杯子中加上几片飘起来的橙子，也可以只画一片，然后使用“复制”功能，如图3-83所示。

图3-83

04 用“6B铅笔”笔刷给橙子画上果肉和籽的颗粒。选择黑色直接画出百香果的籽，注意越往下越密集，越往上越稀疏，如图3-84所示。

05 用“颜色减淡”模式结合“软画笔”笔刷给橙子的右上方提亮，显得更有光感，如图3-85所示。

图3-84

图3-85

06 对橙子新建“剪辑蒙版”图层，将橙子的下半截压暗，在视觉效果上橙子仿佛和果汁融为一体，有前有后。对百香果籽也是同样操作，吸取背景色涂到百香果籽的层上，让它们也溶于背景，更有层次感，如图3-86所示。

图3-86

07 用“圆头笔”笔刷给左边的百香果画上放射状笔触，并给毛巾画上条纹，如图3-87所示。

08 用同样的方法画出百香果籽，并把右边的青金桔和草莓叶子一并画上，如图3-88所示。

09 将刚才画好的橙子片复制一片到所有图层的最上方，移动到水面位置。如果已经合并了，也可以重新画一片，然后用“颜色减淡”模式将橙子局部提亮，如图3-89所示。

图3-87

图3-88

图3-89

10 用“软画笔”笔刷配合“蒙版”工具将水下部分的橙子轻轻擦除，杯子里的水就会显得通透，如图3-90所示。

图3-90

11 在水面画一片薄荷叶，再画一个切开的草莓卡在杯沿上，如图3-91所示。

图3-91

12 画一根白色吸管，降低图层“不透明底”，由于白色吸管顶部跟背景拉不开空间感，所以在吸管顶部再加任意颜色进行渐变操作，如图3-92所示。

图3-92

13 给吸管新建图层并设为“正片叠底”模式，用“软画笔”笔刷沿外轮廓加深一圈，然后用“软画笔”橡皮擦将水面以下的吸管轻轻擦除，如图3-93所示。

图3-93

14 最后给画面中的杯身和水等细节处添加高光，给每个物体跟桌面的接触处加上投影，绘制完成，如图3-94所示。

图3-94

3.2.5 甜甜圈

本案例色卡：

本案例使用笔刷：

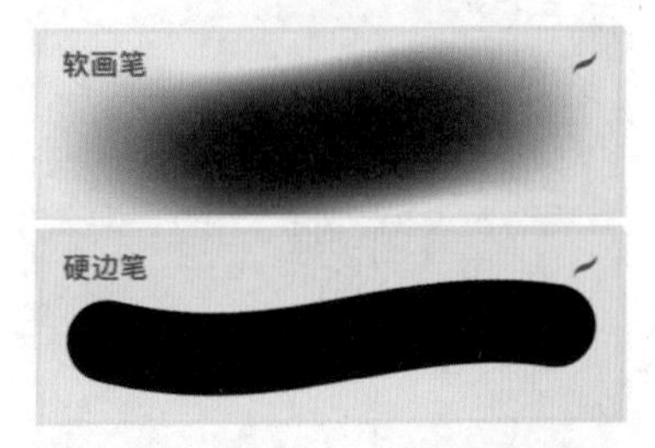

01 用“硬边笔”笔刷取小麦色画甜甜圈的面包部分，如图3-95所示。

02 新建图层，在图层上画出甜甜圈上的草莓涂层，如图3-96所示。

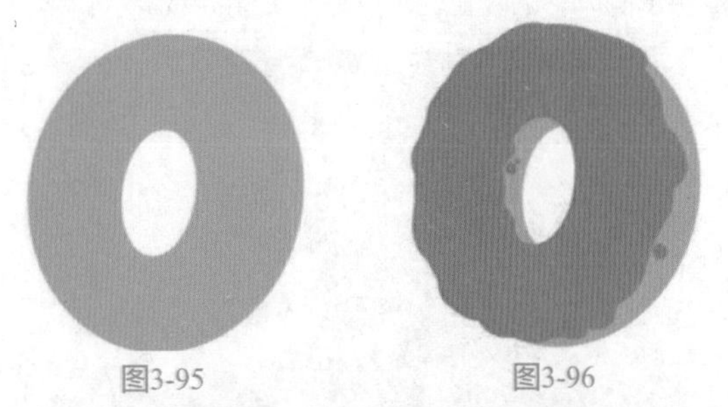

图3-95　　图3-96

03 将草莓涂层和面包层分别复制，再将复制出来的两个层合并，放至所有图层的最下面。点击该图层缩略图，再次点击“图层功能”中的“选择”按钮，得到这个层的选区。然后在所有层的最上面新建一个图层并设为“正片叠底”模式，用“软画笔”笔刷画出整体的阴影，如图3-97所示，图层顺序如图3-98所示。

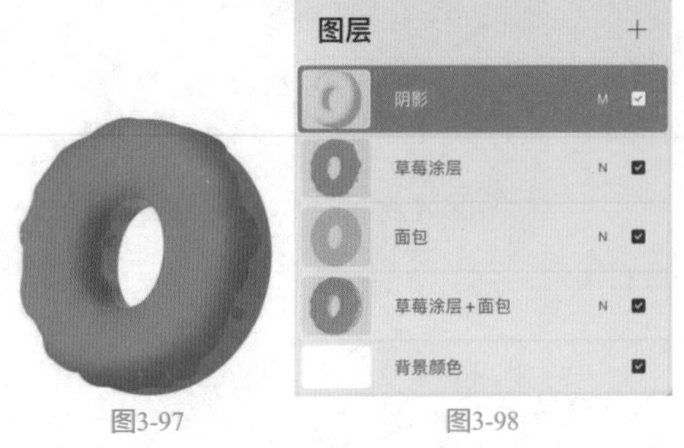

图3-97　　图3-98

04 给面包新建“剪辑蒙版”层，画出草莓涂层对面包的投影，如图3-99所示。

05 在草莓涂层的右侧画上它自身的阴影，并用“软画笔”橡皮擦擦出浅浅的反光，如图3-100所示。

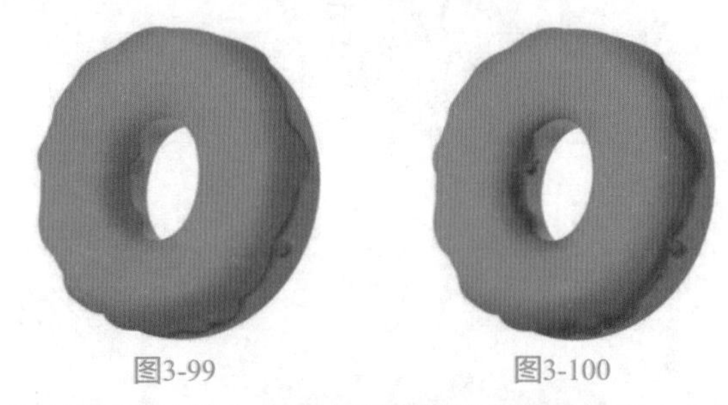

图3-99　　图3-100

06 用“软画笔”笔刷大范围地给草莓涂层左上方扫上亮色，模式为“滤色”，如图3-101所示。

图3-101

07 用“硬边笔”笔刷，选择红色画出甜甜圈上的糖，如图3-102所示。画完一圈后再换颜色重复步骤，直至达到图3-103所示的效果。

图3-102　　图3-103

08 用“硬边笔”笔刷画出甜甜圈上白巧克力酱的形状，并画一滴滴落的白巧克力酱，会显得画面更有趣味。在最下面添加同色系的背景色，并用“软画笔”

笔刷在中间画出渐变，不但显得画面完成度高且有整体性，还更能衬托前面的白巧克力酱。画出面包层的反光和整体对地面的投影，如图3-104所示。

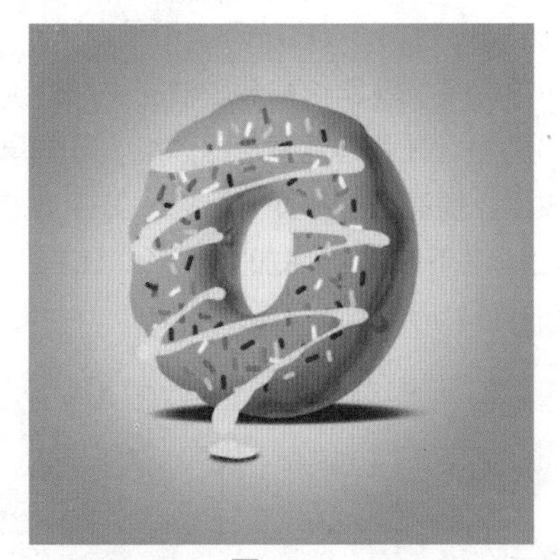

图3-104

提示：不要用纯白色去画白巧克力酱，而是使用偏灰一点的暖色。

09 用白色给白巧克力酱画上亮面，如图3-105所示。

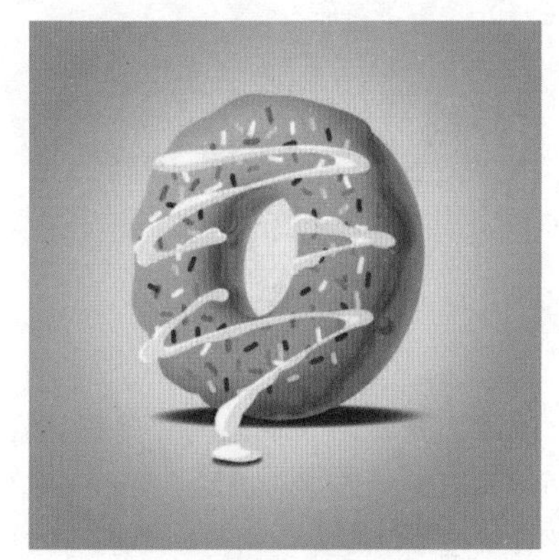

图3-105

10 用“软画笔”笔刷，选略深的颜色加深白巧克力酱的明暗交界线，再画出白巧克力酱对草莓涂层的投影，如图3-106所示。

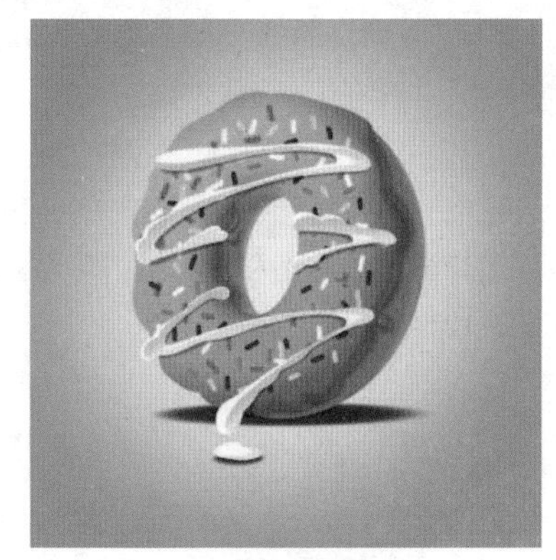

图3-106

11 如想让整个甜甜圈更亮更暖一点，可暂时关闭所有背景层，只留甜甜圈本身的图层。三指下滑后点击“全部拷贝”按钮，再次三指下滑后点击“粘贴”按钮，选中新图层，点击“调整”面板中的“曲线”工具，选择“红色”选项卡，将曲线往上拉一些，如图3-107所示，调好后将刚才关闭的背景层全部打开，可以看到背景层的颜色均没有改变，只改变了甜甜圈的颜色，如图3-108所示。

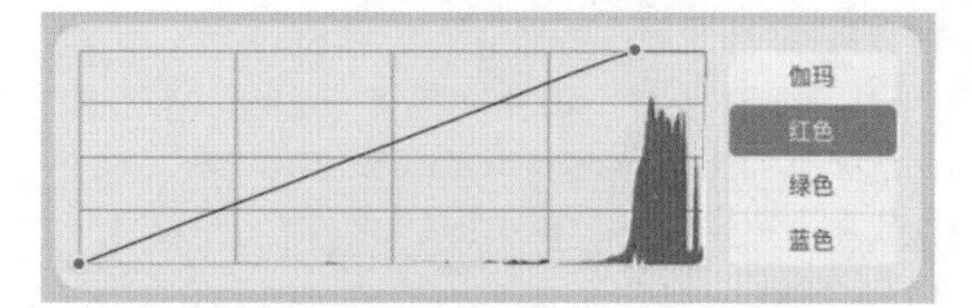

图3-107

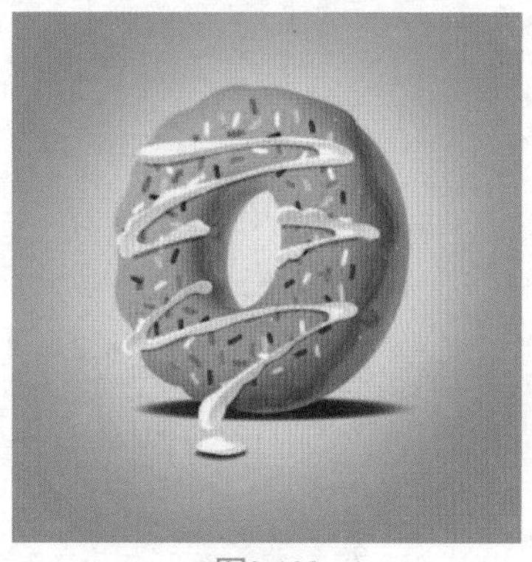

图3-108

3.2.6　草莓蛋糕

本案例色卡：

本案例使用笔刷：

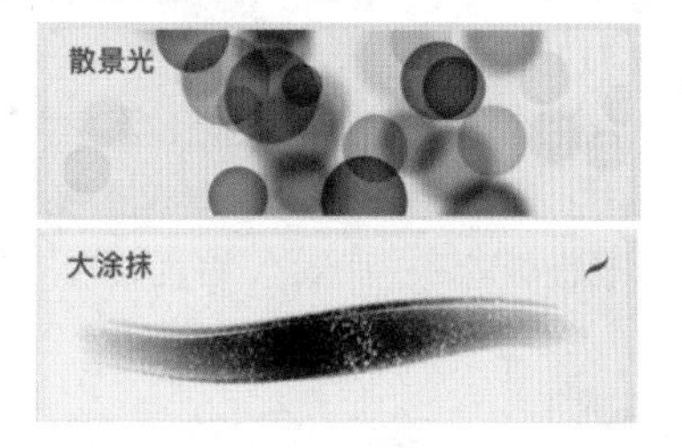

01 根据自己的喜好画出蛋糕的草稿，如图3-109所示。

02 分别在不同的图层画出顶面、夹心奶油和面包三个图层，注意“顶面”层的边缘形状可以凹凸起伏一点。将这3个层分别复制，再将复制出来的三个层合并，放到最下面，画阴影时将用到“合并层”的选区范围，如图3-110所示。图层顺序如图3-111所示。

图3-109

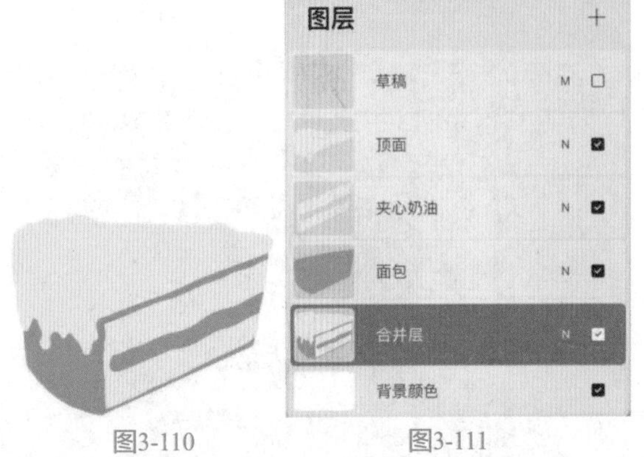

图3-110　　图3-111

03 在新图层上画一棵草莓，画好后将草莓合并为一个层，如图3-112所示。

04 将刚才画的草莓通过复制与排列达到图3-113所示的效果。

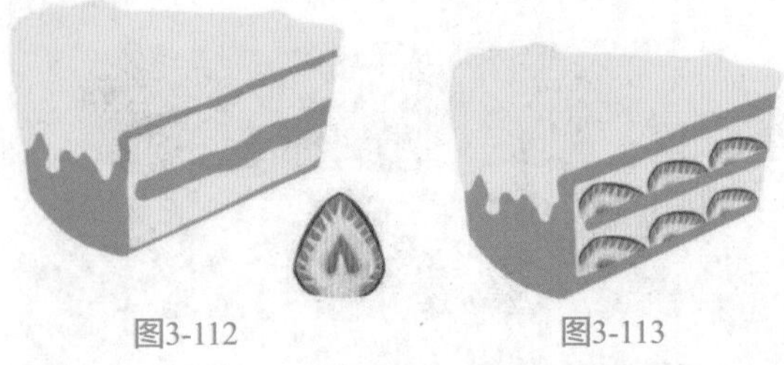

图3-112　　图3-113

05 在蛋糕顶面加上“草莓人”和几颗蓝莓丰富色彩，如图3-114所示。

06 点击“合并层”的选区，然后新建图层并设为“正片叠底”模式，画上蛋糕的整体阴影。注意光从右上方过来，所以顶面最亮，右面次之，左面最暗，如图3-115所示。

图3-114

图3-115

07 用“大涂抹”笔刷继续加深蛋糕的暗面，尤其着重明暗交界线以及奶油和面包交接的部分。给明暗交界线适当地提高饱和度，用“软画笔”涂抹工具柔和一下笔刷痕迹，如图3-116所示。

08 用“6B铅笔”笔刷给草莓蛋糕的夹层分别加一些挤出来的奶油，并适当提亮草莓边缘，呈现草莓被嵌进去的效果。提亮奶油顶面，可以顺着原本的起伏用笔，给左边滴下来的奶油加上反光，让它更有立体感，如图3-117所示。

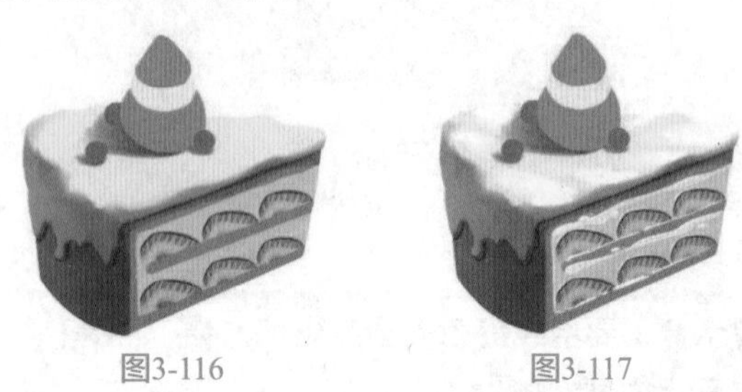

图3-116　　图3-117

09 给“草莓人”画上暗面并有规律地一一画上草莓籽，如图3-118所示。

图3-118

10 画出草莓高光，用“软画笔”笔刷轻轻扫上亮色，然后将有籽的地方逐一擦除，如图3-119所示，留下的部分就是草莓高光，如图3-120所示。

图3-119　　图3-120

11 在“草莓人”的亮面继续用六边形的白色提亮高光，提高明暗交界线处的饱和度，给“草莓人”画上眼睛，如图3-121所示。

图3-121

12 把顶面的蓝莓画上，注意前面亮，后面暗，并加深蓝莓的投影，提亮夹层内的草莓纹理，如图3-122所示。

13 给蛋糕加上一个金色的叉子和薄薄的盘子，如图3-123所示。

图3-122　　图3-123

提示：画盘子可先用“速创形状”画好第一个椭圆，再将第一个椭圆复制，并把下面的椭圆向下挪动几个像素，最后点击“调整”按钮，选择“色相、饱和度、亮度”功能，将位于下方的椭圆颜色调深。

14 用“软画笔”笔刷配合“涂抹”工具，画出蛋糕、叉子和盘子的投影。越靠近物体，投影颜色越深、边缘越实；越远离物体，投影颜色越浅、边缘越虚，如图3-124所示。

图3-124

15 给背景加渐变色，并用“散景光”笔刷点缀光斑，如图3-125所示。

图3-125

提示：添加背景不但可以提高画面完成度，增加氛围感，还因为奶油顶面颜色较亮，配上白背景，几乎和画面融为一体，添加有颜色的背景可以把蛋糕和背景进行区分。

3.3 亮闪闪的宝藏

在生活中，五彩缤纷的各类配饰是极为常见又受到大家喜爱的事物，也是画手和设计师经常会接触的东西，本节将介绍怎样绘制不同材质的饰品。

3.3.1　帽子

本案例色卡：

本案例使用笔刷：

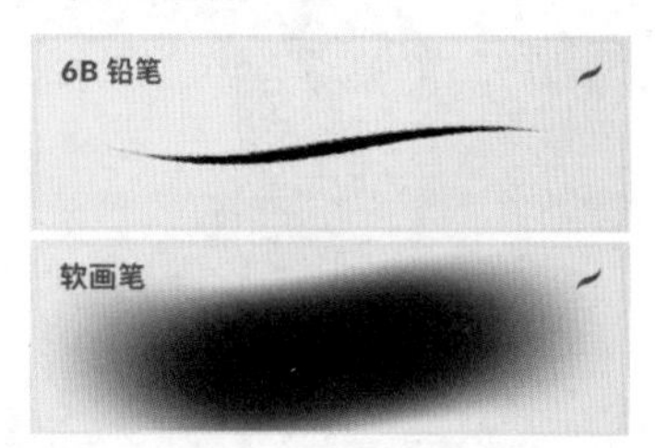

01 画出帽子的草稿，帽子的下摆可以像“8”的形状，然后将被遮住的部分擦掉，就可以得到漂亮又有弧度的下摆，如图3-126所示。

图3-126

02 分别新建图层画上帽子的“前面”和“后面”，如图3-127所示。

图3-127

03 用"6B铅笔"笔刷分别给帽子的前后下摆画上毛边，加强草帽的编织感，如图3-128所示。

图3-128

04 在帽子后面画上蝴蝶结，蝴蝶结的本体和绑在帽子上的部分要画在不同的图层，注意飘带的弧度，如图3-129所示。

图3-129

05 给帽子画出简单的投影，如图3-130所示。

图3-130

06 用"6B铅笔"笔刷，在刚才画的投影的边缘添加一些编织笔触，如图3-131所示。

图3-131

07 选择更深的颜色，在帽子的暗部再添加一些编织笔触，如图3-132所示。

图3-132

08 给亮面增加一些亮色的编织笔触，如图3-133所示。

图3-133

09 用"软画笔"笔刷给帽子"里面"轻扫一些高饱和度的暖色，如图3-134所示。

图3-134

10 给蝴蝶结添加阴影，如果忘了蝴蝶结的结构，可以把草稿层打开看一眼，如图3-135所示。

图3-135

11 用更深的颜色再次加深蝴蝶结的明暗交界线，以及加深蝴蝶结飘带的边缘，让飘带看起来有厚度的同时，还能跟帽子在颜色上区分开，如图3-136所示。

图3-136

12 给蝴蝶结画上亮面，绘制完成，如图3-137所示。

图3-137

3.3.2　太阳眼镜

本案例色卡：

本案例使用笔刷：

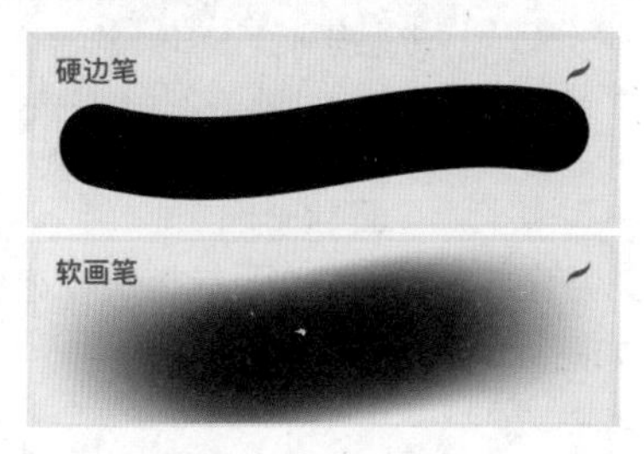

01 画太阳眼镜的草稿，只需要注意左右对称即可，如图3-138所示。

02 用“6B铅笔”笔刷画出右半边眼镜的剪影，如果剪影形状不理想，可以选择“调整”面板中的“液化”工具来调整，如图3-139所示。

图3-138

图3-139

03 用白色画出镜片的位置，如图3-140所示。

04 给镜片添加“剪辑蒙版”，用“软画笔”笔刷画上渐变色，如图3-141所示。

图3-140

图3-141

05 把属于眼镜的层全部选中，并合并到“组”里，然后将该组左滑复制，复制好后点击“变换”面板中的“水平翻转”按钮，得到一模一样且对称的图案，如图3-142所示。

图3-142

06 用一条短线将眼镜的左右两边连接起来，如图3-143所示。

图3-143

07 用“硬边笔”笔刷在镜片上斜着画出一道白色，然后用“硬边笔”橡皮擦将这块白色擦出一点分割，接着用“软画笔”橡皮擦由下而上擦出过渡，如图3-144所示。

图3-144

08 给镜片的上边缘再加一些高光，给镜框向上的面画出亮面，给镜框左右两侧，也就是衔接眼镜腿的地方画上亮色的螺丝钉，如图3-145所示。

图3-145

09 在所有图层的最上面新建图层，给眼镜画上眼镜腿，如图3-146所示。

图3-146

10 通过复制与翻转得到两只眼镜腿，然后将两个眼镜腿合并为一个图层，如图3-147所示。

图3-147

11 用“硬边笔”橡皮擦，将眼镜腿被镜片覆盖的区域轻轻擦除，使眼镜腿看起来在镜片后面，并将眼镜之间互相有重叠的地方略微加重阴影，如图3-148所示。

图3-148

3.3.3　包包

本案例色卡：

本案例使用笔刷：

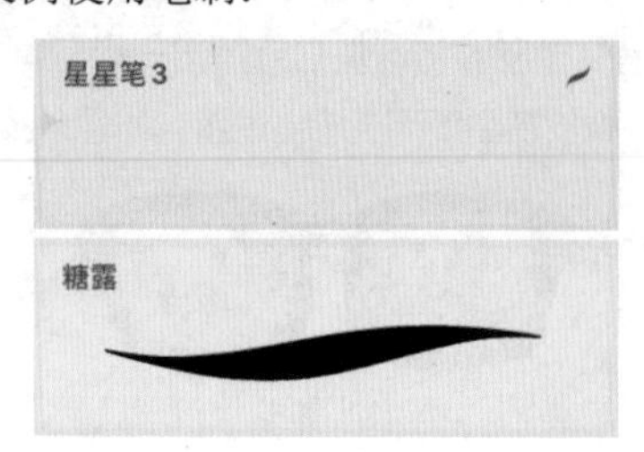

01 包包本身的基本形状是方形，所以用方形起稿，因为包包一般都是柔软的，所以绘制的时候符合基本透视规律就可以，不需要完全画直线，如图3-149所示。

02 用“6B铅笔”笔刷勾线，画出包包的主要框架，如图3-150所示。

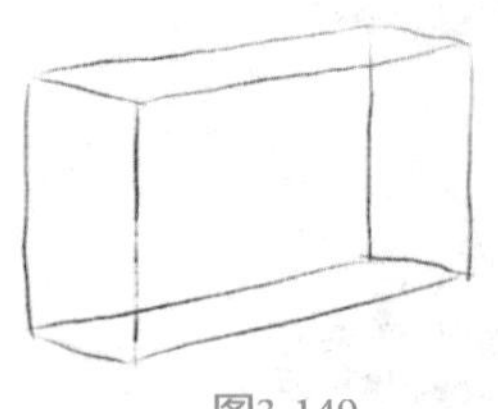
图3-149

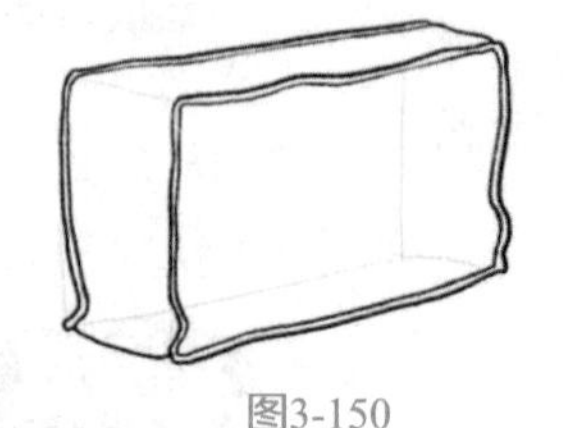
图3-150

03 完善包包细节，适当地增加缝合线和小配饰，可以提高画面精致度，如图3-151所示。

图3-151

04 使用“邻近色”的知识，给包包加上固有色，然后添加纯色背景，如图3-152所示。

图3-152

05 在线稿图层上方新建图层，并设为“剪辑蒙版”，改变线稿颜色，如图3-153所示。

图3-153

06 用“正片叠底”模式配合“糖露”笔刷给包包画上阴影，如图3-154所示。

图3-154

07 用“6B铅笔”笔刷画一个小熊的剪影，如图3-155所示。

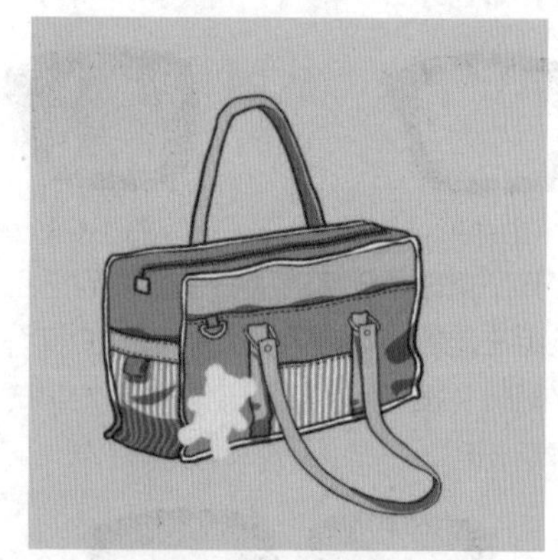
图3-155

08 给小熊加上五官和蝴蝶结，并加上外轮廓的线条。再给小熊加上白色的小链子，跟包包连接上，如图3-156所示。

提示：画小熊外轮廓线条时，线条可以断断续续、长短交错，显得小熊背包又毛茸茸又可爱。

09 最后画出地面的投影，并用“星星笔3”笔刷给背景加一些点缀，绘制完成，如图3-157所示。

图3-156

图3-157

3.3.4　珍珠项链套装

本案例色卡：

本案例使用笔刷：

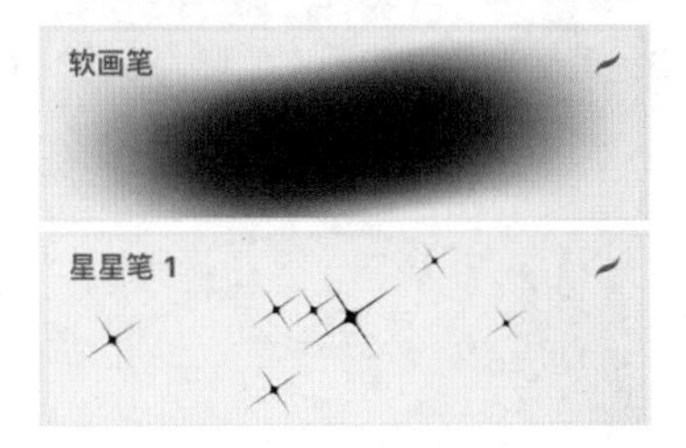

01 考虑到首饰的摆放和美观问题，画草稿时需要把首饰的架子也画出来，如图3-158所示。

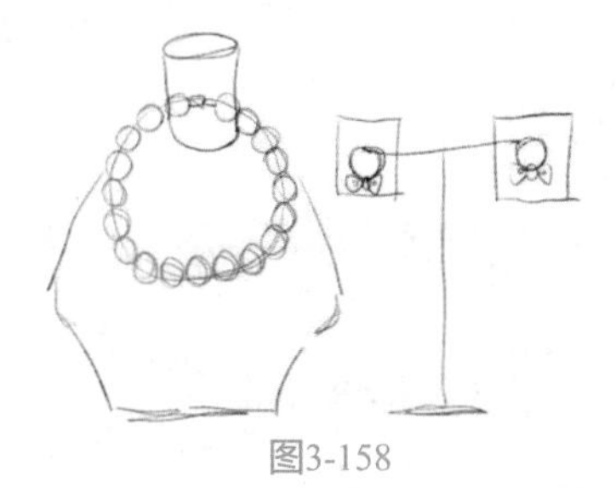

图3-158

02 简单画出摆台的形状，不需要考虑体积与上色，因为它们只起到衬托珍珠的作用，但是摆台要用低饱和度的暖深色，因为珍珠颜色浅，只有深色才能衬托出珍珠，如图3-159所示。

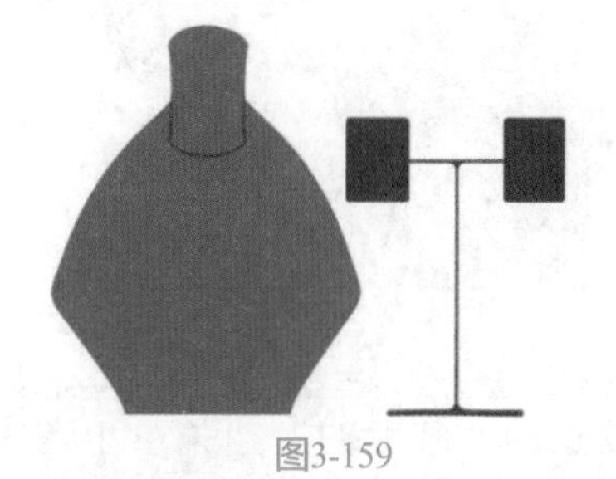

图3-159

03 画一个珍珠大小的圆，如图3-160所示。

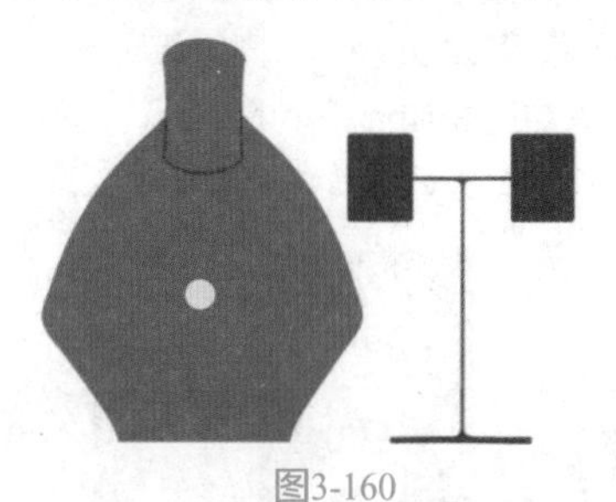

图3-160

04 用“软画笔”笔刷给珍珠画出明暗交界线，珍珠这种光溜溜的材质光泽感非常明显，所以要留出反光的位置，如图3-161所示。

图3-161

05 画出珍珠的高光并加强反光，如图3-162所示。

图3-162

06 对这颗珍珠进行反复复制与排列操作，再将所有珍珠一个个串起来，如图3-163所示。

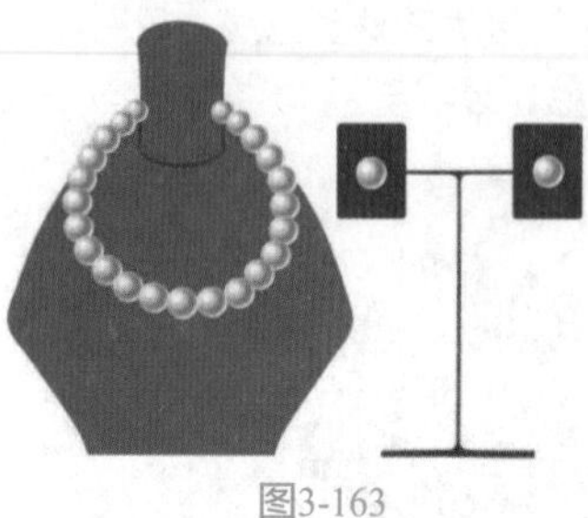

图3-163

提示：注意珍珠前后的遮挡关系和近大远小规律。

07 在珍珠耳钉下面加一个小蝴蝶结，如图3-164所示，再给蝴蝶结里面加上小小的点缀。画好一个后，复制出另一个即可，如图3-165所示。

图3-164

图3-165

08 将最靠近摆台脖子处的两颗珍珠进行部分擦除，让珍珠呈现出绕到后面被摆台脖子遮住的效果，如图3-166所示。

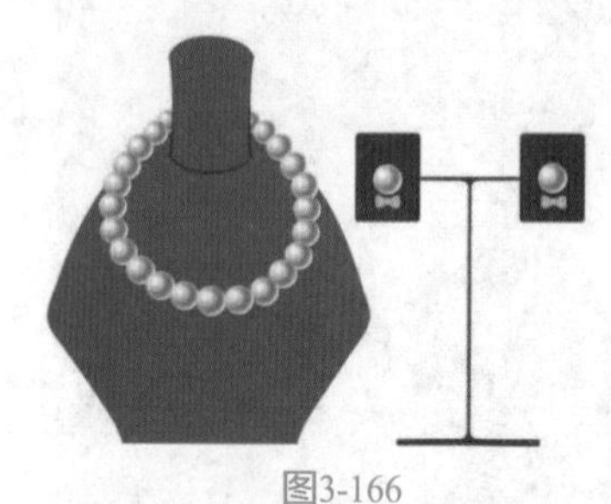

图3-166

09 将白背景改成黑色，加强对比，衬托出珍珠的光泽，最后用“星星笔1”笔刷加上白色光芒点缀，如图3-167所示。

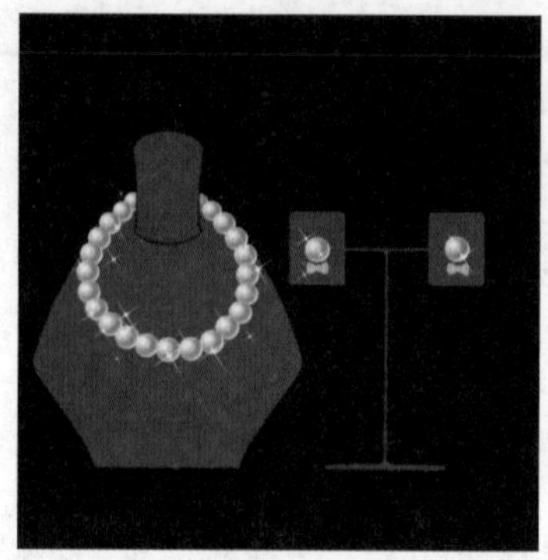

图3-167

3.3.5 蓝宝石戒指

本案例色卡：

本案例使用笔刷：

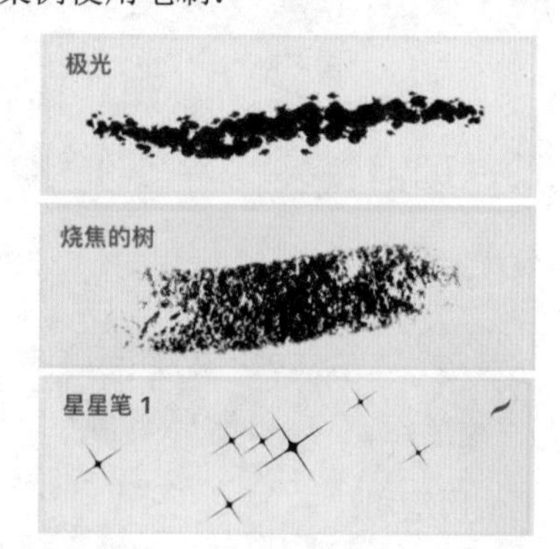

01 用“6B铅笔”笔刷简单画出草稿，如图3-168所示。

图3-168

02 画出戒指指环的剪影，注意，中间的镂空不要简单地用一个圆去擦掉，而应该是两头尖尖的，如图3-169所示。

图3-169

03 在新图层上加上蓝宝石剪影，如图3-170所示。

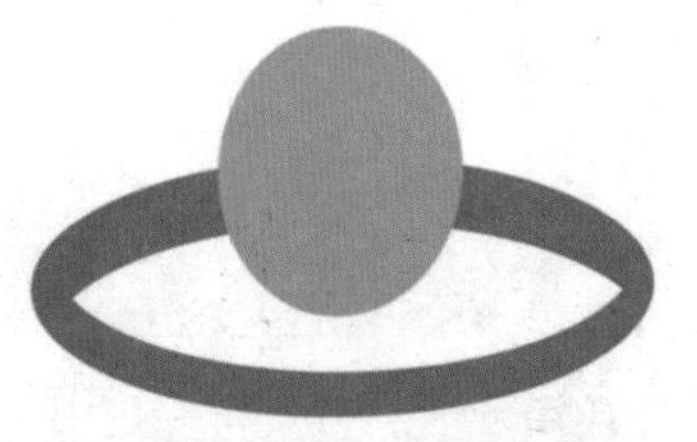

图3-170

04 在宝石上方新建图层并设为“剪辑蒙版”，用“极光”笔刷画上蓝色，画面呈现出丰富多彩的蓝色，如图3-171所示。

图3-171

05 给宝石创建新的“剪辑蒙版”层，用“软画笔”笔刷给蓝宝石由上而下地扫上深蓝色，如图3-172所示。

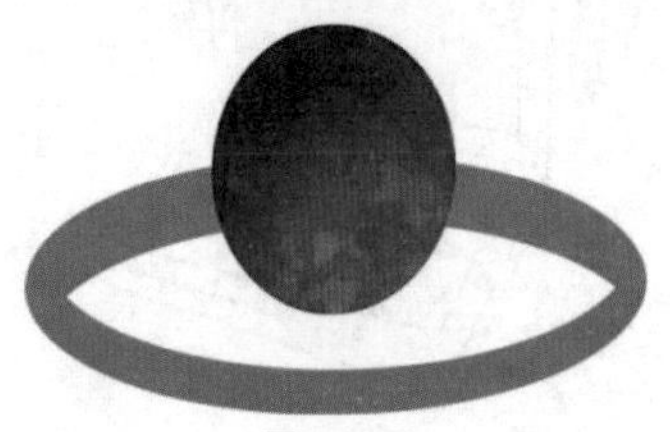

图3-172

06 用“烧焦的树”笔刷，选择亮蓝色，给蓝宝石的下半部分提亮，如图3-173所示。

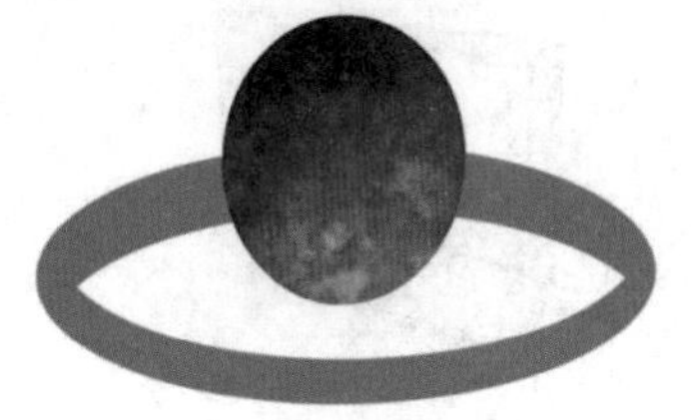

图3-173

07 新建图层，用纯白色画上六边形，画好后降低图层“不透明度”，如图3-174所示。

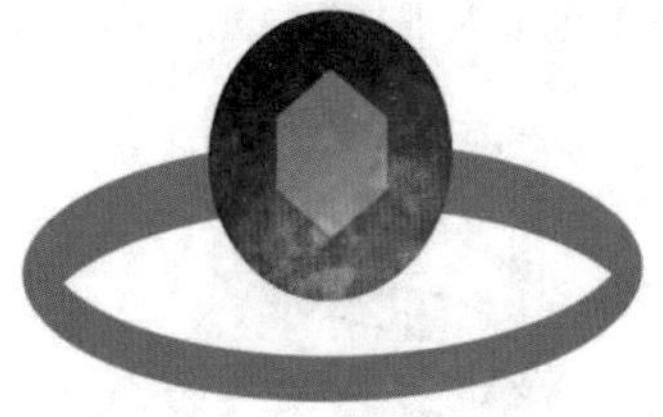

图3-174

08 用同样的方法，在两个不同的图层上画出两个白色三角形，设定光从左上角来，最亮的一个面在左上角，所以选择左上角的白色三角形层，降低“不透明度”，如图3-175所示。

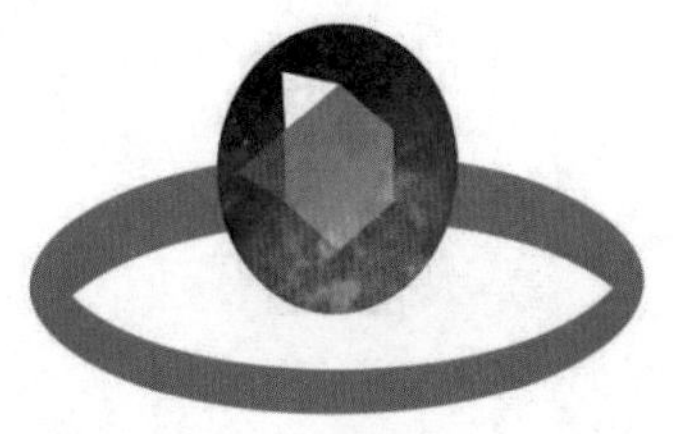

图3-175

09 给宝石添加深色，先用三角形画出黑色，再选择图层，降低“不透明度”，如图3-176所示。

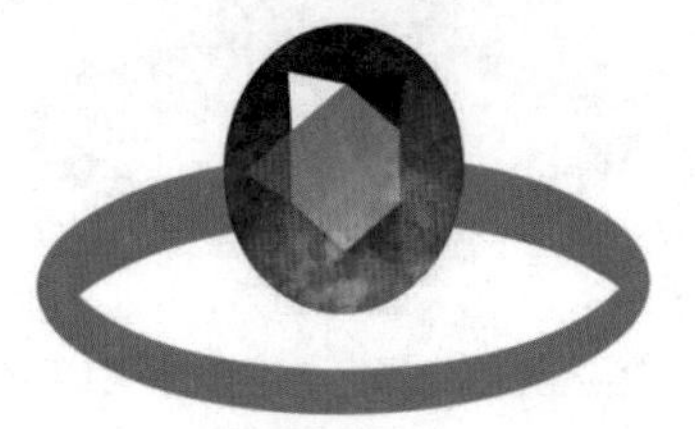

图3-176

10 选择“剪辑蒙版”功能，把指环的颜色改成冷灰色，如图3-177所示。

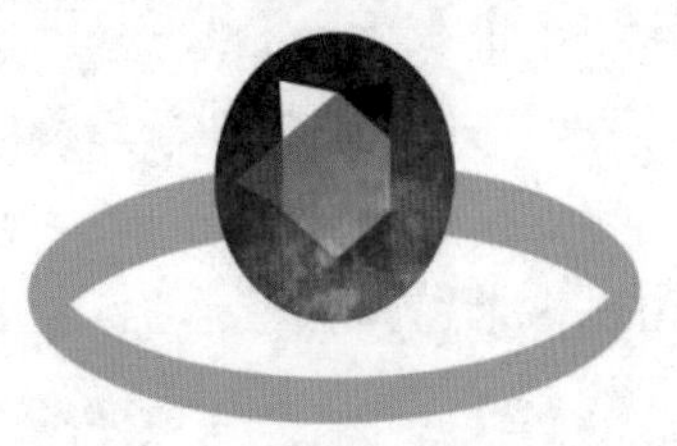

图3-177

11 用“软画笔”笔刷加深戒指下半部分的内侧，突出指环部分的体积感，注意左右两端比中间略深一点，如图3-178所示。

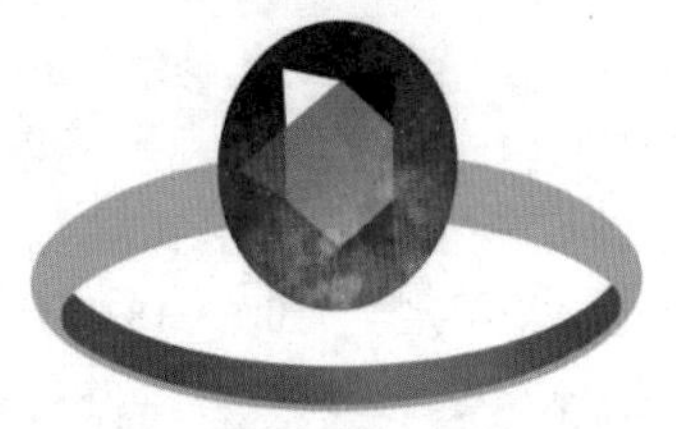

图3-178

12 用“硬边笔”笔刷画出指环的明暗交界线，如图3-179所示。

图3-179

13 用“硬边笔”笔刷画出指环上的高光，如图3-180

所示，然后用“软画笔”橡皮擦由外向内擦出渐变，如图3-181所示。

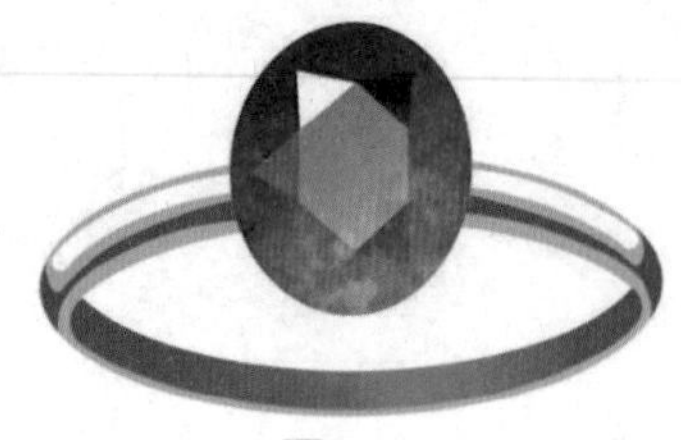

图3-180

图3-181

14 给画面加上灰色背景，方便衬托白色的光芒，然后用“星星笔1”笔刷加上白色光芒点缀，如图3-182所示。

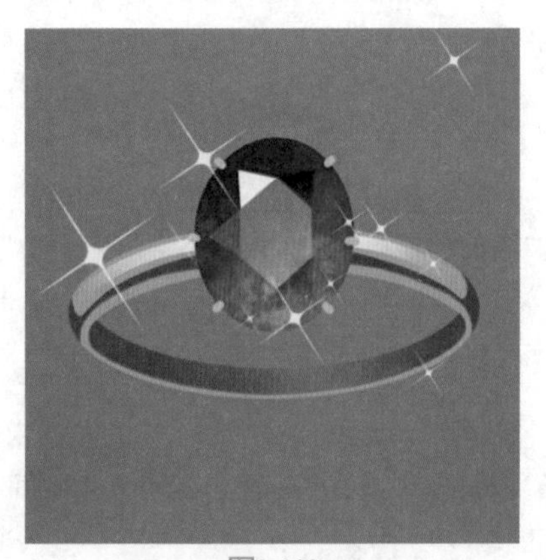

图3-182

15 三指下滑点击“全部拷贝”按钮，再次三指下滑点击“粘贴”按钮，将所有图层都合并在一个层上，最后选择“调整”中的“泛光”滤镜适当拉动数值，让光芒更明显，绘制完成，如图3-183所示。

图3-183

3.3.6 眼影盘

本案例色卡：

本案例使用笔刷：

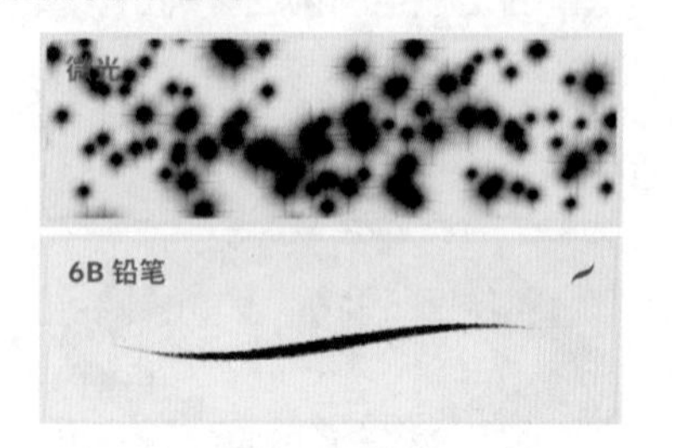

01 用“6B铅笔”笔刷画出眼影盘的线稿，注意要符合基本的透视规律，如图3-184所示。

图3-184

02 平铺每个区域的固有色，注意分图层，盖子中间不要涂色，如图3-185所示。

图3-185

03 将“微光”笔刷缩小，将选中的眼影变为珠光色，其他眼影则成为哑光色，如图3-186所示。

图3-186

04 用黑色在其中一块哑光眼影上画出装饰性小兔子图案，此时还不用考虑透视，正着画即可，如图3-187所示。点击“变换”按钮，选择“扭曲”工具将兔子拉到符合透视的角度，如图3-188所示，然后将变形后的兔子依次复制到其他几块哑光眼影上，并降低图层“不透明度”，如图3-189所示，新建图层后将每个小兔子的右下方提亮，让小兔子看起来像眼影上的压盘印花，如图3-190所示。

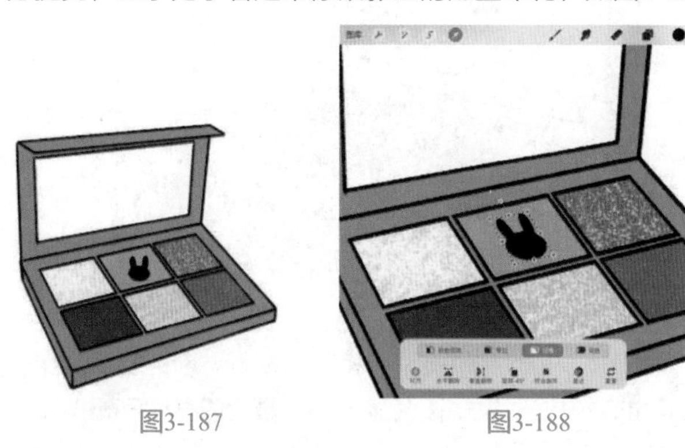

图3-187　图3-188

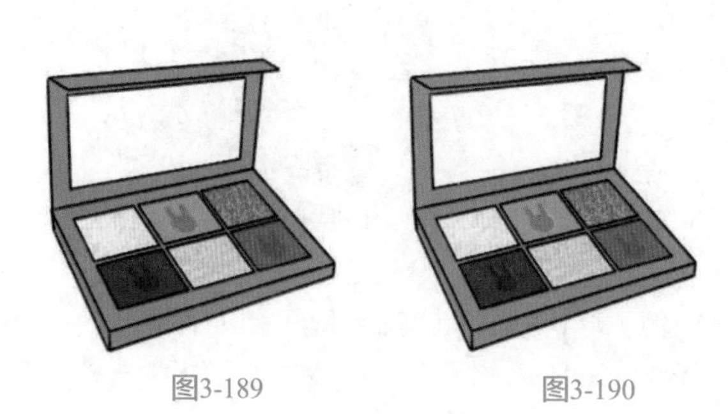

图3-189　图3-190

05 在盒子上方新建图层并设为“剪辑蒙版”，将盒子颜色改成跟眼影同色系的颜色，如图3-191所示。

图3-191

06 改变整体线稿的颜色，盒子部分的轮廓整体改成深红色，需要注意的是每一块眼影上下左右4条边，需要将每一小块眼影的上面那条边和左面那条边改成眼影同色系的深色，将下面那条边和右面那条边改成眼影同色系的浅色，如图3-192所示。

图3-192

07 在“操作”面板中点击“添加文本”按钮，选择字体，输入文字，如图3-193所示。

08 选中字体图层，在“变换”面板中选择“扭曲”功能，根据透视规律调整字体，如图3-194所示。

09 在新图层上画一个蝴蝶结装饰，如图3-195所示，画好后在“变换”面板中选择“扭曲”功能，根据透视规律调整蝴蝶结，如图3-196所示。

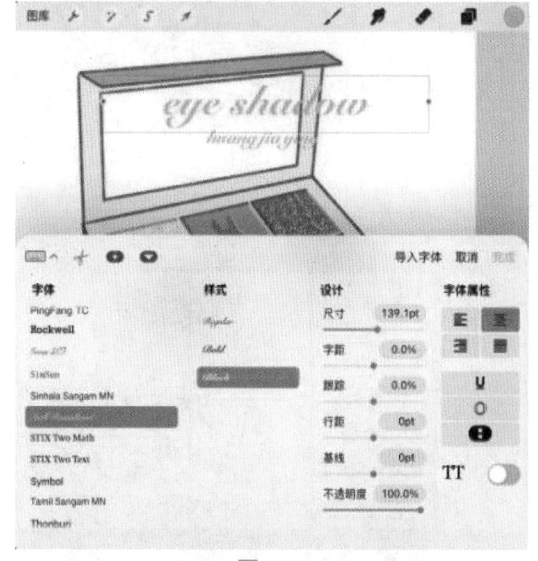

图3-193

图3-194

图3-195

图3-196

10 用“6B铅笔”笔刷在新图层上以打圈的手法画出装饰图案，如图3-197所示，将图案进行不断的复制与反转操作，如图3-198所示。在“变换”面板中选择“扭曲”功能，根据透视规律调整图案，最后降低“不透明度”即可，如图3-199所示。

图3-197

图3-198

图3-199

提示：如果觉得字体颜色和蝴蝶结颜色过于一致，可以随时用“剪辑蒙版”功能修改字体或图案颜色。

11 三指下滑点击“全部拷贝”按钮，再次三指下滑点击“粘贴”按钮，将复制的新图层拉到所有图层的最下面，并放大，如图3-200所示，选择“调整”面板中的“高斯模糊”滤镜，然后降低图层“不透明度”，最后选择“调整”面板中的“泛光”滤镜，绘制完成，如图3-201所示。

图3-200

图3-201

3.3.7 口红

本案例色卡：

本案例使用笔刷：

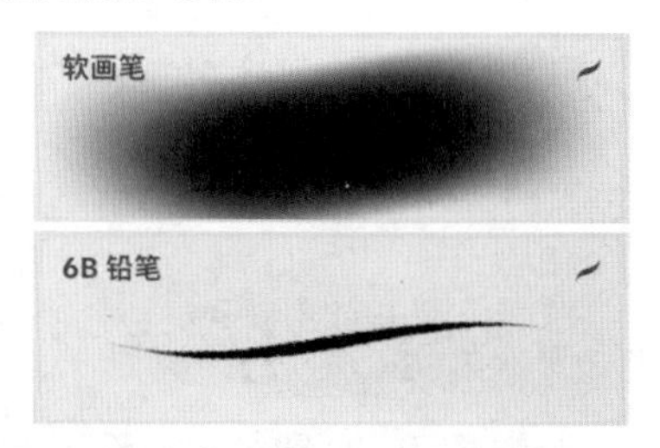

01 用“6B铅笔”笔刷画出口红的草稿，一个口红盒子，一截口红即可，如图3-202所示。

02 画出口红盒子的剪影，并降低图层“不透明度”至70%，如图3-203所示。

03 画出口红膏体的形状，如图3-204所示。

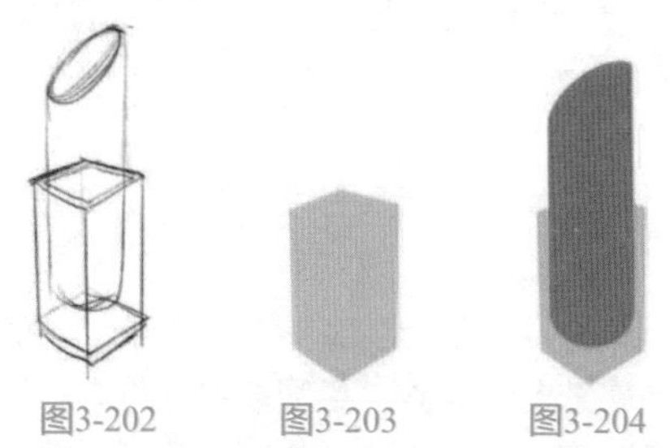

图3-202 图3-203 图3-204

04 对口红膏体图层建立“蒙版”，选中“蒙板”层取深灰色，涂在口红的下半截，也就是盒子里的部分，口红的下半截就会变为半透明状态，如图3-205所示。

05 给口红膏体新建“剪辑蒙版”层，用白色直接画出口红顶部的截面，降低图层“不透明度”，如图3-206所示。

06 给口红盒子新建“剪辑蒙版”层，并设为“正片叠底”，涂上灰色用于加深盒子的右边，记得把盒子的上边缘留出来，如图3-207所示。

07 给口红盒子新建“剪辑蒙版”层，并设为“划分”模式，用浅灰色提亮盒子的上边缘，底部也画上一道浅灰色，用于装饰，如图3-208所示。

图3-205

图3-206

图3-207

图3-208

08 将口红的所有图层全部合到一个组里，复制这个组，调整一下位置。展开第二个组，选中要更改颜色的图层，如图3-209所示，使用“色相、饱和度、亮度”功能，改变口红膏体和口红盒子的颜色，如图3-210所示。

提示：使用“色相、饱和度、亮度”功能改盒子颜色和改膏体颜色时，数值需要完全一致，这样盒子和膏体的颜色才能始终保持一致。

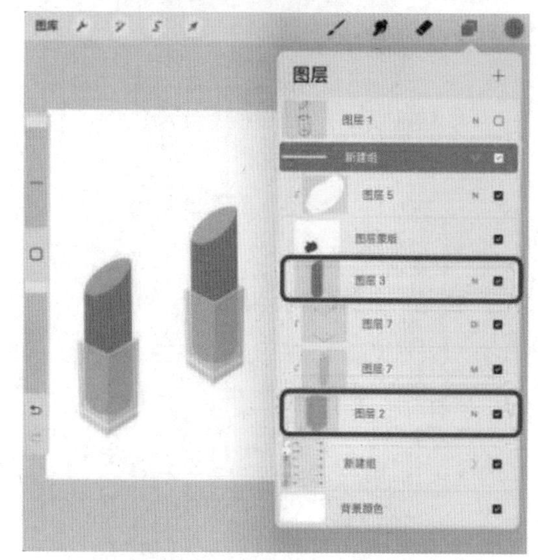

图3-209

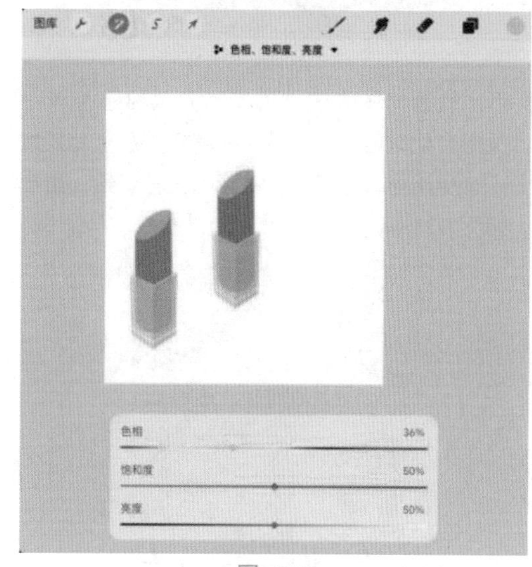

图3-210

提示：口红膏体和口红盒子是真正的上色图层，其他关于亮暗面的图层，全部用带“图层模式”的层，所以只要调整口红膏体和口红盒子这两个主要图层，其他因素也会自动跟着变化。

09 进行复制与调色，如图3-211所示。

10 添加纯色背景和同色系的投影，假设射光从左上角来，投影的方向则在右边，如图3-212所示，为了保证投影方向的一致性，可以在“操作”面板中点击“画布”按钮，勾选“绘图指引”功能，在“编辑绘图指引”面板中，打开一点透视功能，就不会出错了。

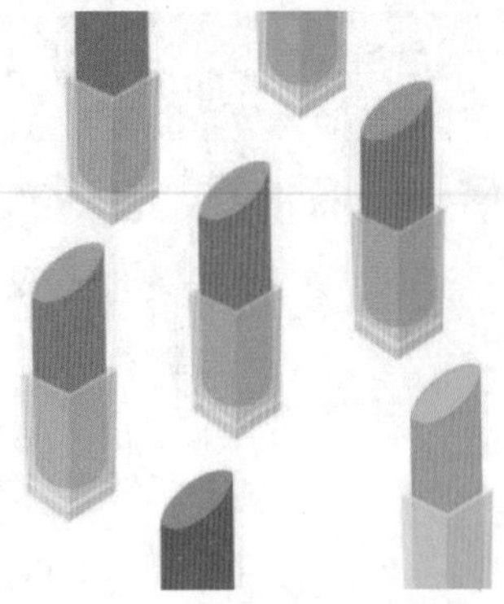

图3-211

图3-212

11 用“软画笔”橡皮擦将投影的尾部轻轻擦去一些，投影会显得更轻薄透气。在背景的左上角添加白色，光感更明显，最后加上白色的光芒点缀，绘制完成，如图3-213所示。

图3-213

3.3.8 女明星的梳妆台

本案例色卡：

本案例使用笔刷：

01 画出梳妆台的草稿，如图3-214所示。

图3-214

02 降低草稿层“不透明度”，在“操作”面板中点击“画布”按钮，勾选“绘图指引”功能，在“编辑绘图指引”面板中，准备一个两点透视，让透视线和草稿基本重合，如图3-215所示。

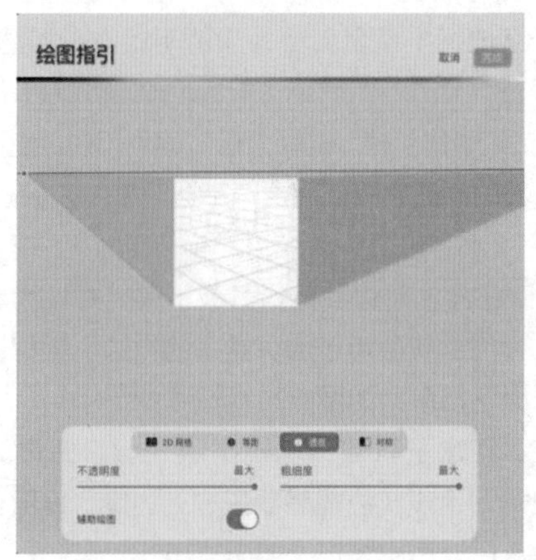

图3-215

03 用“6B铅笔”笔刷勾线，画出梳妆台桌子的大框架，如图3-216所示。

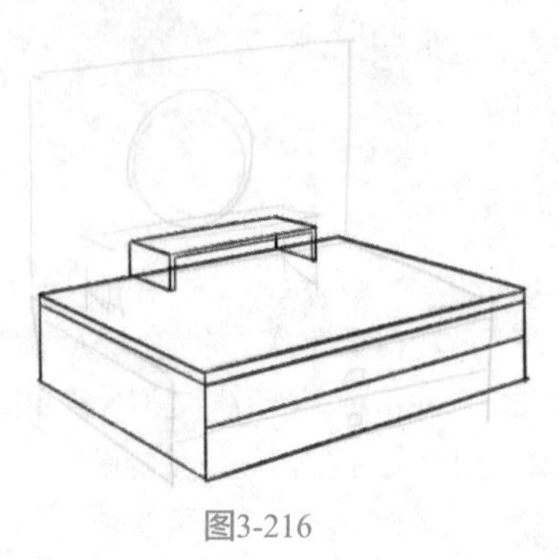

图3-216

04 给桌子添加一些化妆品和细节，如图3-217所示。

图3-217

05 用“硬边笔”笔刷分别在不用图层画出每个物体的固有色，如图3-218所示。

图3-218

06 在新图层上，用“软画笔”笔刷画一个较大的圆，然后点击“变换”按钮，选择“扭曲”工具，如图3-219所示，将圆拉抻，让圆形的上半部分超出画面之外，使圆有射灯效果，如图3-220所示，再复制一个圆放在镜子的右边，图层模式改为“强光”，如果觉得光感太强，可适当降低图层“不透明度”，如图3-221所示。

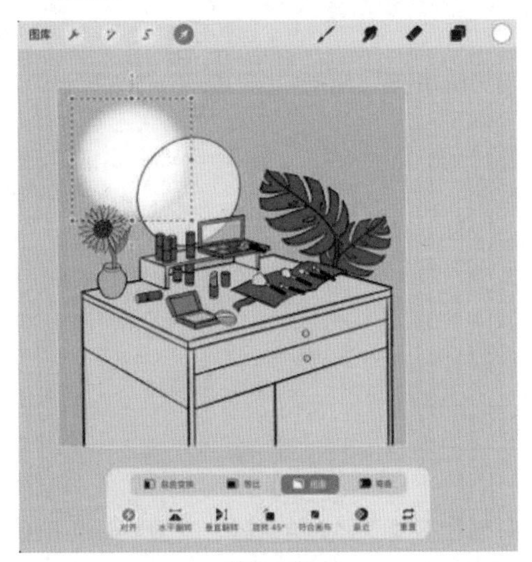

图3-219

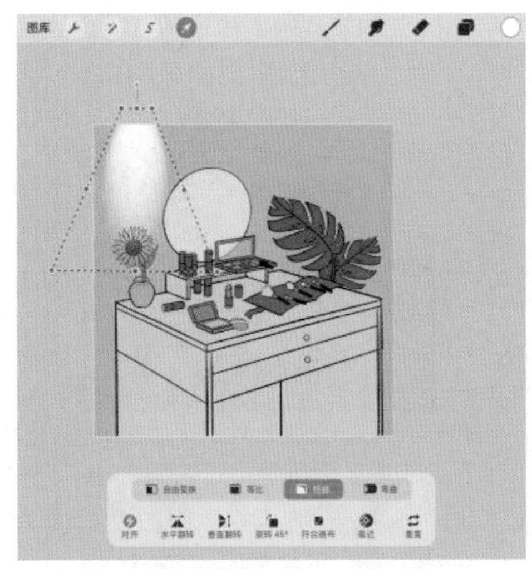

图3-220

图3-221

07 新建图层并设为“强光”模式，选择亮色给画面中的物体画上亮面，如图3-222所示。

图3-222

08 新建图层并设为“正片叠底”模式，选择低饱和度的灰色，给画面中的物体画上暗面，如图3-223所示。

09 对线稿层创建“剪辑蒙版”，将颜色改成物体固有色的同色系深色，如图3-224所示。

10 用“软画笔”笔刷吸取白色，给镜子的后面画出光感，然后将图层模式改为“添加”，如图3-225所示。

图3-223

图3-224

图3-225

11 新建图层，吸取白色，用“维多利亚”笔刷画出背景花纹，并降低图层“不透明度”，使花纹看起来像墙纸，最后加上星星点缀，绘制完成，如图3-226所示。

图3-226

3.4 水墨画风

水墨画风是许多画手非常乐于探索的一种风格，这种模拟水墨与纸张的质感散发着独特的魅力，本节就介绍怎样捕捉水墨画风的特点。

3.4.1 银杏树叶

本案例色卡：

本案例使用笔刷：

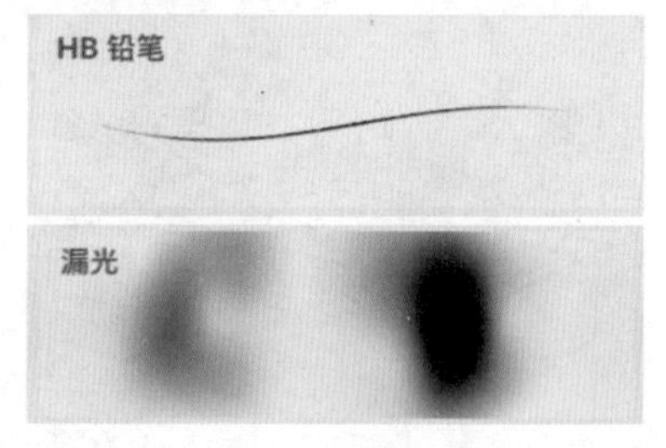

01 画出一簇银杏树叶的草稿，如图3-227所示。

图3-227

02 用“HB铅笔”笔刷勾线，如图3-228所示。

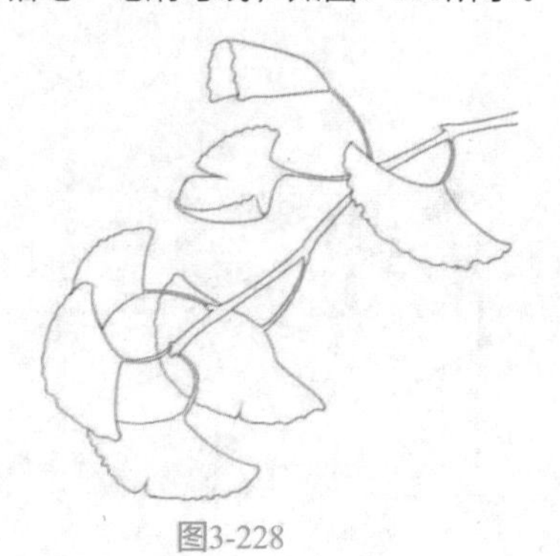
图3-228

03 分别在不同图层上给背景、叶子和树枝上色，如图3-229所示。

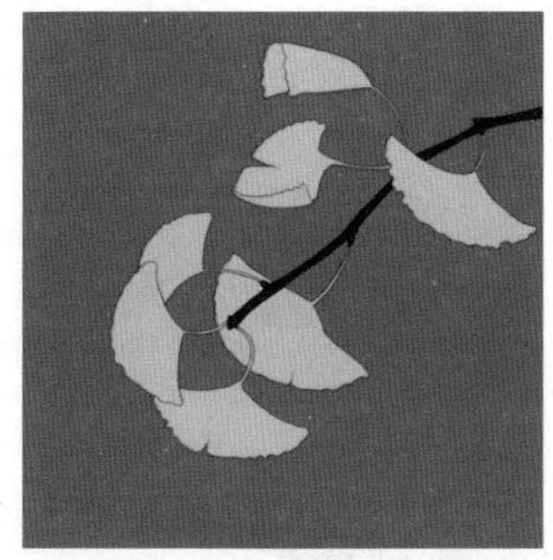

图3-229

04 用“漏光”笔刷给背景刷上光斑，如图3-230所示，然后选择“调整”面板中的“泛光”滤镜，让背景看起来既有光感又模糊，如图3-231所示。

图3-230

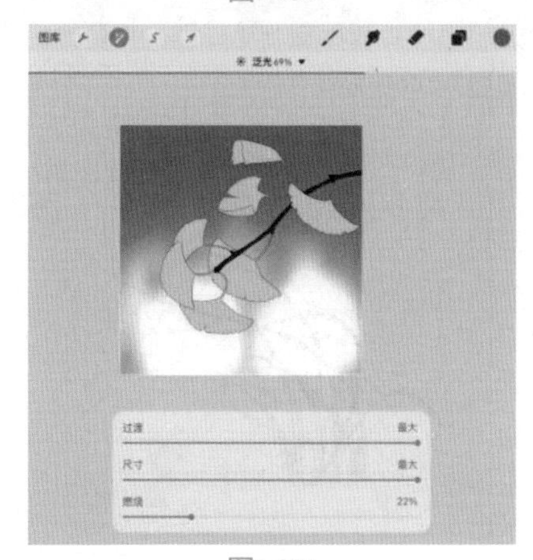

图3-231

05 在网上任意下载一个素描或纸纹素材，如图3-232所示。将素材放在所有图层最上面，并将图层模式改为“颜色加深”后，整个画面都蒙上了一层淡淡的纹理，如图3-233所示。

06 新建普通图层，用“全明星-金圆水彩”笔刷，将笔放大，给每片叶子加上淡淡的深色纹理，有些叶子需要整体压暗，有些叶子只压暗交叠部分，叶子会呈现透光的效果，如图3-234所示。

图3-232

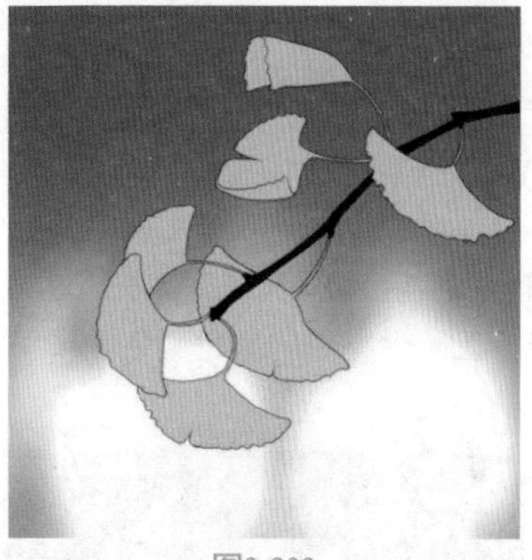

图3-233

图3-234

07 再次新建一个普通图层，用“全明星-金圆水彩”笔刷，把笔缩小，用排线的方式继续给叶子加深纹理，如图3-235所示。

图3-235

08 新建图层，给整个图层填充纯黑色，然后将图层模式改为“颜色减淡”，选择亮暖色把叶子的亮面继续提亮，用这种方式提亮更具光感，但要轻轻下笔，否则容易曝光过度，如图3-236所示。

图3-236

09 加深叶子的茎，做好树枝到叶子的过渡，并调整树枝的亮暗面，让树枝的颜色避免单一和沉闷，如图3-237所示。

图3-237

10 画出叶子的厚度，若叶子本身颜色较亮，就用深色画厚度，若叶子本身颜色较深，就用亮色画厚度。再以排线的方式添加一些叶子的纹路，最后把线稿颜色改为和画面同色系的深红色，绘制完成，如图3-238所示。

图3-238

3.4.2 一丛兰花

本案例色卡：

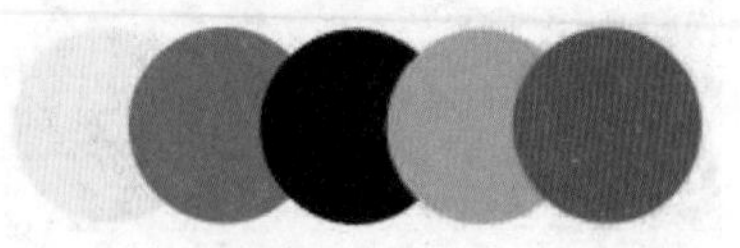

本案例使用笔刷：

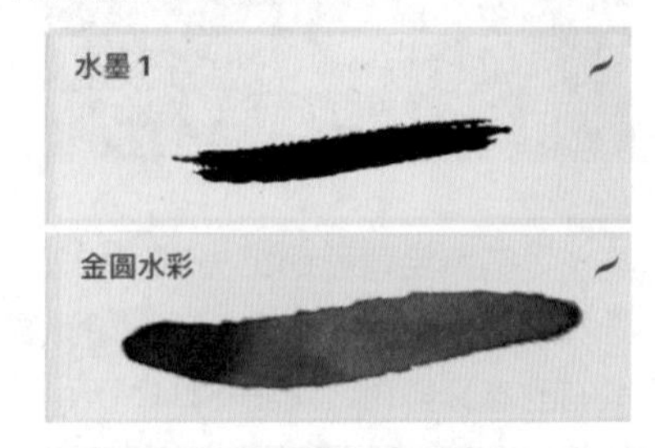

01 画出兰花的草稿，兰花的特点在于“韧”，所以兰花的线条尽量一气呵成，如图3-239所示。

图3-239

02 选择“水墨1”笔刷，用黑色一一画出兰花的每一片叶子，每一片都尽量一笔成型。将背景色改为淡黄色，如图3-240所示。

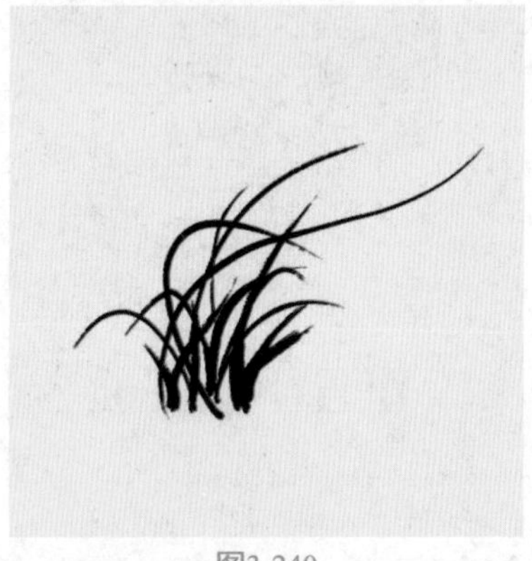

图3-240

提示：如果感觉叶子末梢不够尖，可以点击“调整”按钮，打开“液化”功能，使用“捏合”功能将叶子末梢捏得更尖。

03 给这丛兰花新建图层并设为“剪辑蒙版”，吸取背景色，用“软画笔”笔刷，给其中几根兰花的根部扫上一点淡黄色，使兰花有穿插感，如图3-241所示。

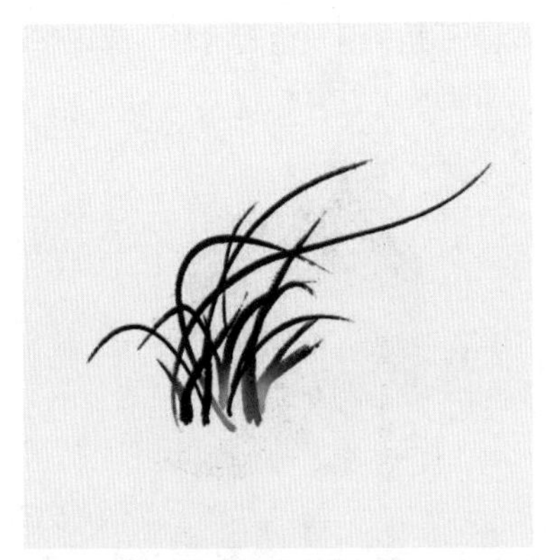

图3-241

04 为了让兰花的量显得更多、更有层次，在最下方新建图层，加几片兰花的叶子，画完后降低图层的整体“不透明度”，并给这一层新建“剪辑蒙版”，给兰花根部由下至上地扫上淡黄色，如图3-242所示。

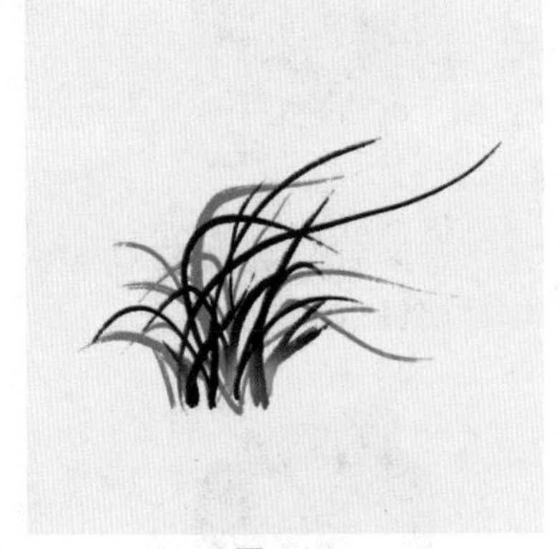

图3-242

05 将前后两丛兰花的图层全部选中，然后用“液化”工具往里推一推，让兰花之间的根部更聚拢、更集中，然后用“金圆水彩”笔刷画出地面，注意控制力度，如图3-243所示。

图3-243

提示：“金圆水彩”笔刷可在Procreate官方网站中免费下载“全明星”笔刷获得。

06 缩小“金圆水彩”笔刷，画出兰花上的花，注意下笔轻重。越靠近花瓣边缘颜色越重，越靠近花蕊颜色越浅，如果感觉画出来的花瓣边缘太“虚”，可以用硬橡皮擦除多余边缘，画好一朵后，剩余两朵可以用复制的方法得到，只要注意旋转一下角度即可，绘制完成，如图3-244所示。

图3-244

3.4.3 一颗石榴

本案例色卡：

本案例使用笔刷：

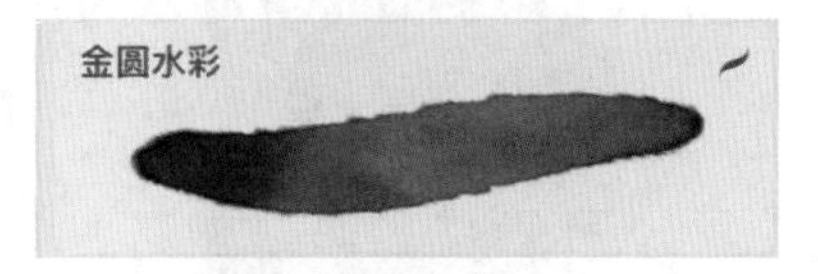

01 画出石榴的草稿，如图3-245所示。

图3-245

02 用白色分别画出每一个物体的剪影，如图3-246所示。

提示：如果觉得白纸上画白色难以辨别范围的话，可以关掉“背景颜色”图层再画。

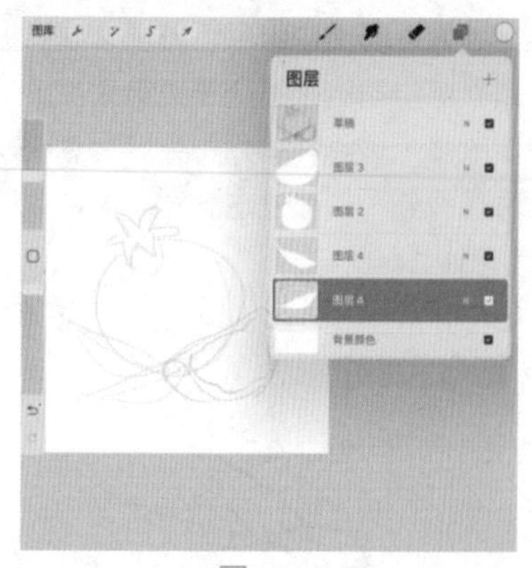

图3-246

03 用“金圆水彩”笔刷给每一个物体轻轻画上固有色，如图3-247所示。

图3-247

04 用红色加深石榴皮，如图3-248所示。

图3-248

05 选择深红色继续加深石榴右侧的暗面，注意不要完全贴着右边的边缘，给反光留出位置。画出石榴顶部的小坑和叶子，叶子边缘画不整齐的话可以借助“选取”工具里的“手绘”功能来选定范围再画，如图3-249所示。

图3-249

06 关闭线稿图层，用“金圆水彩”笔刷在石榴表面画上高光，如图3-250所示。

图3-250

07 用橘黄色把剥开的石榴边缘整理干净，如图3-251所示。

图3-251

08 给剥开的石榴里面画上红色的石榴果肉，颜色不要铺得太均匀，如图3-252所示。

图3-252

09 新建图层并设为“正片叠底”模式，给石榴果肉由下至上画上深色的点，如图3-253所示。

图3-253

10 新建图层并设为“添加”模式，继续画上一些深色的点，画上去的是深色，呈现出来的却是亮色，如图3-254所示。

11 用“硬边笔”笔刷给石榴籽画上白色高光，画好后降低图层“不透明度”，修整石榴籽上方石榴皮的颜色，如图3-255所示。

图3-254

图3-255

12 用“金圆水彩”笔刷给石榴下面的两片绿叶分别画上不均匀的绿色，如图3-256所示。

图3-256

提示：让下面的叶子根部颜色浅一点，将两个叶子形状交接的地方区分出来，不要融为一体。

13 选择“6B铅笔”笔刷，用白色给叶子画上茎，然后降低图层“不透明度”，绘制完成，如图3-257所示。

图3-257

3.4.4 荷花与荷叶

本案例色卡：

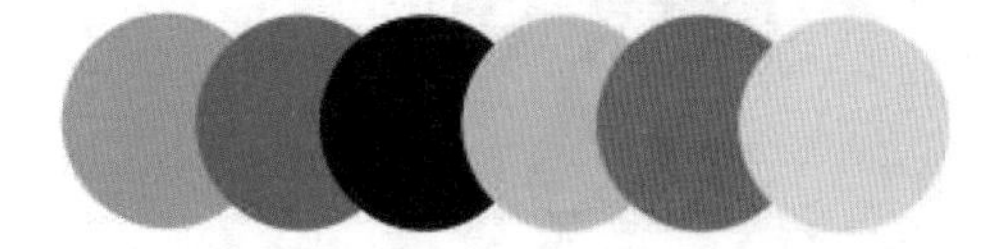

本案例使用笔刷：

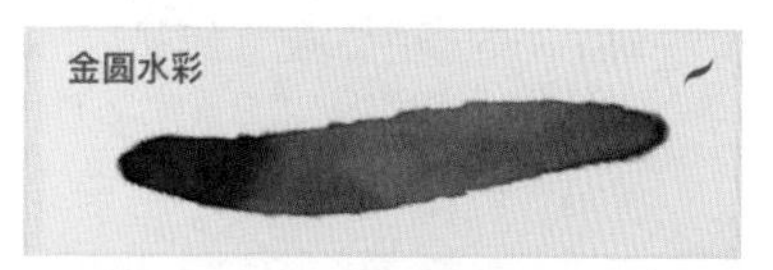

01 画出荷叶和荷花的草稿，注意方向可以微微交错，突出空间感，如图3-258所示。

图3-258

02 用“金圆水彩”笔刷，选择黑色，轻轻一笔画出荷叶“里层”，如图3-259所示。

图3-259

03 新建图层，一笔画出荷叶的“外层”，如图3-260所示。如果荷叶的边缘形状不符合草稿的预期，可以长按橡皮工具切换成笔刷同款橡皮，然后擦去多余的形状即可，如图3-261所示。

图3-260

04 对荷叶的“外层”新建图层并设为“剪辑蒙

版”，用同一笔刷在左右两侧扫上白色，使这里的颜色更透气，并对中间的颜色加重，如图3-262所示。

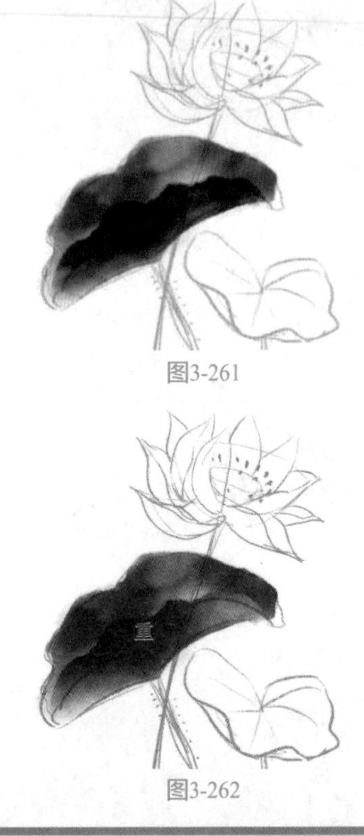

图3-261

图3-262

提示：由于此画笔包含了“颜色动态”的特性，所以用白色画时会出现其他颜色，当出现这种情况时，需要画好后在“调整”面板中选择“色相、饱和度、亮度”功能，把这一图层的“饱和度”归零，其他颜色就会消失。

05 在新图层上轻轻画出小荷叶的形状，如图3-263所示，对小荷叶新建“剪辑蒙版”层，将荷叶边翻起的一小块涂上白色。画好后将图层饱和度设置为零，如图3-264所示。

图3-263

06 给荷叶画上杆和杆上的刺，以及叶子上的经络，如图3-265所示。

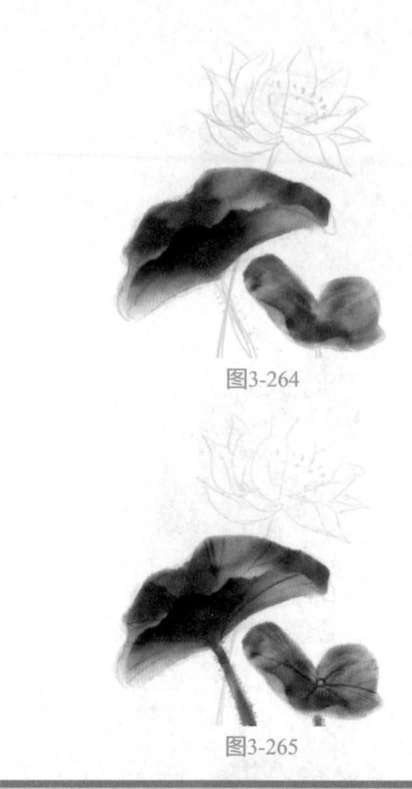

图3-264

图3-265

提示：杆和叶子的交接处可以适当地涂抹，让它们过渡得更融合。

07 画出荷花花瓣的上半部分，如图3-266所示，通过涂抹进行过渡，如图3-267所示，重复步骤，画出所有花瓣，如图3-268所示。

图3-266

图3-267

图3-268

08 加重花瓣边缘区域，如图3-269所示。

图3-269

09 用“金圆水彩”笔刷给花瓣勾线，并画出里面的小莲蓬和花蕊，给莲蓬画上嫩黄色，如图3-270所示。

图3-270

10 给荷花画上杆和刺，并给后面的荷叶轻轻扫上白色，以拉开空间感，最后模拟一个印章和签名，绘制完成，如图3-271所示。

图3-271

第4章

人物与动物绘画练习

一名合格的插画师，不仅要能绘制基础的多种材质物品，还要能够掌握绘制人物、动物等高阶技巧。本章将介绍如何绘制男性、女性头像及全身像，更有各种萌萌的小动物画像教学，力求为读者绘画能力的提升带来助力。

4.1 头像练习

对于新画手而言，头像练习比较具有挑战性，稍不注意就容易将人脸画走形，本节内容将从比例和五官着手，用三种不同特点的人物头像带领读者一步步掌握头像的画法。

4.1.1 三庭五眼

画一个圆作为人的脑袋，如图4-1所示，然后从圆向下延伸出脸部的位置，延伸的长度约为圆的一半。

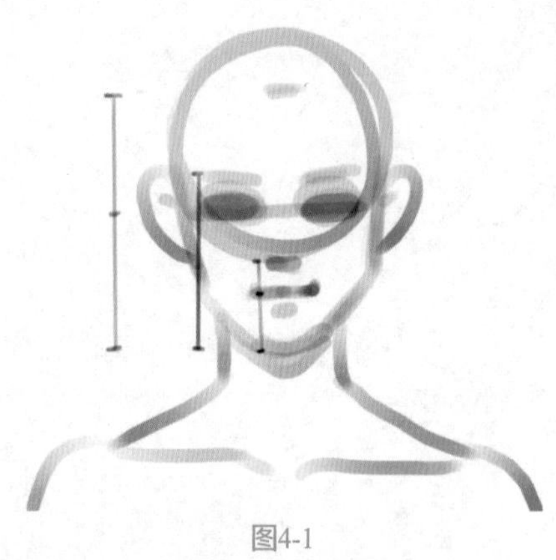

图4-1

接下来介绍绘制脸部的方法。

- 发际线的位置略低于头顶。
- 眼睛在发际线到下巴1/2处。
- 眼睛上方一点的位置是眉毛。
- 眉毛到下巴的1/2处是鼻底。
- 鼻底到下巴的1/3处是唇缝。
- 耳朵在头两侧，对应眉毛到鼻底高度。

使用以上方法绘制完成后的标准脸部如图4-2所示。

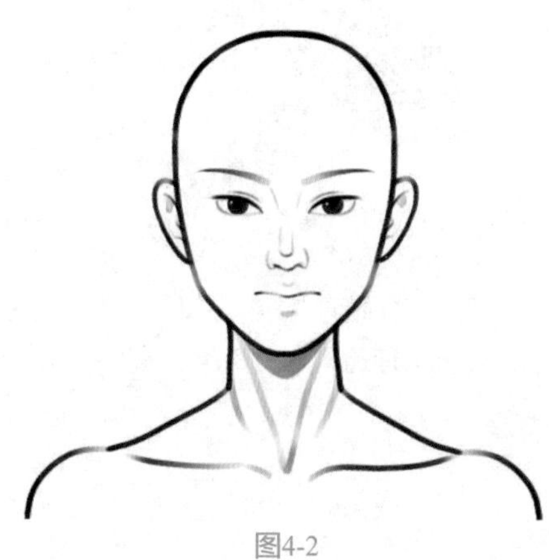

图4-2

“三庭五眼”指的是标准人脸的横向与纵向比例。

三庭：发际线到眉毛为上庭；眉毛到鼻底为中庭；鼻底到下巴为下庭。每一庭的距离基本相等，如图4-3所示。

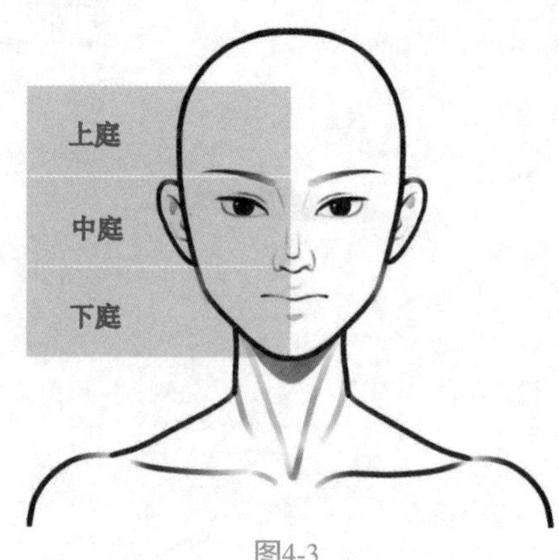

图4-3

五眼：指人的正脸宽度约为5个眼睛的宽度，如图4-4所示。

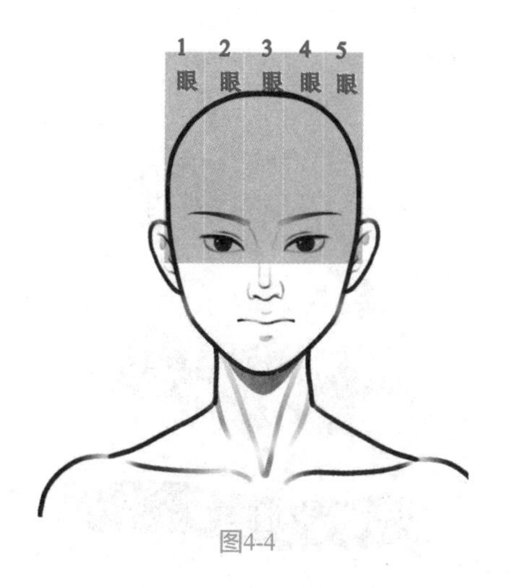

图4-4

4.1.2　五官

接下来分别介绍怎样对脸部的五官部分进行绘制。

1. **眼睛**

本案例色卡：

本案例使用笔刷：

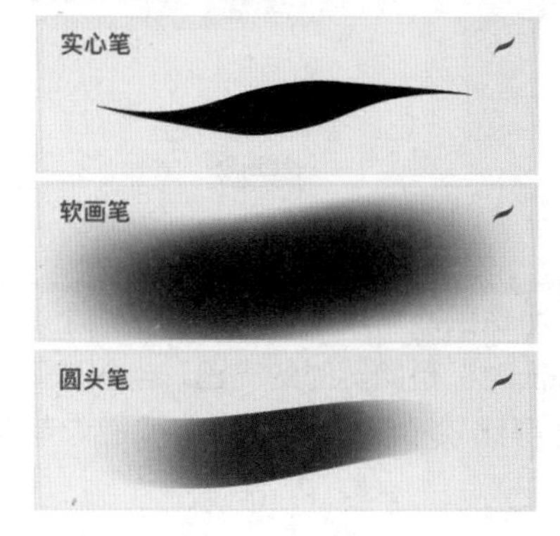

01 了解眼睛结构并用“圆头笔”笔刷画出线稿，如图4-5所示。

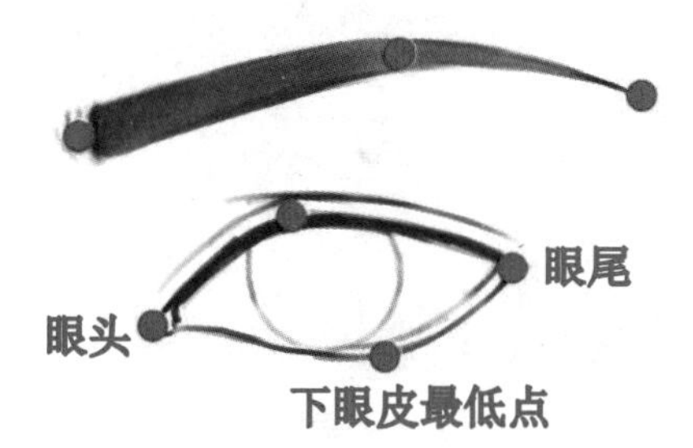

图4-5

绘制眉毛部分时，眉头最低，眉峰最高，眉尾低于眉峰又高于眉头，眉头前加几根单根的眉毛可以增加毛流感。

绘制眼睛部分时，上眼皮最高点和下眼皮最低点左右错开，眼尾高于眼头，眼睛有向上的趋势，显得有精神。

绘制眼球部分时，将眼珠的上半部分遮住一些，下半部分的边缘正好碰到下眼皮。

02 在线稿层的下方给眼睛画上固有色，画眼白时，不建议使用白色，而是用低饱和度的浅蓝色，如图4-6所示。

03 吸取深色，用“软画笔”笔刷由上至下加深整个眼眶，将右上角的位置留出来，因为这里是眉弓骨，受光明显。在明暗交界线加一些高饱和度的红色，如图4-7所示。

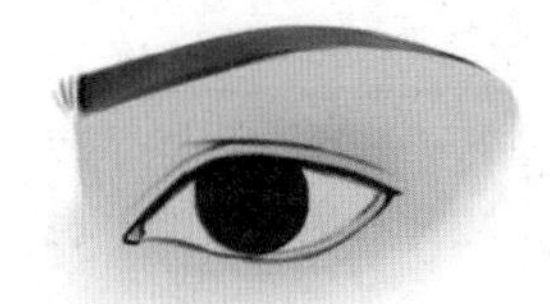

图4-6

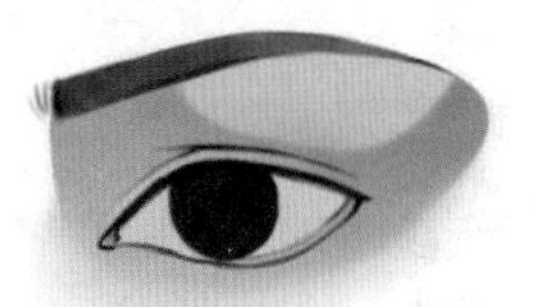

图4-7

04 用“软画笔”笔刷加深双眼皮褶皱、卧蚕和眼珠上的投影，提亮眼珠下半部分，如图4-8所示。

05 用“软画笔”笔刷提亮眼头，用“实心笔”笔刷给眼珠点上高光，画上睫毛，如图4-9所示。

图4-8

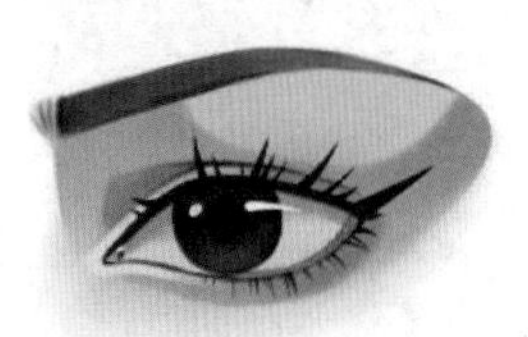

图4-9

2. **鼻子**

本案例色卡：

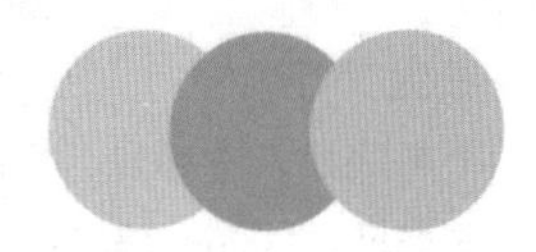

本案例使用笔刷：

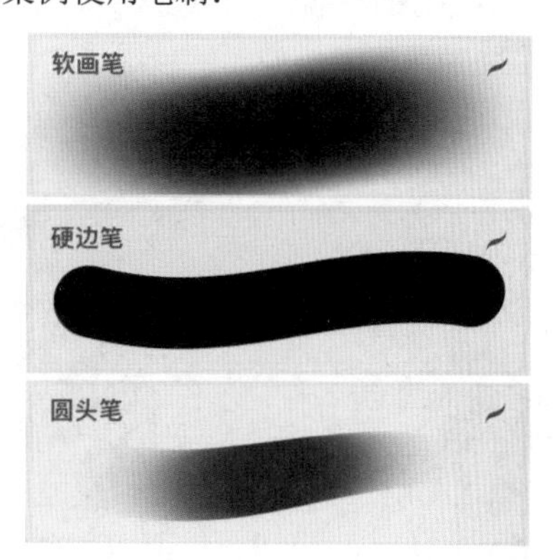

01 了解鼻子结构并用“圆头笔”笔刷画出线稿，如图4-10所示。

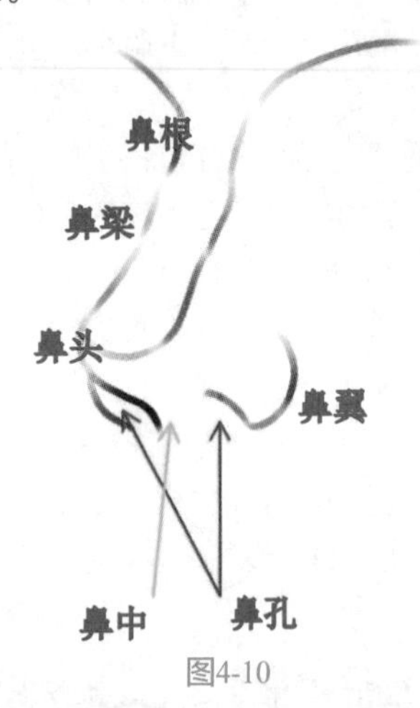

图4-10

提示：绘画时可以对人物进行一些美化，除了放大眼睛外，弱化鼻梁、鼻翼和鼻孔的存在感，也是常见的处理方式。

02 用“硬边笔”笔刷给鼻子涂上固有色，如图4-11所示。

03 用“软画笔”笔刷取深色加深整个鼻头和鼻根部分，如图4-12所示。

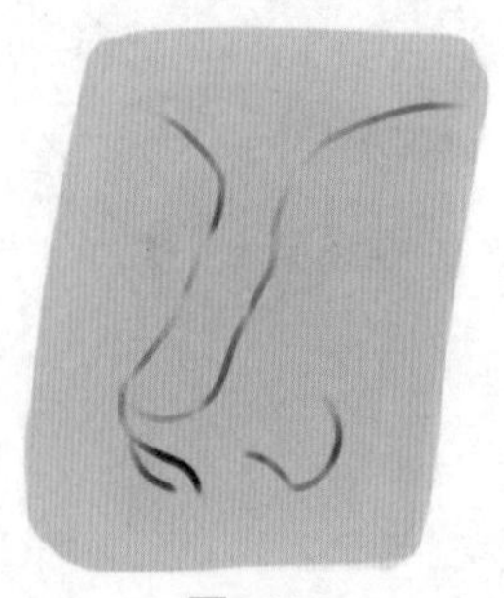

图4-11

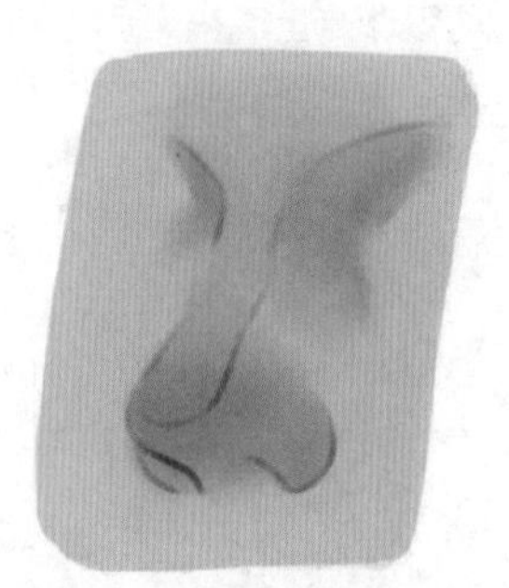

图4-12

04 新建图层并设为“正片叠底”模式，用“硬边笔”笔刷加深整个鼻底和人中部分，就像有光从上面照下来一样，加深鼻孔，如图4-13所示。

05 擦出鼻头部分的线稿，并用“圆头笔”笔刷画上高光，如图4-14所示。

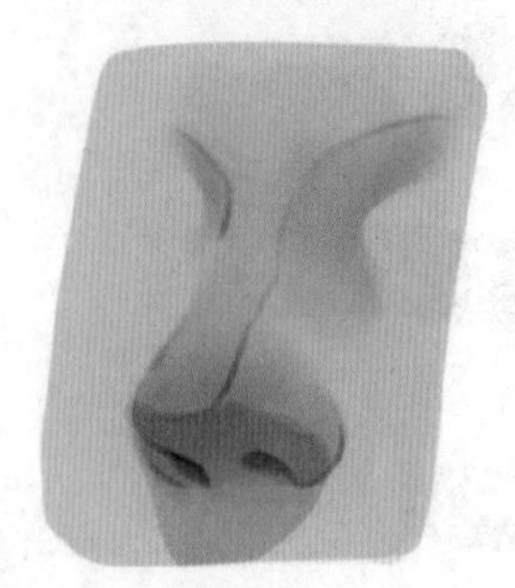

图4-13

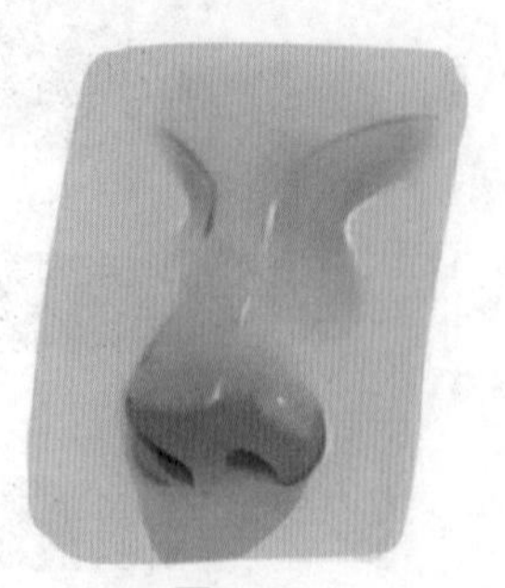

图4-14

3. 嘴巴

本案例色卡：

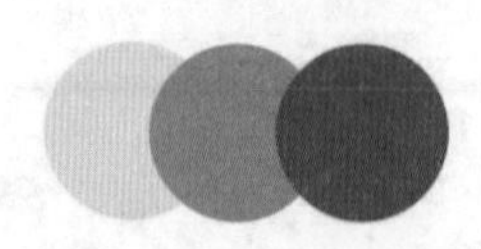

本案例使用笔刷：

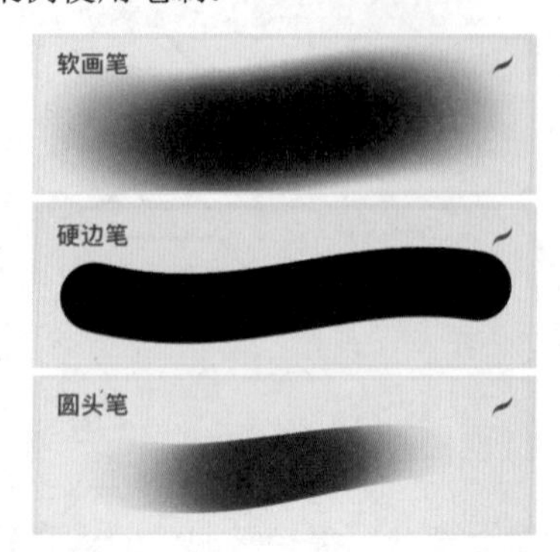

01 了解嘴巴结构并用“圆头笔”笔刷画出线稿，如图4-15所示。

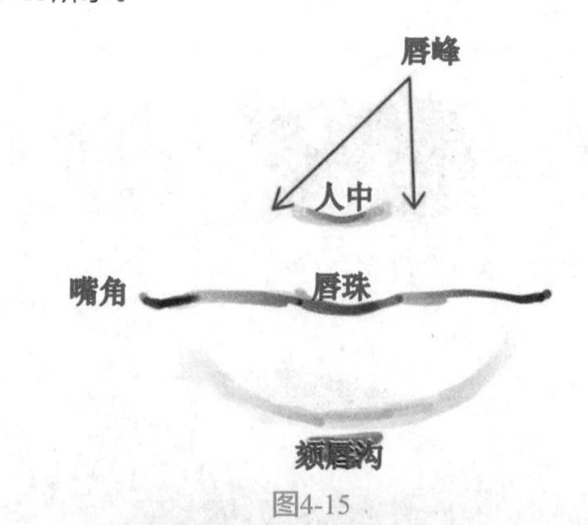

图4-15

提示：唇珠跟嘴角基本在同一水平线上。当嘴角高唇珠低时，是微笑时的嘴巴，当唇珠高嘴角低时会显得比较“苦丧”，嘴角微微勾起会显得愉快。

02 用“软画笔”笔刷画出嘴巴固有色，如图4-16所示。

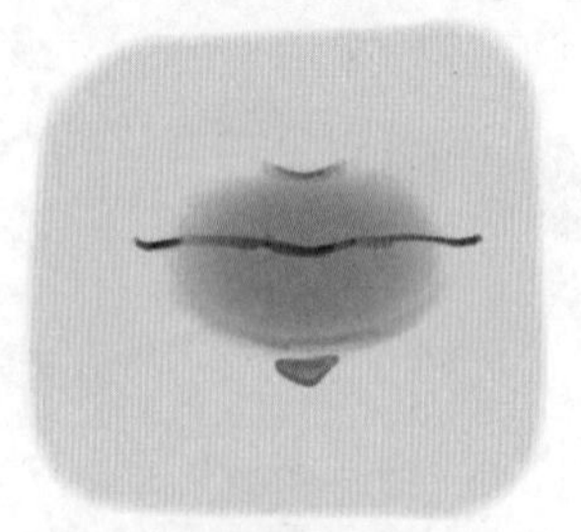

图4-16

03 用“硬边笔”橡皮擦将上嘴唇多出的部分擦掉，这样的弧度显得嘴唇更有笑意。将线稿改为“覆盖”模式，如图4-17所示。

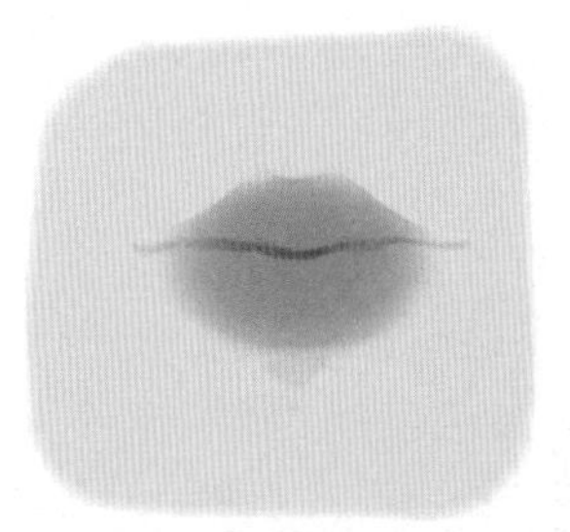
图4-17

04 加深嘴角和人中，给下嘴唇中间提高饱和度，如图4-18所示。

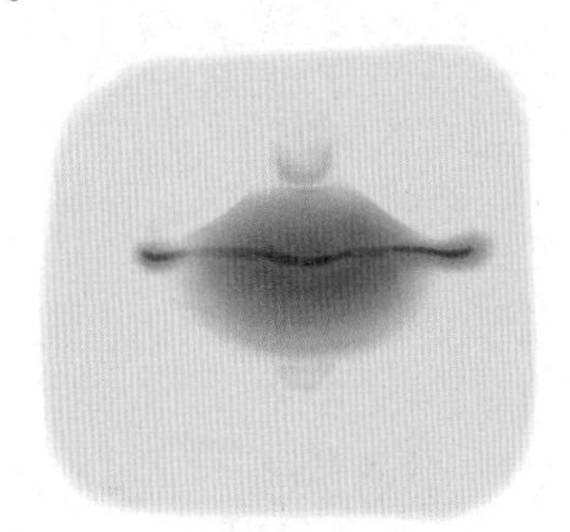
图4-18

05 用“软画笔”笔刷提亮嘴角下方、唇峰上方和下嘴唇中间，用“圆头笔”笔刷画出下嘴唇高光，如图4-19所示。

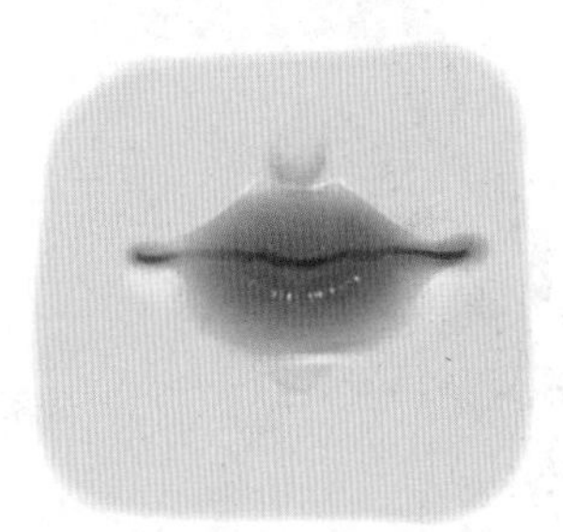
图4-19

4. **耳朵**

本案例色卡：

本案例使用笔刷：

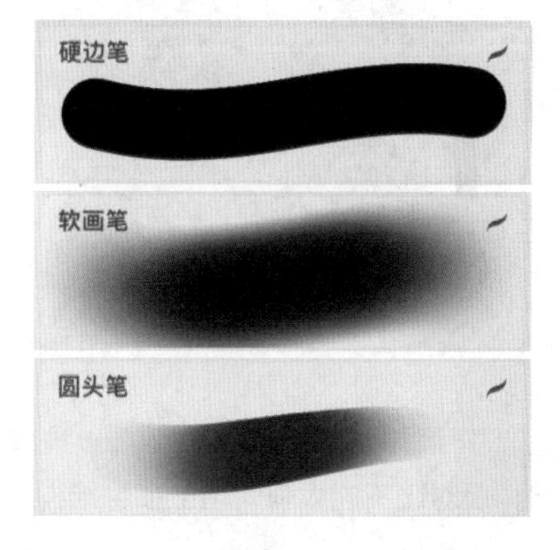

01 了解耳朵结构并用“圆头笔”笔刷画出耳朵线稿，如图4-20所示。

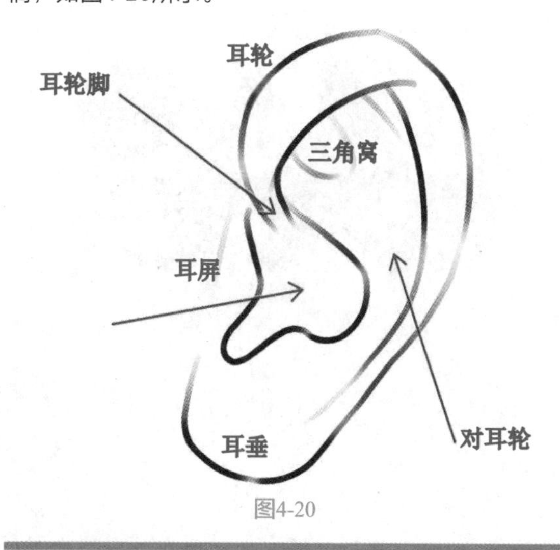

图4-20

提示：耳朵的结构比较复杂，读者可以将结构形象地记为“y”字形。

02 画上耳朵的固有色，如图4-21所示。

03 理解耳朵的结构并用“硬边笔”笔刷画出阴影部分，如图4-22所示。

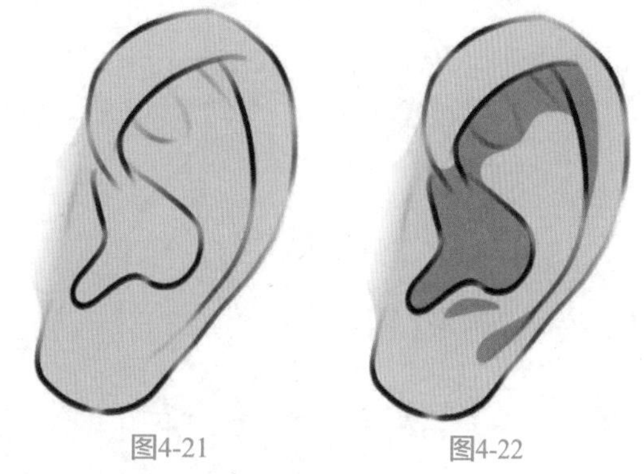
图4-21　图4-22

04 加强暗部里更暗的细节，如图4-23所示。

05 用涂抹工具将之前画的暗面过渡得更柔和，加强耳轮转折部分的体积，画上高光，将线稿的颜色改为深红色，绘制完成，如图4-24所示。

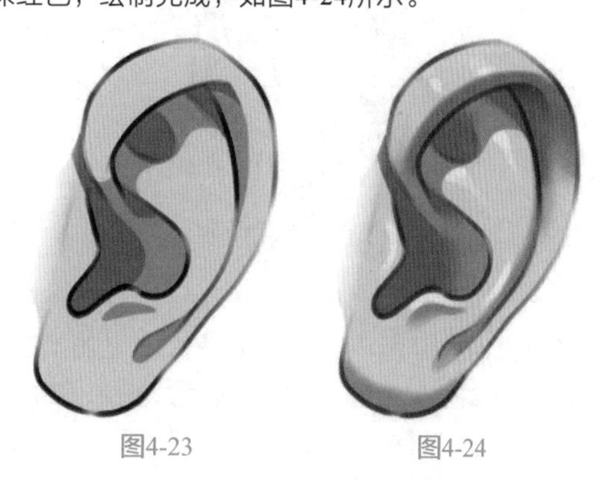
图4-23　图4-24

4.1.3 温温柔柔长发美女

本案例色卡：

本案例使用笔刷：

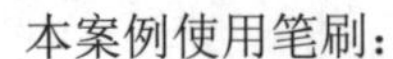

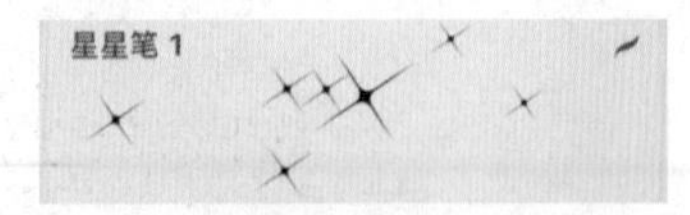

01 画出草稿，先画人的头型，如图4-25所示，依次加上头发和配饰，如图4-26所示，再补充细节，如图4-27所示。这样画出来的比例会更准，切忌从某一部分头发或者某一部分五官起画，否则画出来的头很容易走形。

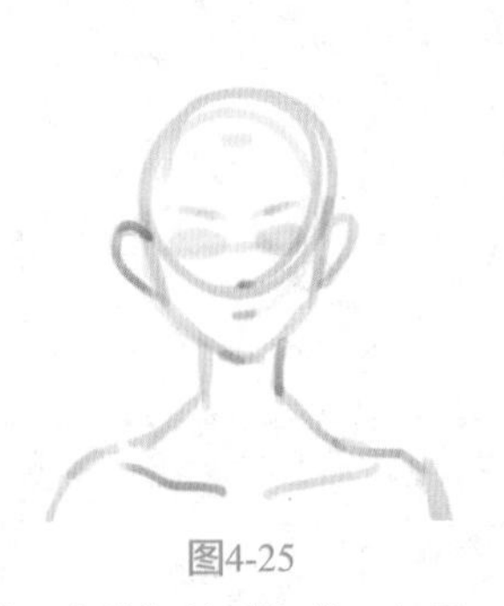

图4-25

图4-26

图4-27

02 用“圆头笔”笔刷勾线，如图4-28所示。

图4-28

03 在不同图层给每个部分分别画上固有色，如图4-29所示。

图4-29

04 新建图层并设为“正片叠底”模式，给脸部画上立体感，主要体现在脸颊两侧、鼻根、鼻头、鼻底、眼球和脖子，如图4-30所示。

图4-30

05 用“圆头笔”笔刷画上眼珠、卧蚕、鼻头高光和嘴唇的细节，如果笔刷痕迹明显可以适当用涂抹工具抹匀，如图4-31所示。

图4-31

06 适量提高后面头发的亮度，并添加一些纹理充当头发细节，但对比不能太强。画上锁骨结构和泡泡袖结构，在皮肤明暗交接的地方提高饱和度，如图4-32所示。

图4-32

07 用“正片叠底”模式给手里的花画上背光的阴影，如图4-33所示。

图4-33

08 吸取深色，用“软画笔”笔刷给头发画上暗面，主要画在头发向下转折的地方，还可以适当加几根发丝穿插，如图4-34所示。

图4-34

09 画出头顶高光，先新建图层并设为“覆盖”模式，再选取白色，因为头顶受光最多，往下逐渐递减，所以用“软画笔”笔刷在结构上鼓起的地方和鼻子上画出高光。画好高光后给头发明暗交界的地方提高饱和度，如图4-35所示。

图4-35

10 将首饰由上至下地压暗，如图4-36所示，然后在首饰上面点上高光，如图4-37所示。高光和暗部在同一个方向，这是宝石的常见特点。

图4-36

图4-37

11 绘制头顶的蝴蝶结，如图4-38所示。

图4-38

12 简单添加纯色背景，点上星星，绘制完成，如图4-39所示。

图4-39

4.1.4 短发女孩真的很酷

本案例色卡：

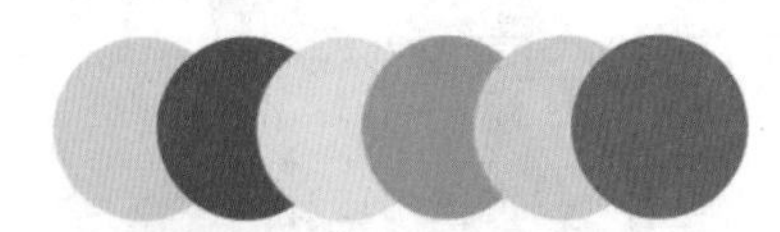

本案例使用笔刷：

01 画出草稿，如图4-40所示，再画出线稿，如图4-41所示，头发的结构不用画得太具体，上色时会用颜色进行表现。

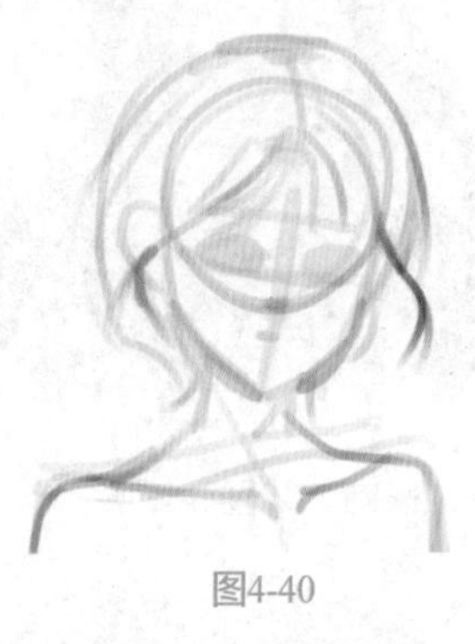

图4-40

图4-41

02 在不同图层分别画上每一块区域的固有色，如图4-42所示。

图4-42

03 用“软画笔”笔刷画上脸部腮红、卧蚕和嘴巴，如图4-43所示。

图4-43

04 新建图层并设为“正片叠底”模式，画上脸部阴影，主要体现在头发对脸的阴影，以及侧脸、眼球及嘴巴阴影，如图4-44所示。

图4-44

提示：在绘画时，若觉得人物发际线较高，可将需要调整的图层右滑多选，接着点击“调整”按钮，用“液化”功能进行调整。

05 用“圆头笔”笔刷画出眼睛细节以及鼻子嘴巴的高光，如图4-45所示，用“实心笔”笔刷画出眼睫毛，如图4-46所示。

06 用“大涂抹”笔刷概括头顶的亮暗面，如图4-47所示，继续完善头顶发缝等细节，如图4-48所示。

图4-45

图4-46

图4-47

图4-48

07 用“软画笔”笔刷给头发外边缘扫上一层白色，多了一些朦胧感和透气感，如图4-49所示。

图4-49

08 给头发新建图层并加上“剪辑蒙版”，模式设为“颜色减淡”，填充黑色，此时画面没变化，然后用“软画笔”笔刷选取浅蓝色继续在这一图层给头发画出高光，越靠前光泽越明显，越靠后越微弱，画好后可以用橡皮擦进行适当擦除，让高光不要太连贯，如图4-50所示。

图4-50

09 给衣服画出简单的明暗，如图4-51所示。

图4-51

10 新建图层给衣服画上竖条纹，模式设为“颜色加深”，如果感觉条纹太明显，还可以降低图层“不透明度”，如图4-52所示。

图4-52

11 擦除头发上的部分线稿，给留下来的线稿改变颜色，衣服线稿改为蓝色，脸部线稿改为深红色，眼睛和眉毛颜色不变，加上碎发和耳钉，如图4-53所示。

图4-53

4.1.5 帅气男头像

本案例色卡：

本案例使用笔刷：

01 男角色和女角色相比，眼睛占比会小一些，脸部轮廓会更长、更有棱角，下巴更方，眉毛和脖子也比女性粗，如图4-54所示。

图4-54

02 在不同图层分别给每个部位画上固有色，如图4-55所示。

图4-55

03 给“正片叠底”模式图层的脸部画上阴影，让脸部更有立体感，如图4-56所示，可以将“软画笔”笔刷和涂抹工具搭配使用。

图4-56

04 刻画眼睛，加强上眼线，嘴角和内眼角适当用“软画笔”笔刷加一点亮蓝色，可以显得更亮眼，如图4-57所示。

05 加上眼睫毛和脸部高光，将男性眼睫毛的方向向下画，跟女性角色进行区分，如图4-58所示。

图4-57

图4-58

06 用“大涂抹”笔刷先给头发画上亮面，目的是确定光源的方向，如图4-59所示，然后在亮色的下面用深色画上暗面，在深浅对比下，头发的立体感初步成型，如图4-60所示。

图4-59

图4-60

07 整理不规整的笔触，同时刻画头发细节，如图4-61所示。

图4-61

提示：绘制头发时，大笔触旁边配上小笔触的穿插，就会产生“发丝”的效果。

08 用“软画笔”笔刷给西装的上半部分加上渐变，如图4-62所示。

图4-62

09 给“正片叠底”模式图层的西装画上暗面，如图4-63所示。

图4-63

10 用“颜色减淡”模式配合“软画笔”笔刷提亮西装中间，然后缩小笔触，精确提亮衣领的边缘，如图4-64所示。

图4-64

11 刻画白衬衫和领带，如图4-65所示。

图4-65

12 在线稿层给头发加上一些碎发，会显得头发更蓬松，增加随意感，调整眼睛的弧度和眼珠大小，绘制完成，如图4-66所示。

图4-66

4.2 穿搭系列

许多新画手以为穿搭系列就是画衣服，其实衣服只是一方面，人物的身高比例、肢体协调、外在穿搭和内在性格联系也是非常重要的。

4.2.1 甜美女孩

本案例色卡：

本案例使用笔刷：

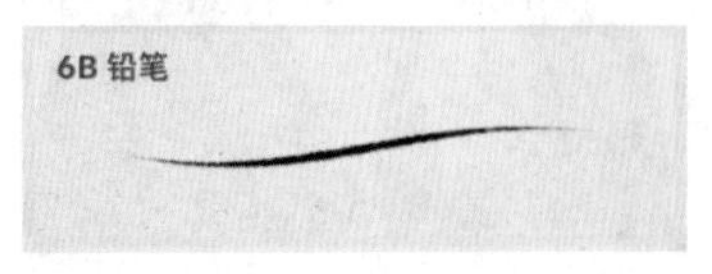

01 正常成年人的身高约为7至8头身，而在插画创作中约6头身即可，如图4-67所示。用“6B铅笔”笔刷勾线，如图4-68所示。

图4-67 图4-68

02 给人物整体上色，取色时尽量选择取色框中左上角的颜色，会更清新柔和，并且以暖色为主，如图4-69所示。

图4-69

03 取浅紫色，新建图层并设为“正片叠底”模式，给人物整体画上基础暗面，如图4-70所示。

04 腰部及袖子部分的褶皱，用手绘套索工具配合“软画笔”笔刷来完成，这样搭配可以让暗部更“透气”。取一个暖色，给“正片叠底”模式图层的边缘画上高饱和度的暖色，人物身上就会出现透着阳光的效果，如图4-71所示。

图4-70 图4-71

05 新建图层并设为“覆盖”模式，提亮人物头发和肩膀等部位，如图4-72所示。

06 改变线稿颜色，加上珍珠配饰和光芒点缀，如图4-73所示。

图4-72 图4-73

07 将人物整体拷贝后放在所有图层的最下面，并降低“不透明度”，放大局部进行排版，绘制完成，如图4-74所示。

图4-74

4.2.2　酷辣女孩

本案例色卡：

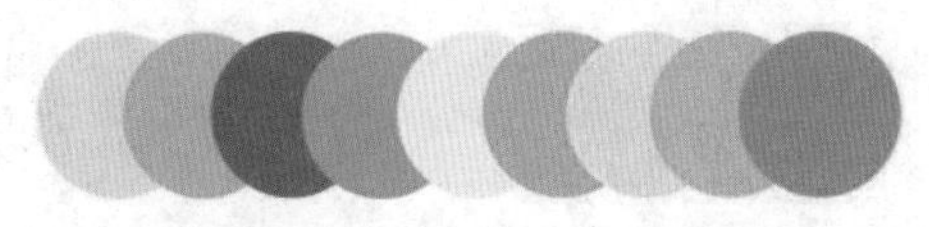

本案例使用笔刷：

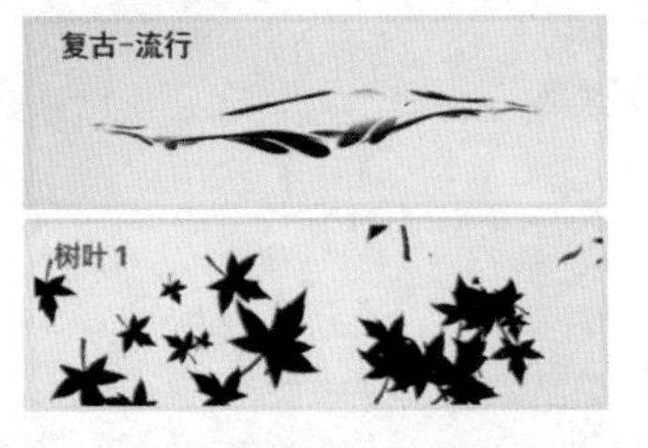

01 表现动态画面时重心可以微微倾斜，如图4-75所示，用“6B铅笔”笔刷勾线，如图4-76所示。

图4-75　　图4-76

提示：如果在画草稿时觉得画面内容过多，草稿越画越乱，可以尝试将不同部位的物品用不同的颜色区分，视觉效果会更清晰明了。

02 给人物整体画上固有色，为了体现人物的“酷”和“活力”，可以小面积地使用高饱和度的冷暖色，如图4-77所示。

03 取浅紫色，新建图层并设为“正片叠底”模式，给人物整体画上基础暗面，如图4-78所示。

图4-77　　图4-78

04 给帽子和裤子补充暗面细节，并用“软画笔”笔刷给手部关节处扫上一些红色来增添血色，如图4-79所示。

05 用“软画笔”笔刷给明暗交界处提高饱和度，给衣服的领口处添加少许红色渐变，给头发末端扫上一些白色，增加“透气感”，如图4-80所示。

图4-79　　图4-80

06 新建图层并设为“覆盖”模式，给帽子、头发、包包和裤子画上亮面细节，如图4-81所示。

07 用“复古-流行”笔刷吸取白色，画上滑板的纹理，并画上轮子细节，如图4-82所示。

图4-81　图4-82

08 画上人物在地面的投影。注意投影的规律，越靠近人物脚下，投影颜色越重；越远离人物，投影颜色越浅。模式设为“正片叠底”，将人物线稿的颜色由黑色改为同色系的深色，如图4-83所示。

图4-83

09 用“实心笔”笔刷给背景画上成群的树干，用“树叶1”笔刷绘制树叶，如图4-84所示。

10 点击“调整”按钮，选择“高斯模糊”滤镜，将背景图层进行模糊处理，如图4-85所示，然后点击“调整”按钮，使用“色相、饱和度、亮度”功能将画面亮度提高，绘制完成，如图4-86所示。

图4-84

图4-85

图4-86

4.2.3　学院魔女

本案例色卡：

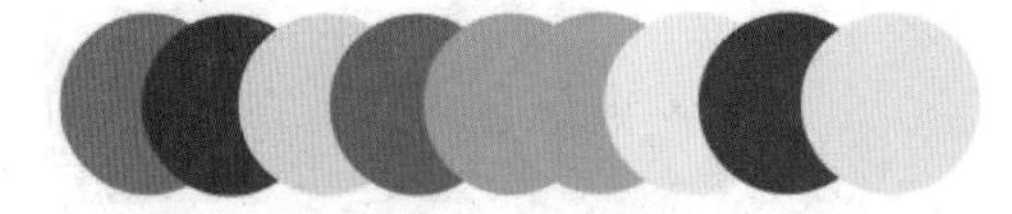

本案例使用笔刷：

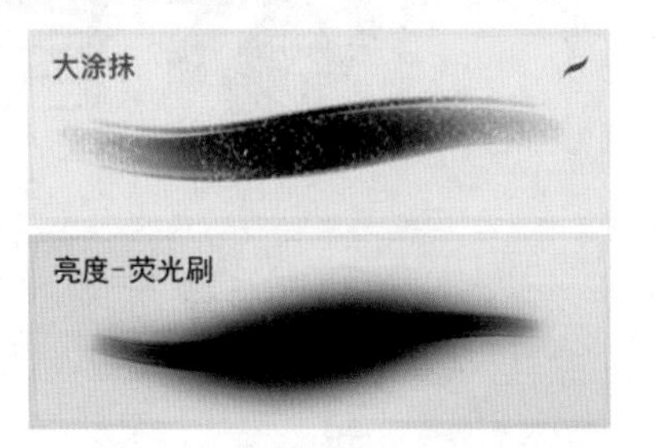

01 因为有“魔女”元素，所以为画面增加了一本漂浮的书，如图4-87所示，用“6B铅笔”笔刷勾线，如图4-88所示。

图4-87

图4-88

02 以红棕色为主色调平铺固有色，如图4-89所示。

03 刻画脸部细节，尤其是雀斑，如图4-90所示。

图4-89

图4-90

04 为上衣、裙子和袜子增添图案，如图4-91所示，类似百褶裙这种复杂的格子，可以通过图层模式的叠加来得到，如图4-92所示。

图4-91

图层 22	SI
图层 21	SI
图层 20	HI
图层 11	N

图4-92

05 选择暖灰色，新建图层并设为“正片叠底”模式，给画面整体画上暗面，如图4-93所示。

图4-93

06 用“大涂抹”笔刷给头发做由上至下的渐变，如图4-94所示。

图4-94

07 吸取头发上半截的颜色，往下画出波浪状线条，注意线条的规律为上面粗、下面细，前面亮、后面暗，再穿插几根细细的发丝，如图4-95所示。

图4-95

08 接着刻画头发细节，给刘海画上高光，给前面的头发增添几根亮发丝，给后面的头发用深色压暗，如图4-96所示。

图4-96

09 继续刻画衣服细节，用“覆盖”模式给衣服、领带和裙子画上高光。给“正片叠底”模式的图层画上外套和背心的阴影细节，如图4-97所示。

图4-97

10 给人物的阴影和关节处画上高饱和度的暖色，让人物看起来更有血色，如图4-98所示。

图4-98

11 画上腿部阴影和鞋子，皮质鞋子的对比度很强，所以明暗交界线和高光非常明显，如图4-99所示。

图4-99

12 用色块给书画上书脊，给“正片叠底”模式的图层画出书的暗面，如图4-100所示。

图4-100

13 进行最终调整。先改变线稿颜色，由黑色改为同色系的深色，再给头发添加一些延伸出来的发丝，打破原本的形状，让头发看起来更有活力不呆板，最后用“亮度-荧光刷”笔刷给画面增加光芒，绘制完成，如图4-101所示。

图4-101

4.2.4　对镜自拍

本案例色卡：

本案例使用笔刷：

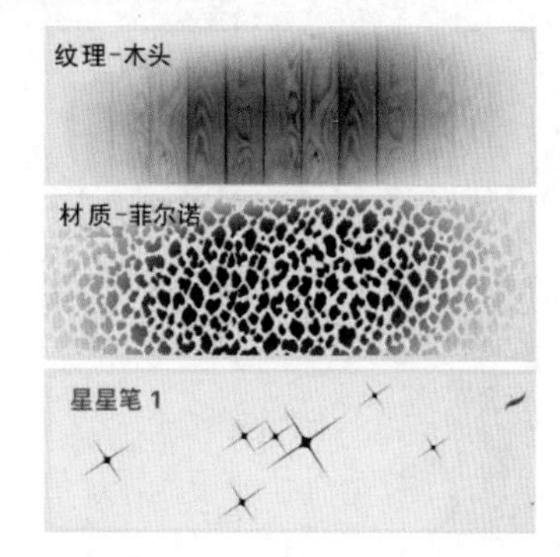

01 用“6B铅笔”笔刷画出线稿，如图4-102所示。

图4-102

02 给人物画上固有色，注意分好图层，最外面一层衣服的“不透明度”设置为50%，制造轻盈的效果，如图4-103所示。

图4-103

03 用“材质-菲尔诺”笔刷给人物服饰加上装饰性花纹，如图4-104所示。

图4-104

04 用“纹理-木头”笔刷给地板画上木纹，如图4-105所示。

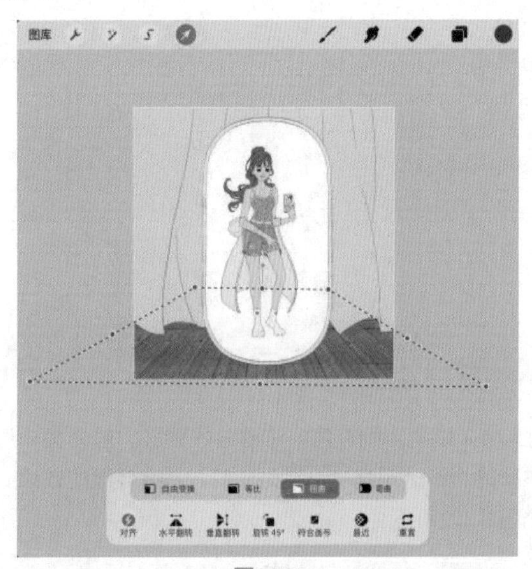

图4-105

提示：画出来的木纹是垂直的，所以要点击“变换”按钮对纹理进行“扭曲”变形。

05 对木纹图层和窗帘图层分别新建剪辑蒙版，填充黑色，模式改为“颜色减淡”，然后用“软画笔”笔刷选取亮色，画出光感，如图4-106所示。

06 新建图层并设为“正片叠底”模式，给人物整体画上暗面，如图4-107所示。

07 给明暗交界线和人物关节处添加高饱和度的暖色，再给眼睛加上高光和睫毛，如图4-108所示。

08 用普通图层加强头发体积感，如图4-109所示。

图4-106

图4-107

图4-108

09 新建图层并将模式设为“添加”，画出头发与身体高光，如图4-110所示。

图4-109

图4-110

10 塑造镜子边框和镜子里的地板，加深镜子里的上半部分。用“正片叠底”模式给镜子里的人物添加投影，如图4-111所示。

图4-111

11 改变线稿颜色。用“星星笔1”笔刷给手机镜头处添加闪光，给镜子添加投影和反光，如图4-112所示。

图4-112

4.3 萌萌的小动物

萌萌的小动物深受人们的喜爱，本节将带领读者了解宠物的外形，以及怎样绘制不同质感的毛与皮，画出生动形象的小动物。

4.3.1 布偶猫

本案例色卡：

本案例使用笔刷：

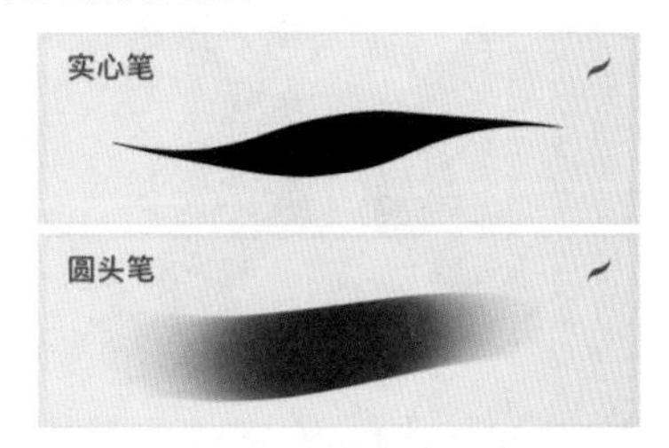

01 用“圆头笔”笔刷画草稿，猫头的比例跟人头有些相似，眼睛在头1/2的地方，五官紧凑更为可爱，画出布偶猫标志性的大围脖，如图4-113所示。

02 新建图层，绘制眼睛、鼻子和嘴巴的形状，并在草稿层的下方新建图层，平铺固有色，如图4-114所示。

图4-113

图4-114

提示：固有色不使用纯白色，使用淡黄色。

03 用稍微深一些的暖灰色画出猫咪的开脸部分，如图4-115所示。

图4-115

04 用“圆头笔”笔刷取更深的颜色画出它脸上的花纹，注意不要涂抹，保留颜色不均匀的画面效果，如图4-116所示。

图4-116

05 画出鼻子眼睛耳朵的颜色，加深下巴处的阴影，如图4-117所示。

06 强化下巴和围脖的体积，加深耳朵颜色，将猫咪面具交接处的毛互相穿插，关闭线稿图层，如图4-118所示。

图4-117

图4-118

07 提高耳朵和鼻子的饱和度，画出眼睛高光，如图4-119所示。

图4-119

08 合并所有图层，选择“涂抹”工具，用“实心笔”笔刷将前面步骤留下的笔触边缘一根根地涂抹出毛绒效果，如图4-120所示，全部涂抹完后，效果如图4-121所示。

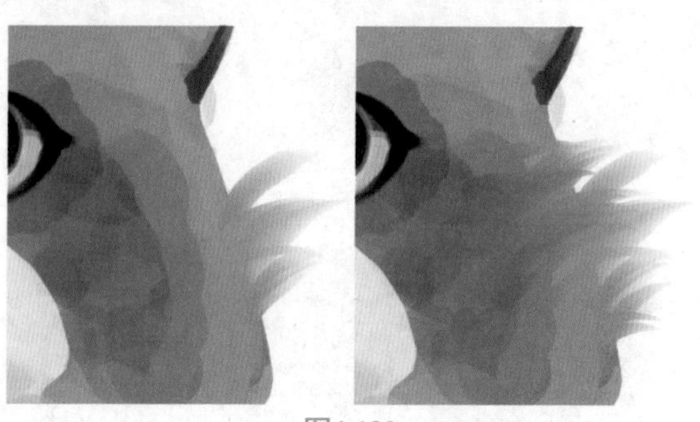

图4-120

图4-121

提示：涂抹顺序由外往内，先涂抹猫咪的最外边缘，再涂抹五官附近。

09 画出猫咪的耳朵毛和胡子，绘制完成，如图4-122所示。

图4-122

提示：由于猫咪胡子是白色，背景色也是白色，所以胡子末端需要改色为深色。

4.3.2　橘猫

本案例色卡：

本案例使用笔刷：

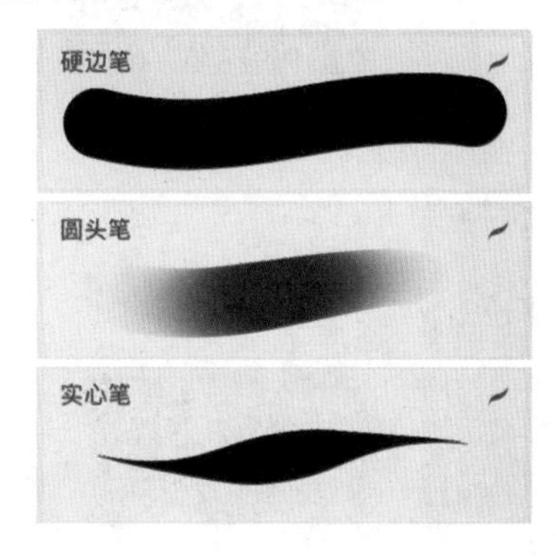

01 画草稿时要注意橘猫身上的条纹走向，如图4-123所示。

图4-123

02 新建图层画出橘猫的五官线稿，如图4-124所示。

图4-124

03 用“硬边笔”笔刷给橘猫平涂固有色，如图4-125所示。

图4-125

04 用“圆头笔”笔刷画出猫咪五官和胸前的白毛，如图4-126所示。

图4-126

05 画出猫咪的条纹，如图4-127所示。

图4-127

06 新建图层并设为“正片叠底”模式，塑造橘猫体积，如图4-128所示，正片叠底的范围如图4-129所示。

图4-128

图4-129

07 删除草稿层，刻画眼睛细节和高光，细化耳朵和五官附近的花纹，如图4-130所示。

图4-130

08 画出猫咪的毛发，合并所有图层，选择“涂抹”工具中的“实心笔”笔刷，拉曳出毛发感，如图4-131所示。若过于软塌，可以选择“画笔”工具中的“实心笔”笔刷，在过于软塌的地方点缀几根实心的毛发。

图4-131

09 用“正片叠底”模式再次加强猫咪前腿处的体积感，如图4-132所示。

图4-132

10 最后加上猫咪的胡子和耳朵的毛，绘制完成，如图4-133所示。

图4-133

4.3.3 比格犬

本案例色卡：

本案例使用笔刷：

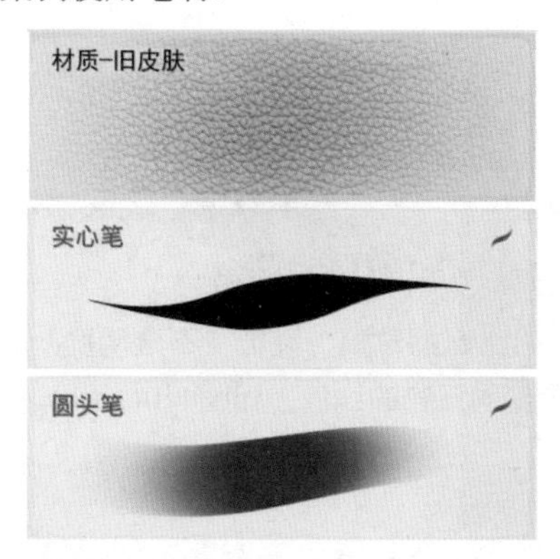

01 画出草稿，如图4-134所示，由于比格犬的毛比较短，所以用“圆头笔”笔刷画出明确的线稿，如图4-135所示。

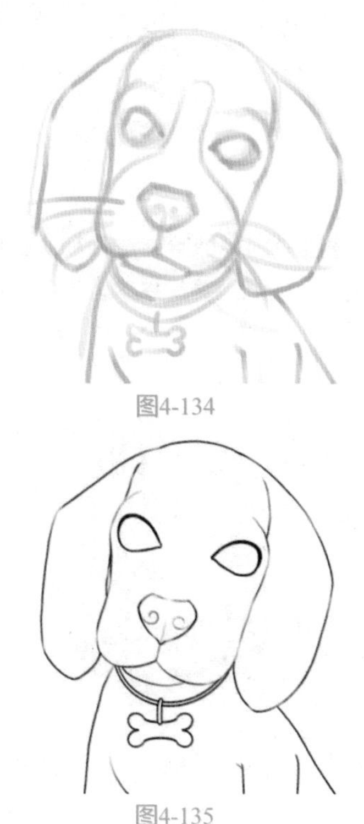
图4-134

图4-135

02 平铺比格犬的固有色，如图4-136所示。

图4-136

03 刻画眼部体积，用“圆头笔”笔刷画出比格犬耳朵上的花纹，如图4-137所示。

图4-137

04 新建图层并设为“正片叠底”模式，给比格犬的下半部分画上阴影体积，如图4-138所示。

图4-138

05 刻画眼睛细节和鼻子，鼻子亮面纹理为“材质-旧皮肤”笔刷，如图4-139所示。

图4-139

06 刻画鼻孔细节和狗牌，主要体现在鼻孔下边缘和狗牌边缘提亮，如图4-140所示。

图4-140

07 改变线稿颜色为深橘色，跟整体更融合，如图4-141所示。

图4-141

08 合并所有图层，用“涂抹”工具中的“实心笔”笔刷画出比格犬的毛，注意不要画到外轮廓，如图4-142所示。

图4-142

09 画上胡子，绘制完成，如图4-143所示。

图4-143

4.3.4 哈士奇

本案例色卡：

本案例使用笔刷：

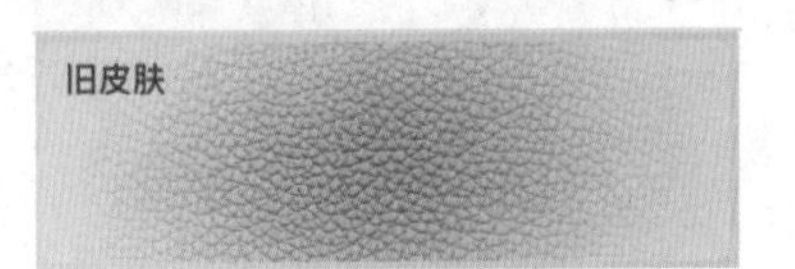

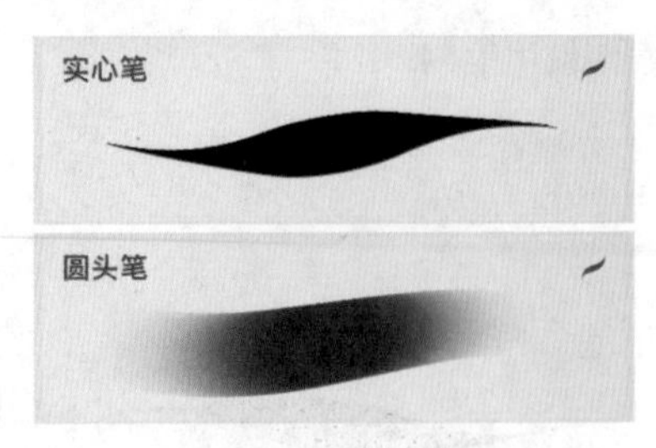

01 画出哈士奇的草稿，降低“不透明度”，新建图层，着重刻画五官的线稿，如图4-144所示。

图4-144

02 在不同图层分别平铺哈士奇和项圈的底色，哈士奇的图层在上，项圈的图层在下，如图4-145所示。

图4-145

03 用“圆头笔”笔刷画出哈士奇的毛色纹路，如图4-146所示。

图4-146

04 刻画眼睛，选择“软画笔”笔刷给耳朵内部画上粉色，嘴巴前端加少量黑色，如图4-147所示。

图4-147

05 用“旧皮肤”笔刷刻画鼻子细节，新建图层并设为“正片叠底”模式，塑造哈士奇的体积，如图4-148所示，正片叠底的范围如图4-149所示。

图4-148

图4-149

06 关闭草稿层，合并除项圈以外的所有哈士奇图层，用“涂抹”工具中的“实心笔”笔刷画出毛发，并加上胡子，如图4-150所示。

图4-150

07 刻画项圈和狗牌细节，新建图层并设为“正片叠底”模式，画出毛发对项圈的投影，如图4-151所示。

图4-151

08 在所有颜色层的最上方新建图层，并设为“覆盖”模式，用红色画哈士奇的亮面，蓝色画哈士奇的暗面，可以让画面颜色更丰富，如图4-152所示。如果感觉颜色太艳可以适当降低“不透明度”，绘制完成，如图4-153所示。

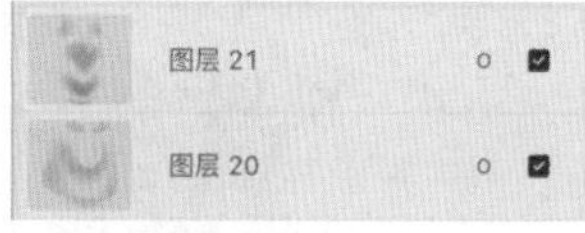

图4-152

图4-153

4.3.5　小鹿

本案例色卡：

本案例使用笔刷：

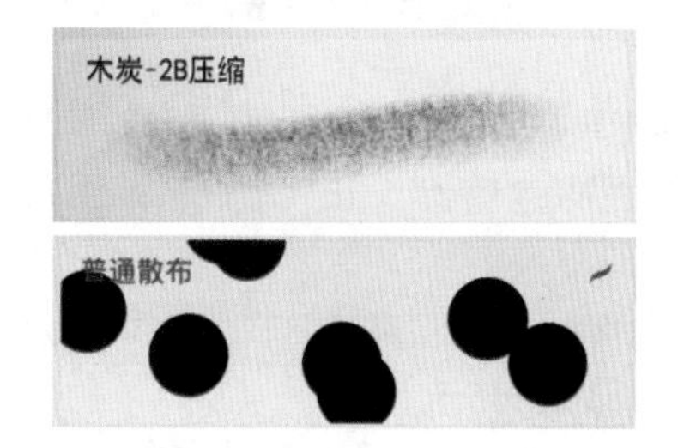

01 画出小鹿草稿并降低“不透明度”，新建图层，勾线时只勾主要的外轮廓和眼睛，如图4-154所示。

图4-154

02 平铺固有色并用“圆头笔”笔刷给小鹿画上深色的渐变花纹，如图4-155所示。

图4-155

03 加强头部纹理和细节，用“圆头笔”笔刷画出梅花鹿的斑点，注意斑点的大小交错，如图4-156所示。

图4-156

04 新建图层并设为“正片叠底”模式，塑造小鹿的体积，如图4-157所示，正片叠底的范围如图4-158所示。

05 刻画眼睛、睫毛和鼻子细节，将线稿颜色改为深橘色，如图4-159所示。

图4-157

图4-158

图4-159

06 将“木炭-2B压缩”笔刷缩小，画在鹿角的外圈，就可以模拟鹿角毛茸茸的质感，如图4-160所示。

图4-160

07 合并所有图层，用“涂抹”工具中的“实心笔”笔刷画出毛发，注意不要画到外边缘，如图4-161所示。

图4-161

08 用“实心笔”笔刷在小鹿的耳朵内部画出“内粉外白”的层次，如图4-162所示，然后用白色画笔提亮几根主要的毛即可，如图4-163所示。

图4-162

图4-163

09 用“普通散布”笔刷给背景画上粗糙的色块，如图4-164所示，点击“调整”按钮，使用“色相、饱和度、亮度”功能进行调亮，然后再次点击“调整”按钮，选择“泛光”滤镜，即可得到既不费力又出效果的远景，如图4-165所示。

10 用深绿色给画面最前面加几棵草作为前景，如图4-166所示，点击“调整”中的“高斯模糊”滤镜，适当调整模糊程度，绘制完成，如图4-167所示。

图4-164

图4-165

图4-166

图4-167

4.3.6 守宫

本案例色卡：

本案例使用笔刷：

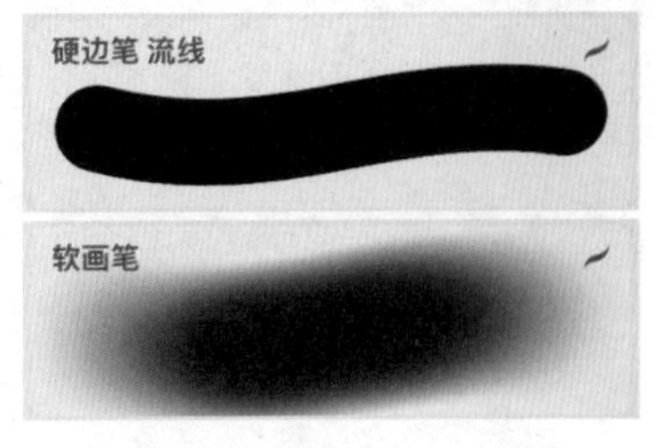

01 画出守宫的草稿，如图4-168所示，并用“硬边笔 流线”笔刷勾线，如图4-169所示。

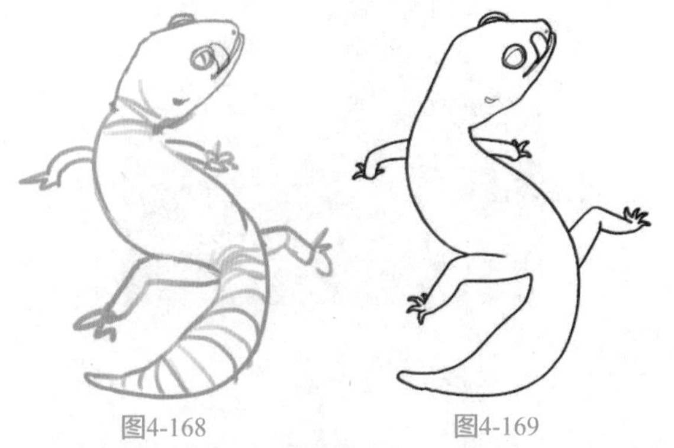

图4-168　　图4-169

02 在线稿内平铺固有色，腹部为乳白色，背部为亮黄色，两个颜色的交接处可以处理得凌乱一些，如图4-170所示。

图4-170

03 给守宫背部添加黄色斑纹，尾巴添加黑色小点，如图4-171所示。

04 给黄色斑纹的边缘添加一圈高饱和度的黄色，如图4-172所示。

05 用黄色调画出眼睛纹理，注意瞳孔为竖瞳，如图4-173所示。

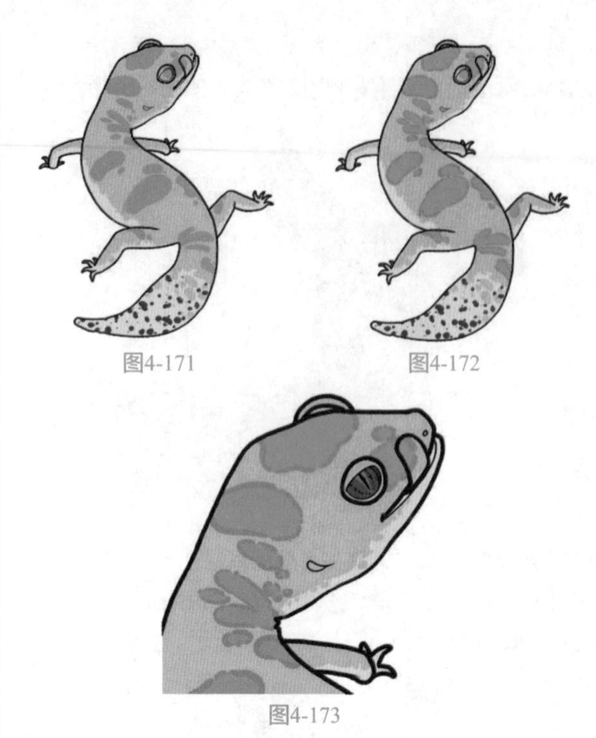

图4-171　　图4-172

图4-173

06 新建图层并设为“正片叠底”模式，用“软画笔”笔刷给眼球画出由上至下的深色渐变。新建图层并设为“覆盖”模式，加强眼球下方的饱和度，让眼睛更通透，最后新建普通图层，点上白色高光，如图4-174所示。

图4-174

07 新建图层并设为“正片叠底”模式，给守宫整体画上暗面，如图4-175所示，并在身体转折的部分增加褶皱，如图4-176所示。

图4-175　　图4-176

08 提亮守宫的耳朵、舌头和眼皮高光，最后改变线稿颜色，绘制完成，如图4-177所示。

图4-177

4.3.7　玄凤鹦鹉

本案例色卡：

本案例使用笔刷：

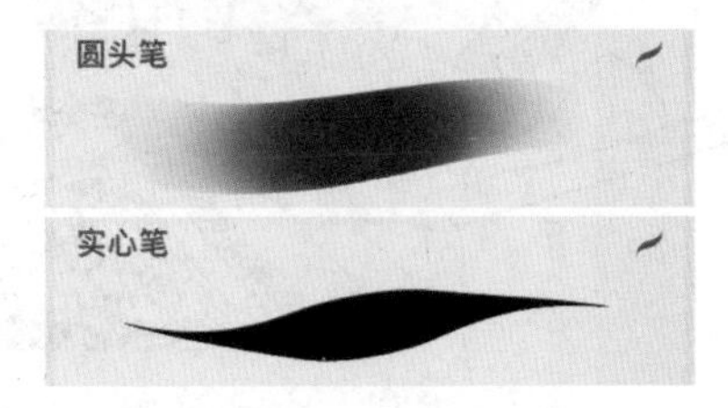

01 画出草稿，如图4-178所示，并用“圆头笔”笔刷勾线，如图4-179所示。

图4-178

图4-179

提示：玄凤鹦鹉的特点就是两颊圆圆的腮红，腮红不要勾线，而是用颜色表示。

02 平铺固有色，如图4-180所示。

图4-180

03 在身体的固有色图层上方新建图层并设为“剪辑蒙版”，用“圆头笔”笔刷处理身体的渐变和纹理，如图4-181所示。

图4-181

04 新建图层并设为“正片叠底”模式，给玄凤鹦鹉整体画出体积，如图4-182所示，正片叠底的范围如图4-183所示。

图4-182

图4-183

05 将线稿颜色由黑色改为深棕色，并给眼睛点上高光，如图4-184所示。

图4-184

06 用“涂抹”工具中的“实心笔”笔刷给玄凤鹦鹉涂抹出毛发的感觉，只涂抹明暗交界处和腮红即可，如图4-185所示。

图4-185

4.3.8 萌宠全家福

本案例色卡：

本案例使用笔刷：

01 构思草图，尽量让画面构图饱满，内容生动有趣，如图4-186所示。

02 用“硬边笔 流线”笔刷勾线，地毯纹样使用“纹理-维多利亚”笔刷进行绘制，如图4-187所示。

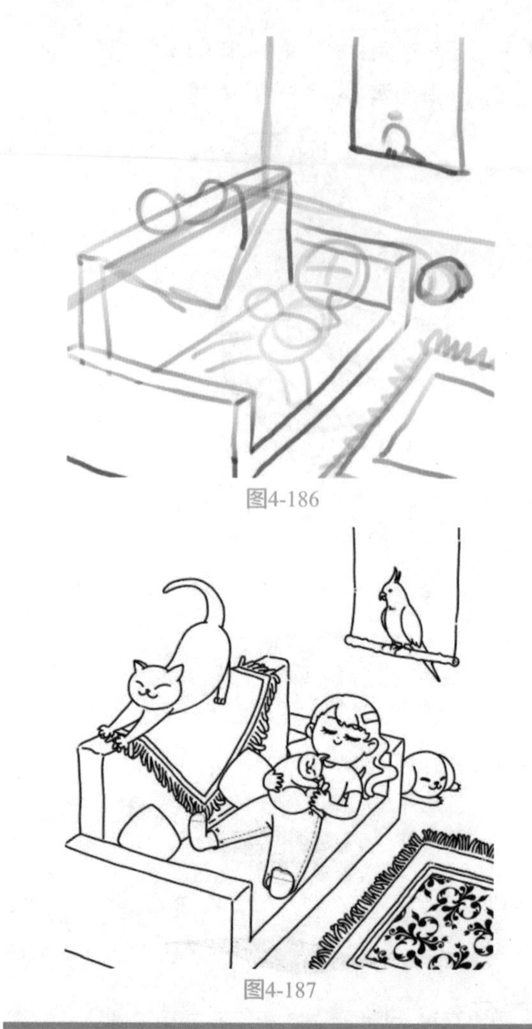

图4-186

图4-187

提示：地毯纹样需单独设立图层，不跟其他图层合并。

03 平铺固有色，配色以暖色调为主，如图4-188所示。

图4-188

04 给宠物加上花纹，使用“纹理-维多利亚”笔刷给两个抱枕加上纹样，将地毯纹样层的模式改为“覆盖”，如图4-189所示。

图4-189

05 新建图层并设为“正片叠底”模式，给每个物体都画上暗面和投影，并给眼睛加上高光，如图4-190所示。

图4-190

06 新建图层并设为“覆盖”模式，提亮沙发的亮面，并给人物头发画上高光，改变线稿颜色，绘制完成，如图4-191所示。

图4-191

4.4 数码达人

数码产品深入每个人的生活，本节内容将带领读者了解数码产品的不同质感，以及怎样用绘画手法将它们表现出来。

4.4.1 单反相机

本案例色卡：

本案例使用笔刷：

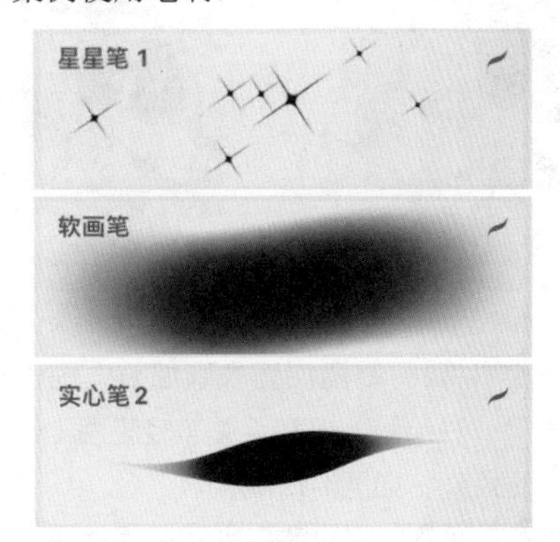

01 由于主题是“单反相机”，所以起草时人物不需要太多装饰，如图4-192所示，用“圆头笔”笔刷勾线，如图4-193所示。

图4-192 图4-193

02 平铺固有色，如图4-194所示，为相机补充细节，如图4-195所示。

03 给每一块固有色分别新建普通图层，取深色画出暗面，如图4-196所示，加强明暗交界处的饱和度，重点画出相机镜头处的深色渐变，如图4-197所示。

图4-194　　图4-195

图4-196　　图4-197

04 用“实心笔2”笔刷加强衣服细节，画出布料的“拉扯感”，并给脸部以及手关节轻轻画上红色，显得人面色更红润，如图4-198所示。

05 刻画五官细节，将眼睛高光画在眼球正中间，让人物看起来仿佛正在直视镜头，如图4-199所示。

图4-198

图4-199

06 用“软画笔”笔刷画出头发高光，并用“软画笔”橡皮擦向内擦出想要的形状，得到一个环形的头发高光，如图4-200所示。

07 在头发高光层的下面新建图层，用深色补充头发细节，如图4-201所示。

图4-200

图4-201

08 为相机新建图层，并设为“强光”模式，选择亮色画出相机的高光区域，注意提亮边缝处的小高光，如图4-202所示。

图4-202

09 加深相机镜头里倒数第二个圈的颜色，如图4-203所示，给最内圈涂上白色，并且再加一层蓝色渐变，模式为“柔光”，如图4-204所示，效果如图4-205所示。

图4-203

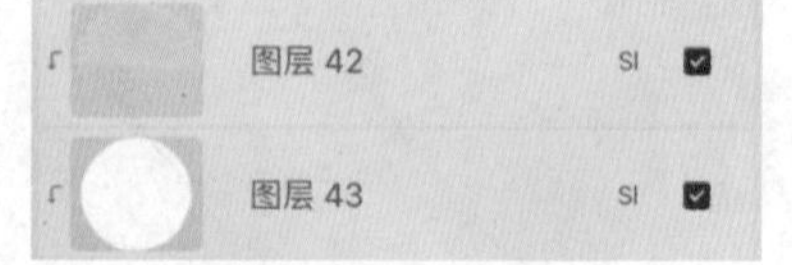

图4-204

图4-205

10 在线稿层的最上面新建新图层，给相机镜头画上蓝色高光，如图4-206所示。

11 给线稿层改变颜色，并在相机旁点缀几颗星星。先选取黄色画星星，画好后复制一层，选中下面的星星，点击“调整”中的“高斯模糊”滤镜处理，然后通过“调整”中的“色相、饱和度、亮度”功能将星星改为白色，会使星星在白色背景上有发光的感觉，绘制完成，如图4-207所示。

图4-206

图4-207

4.4.2　来我家打游戏吧

本案例色卡：

本案例使用笔刷：

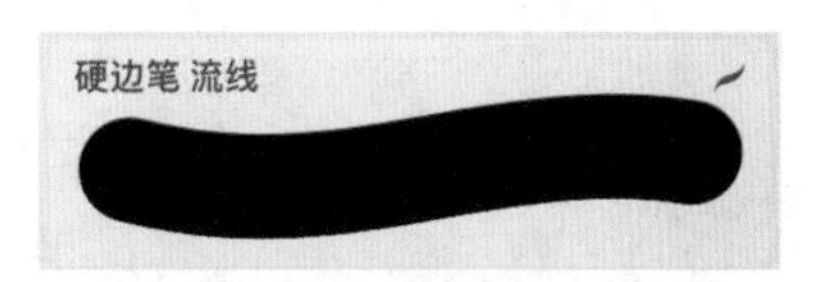

01 一张图在草稿阶段就需要考虑到构图与故事性，本案例用两个人的眼神与肢体动作共同表达画面故事，物体之间的大小与遮挡关系表达了前后空间感，如图4-208所示，用“硬边笔 流线”笔刷勾线，如图4-209所示。

图4-208

图4-209

02 平铺固有色，如图4-210所示，并给小物体添加包装上的花纹，如图4-211所示。

图4-210

图4-211

03 给画面远处加上窗帘、绿植和地面，注意地面前后是渐变色，越往后面越跟背景的白色融为一体。给窗帘和绿植画上细节，随后用“软画笔”笔刷轻扫上白色，目的是降低存在感和对比度，如图4-212所示。

图4-212

04 加深沙发的靠背和男孩身后区域，给地面画上物体的投影，画好后用“涂抹”工具中的“实心笔”笔刷拖曳出毛绒感，呈现出人物站在地毯上的效果，感觉更温馨，如图4-213所示。

图4-213

05 画出沙发扶手处的细节和靠背处铆钉的“拉扯感”，如图4-214所示。

图4-214

06 给人物和物体新建图层并设为“正片叠底”模式，画出物体的暗面，如图4-215所示。

图4-215

07 给线稿改变颜色，并画出人物与物体的高光细节，如图4-216所示。

图4-216

08 给女孩的游戏机上写“win”，正好对应两个角色的情绪，如图4-217所示。

09 三指下滑“全部拷贝”所有图层，再次三指下滑点击“粘贴”按钮，对最前面的易拉罐进行“高斯模糊”滤镜处理，如图4-218所示。

图4-217

图4-218

4.4.3 头戴式耳机

本案例色卡：

本案例使用笔刷：

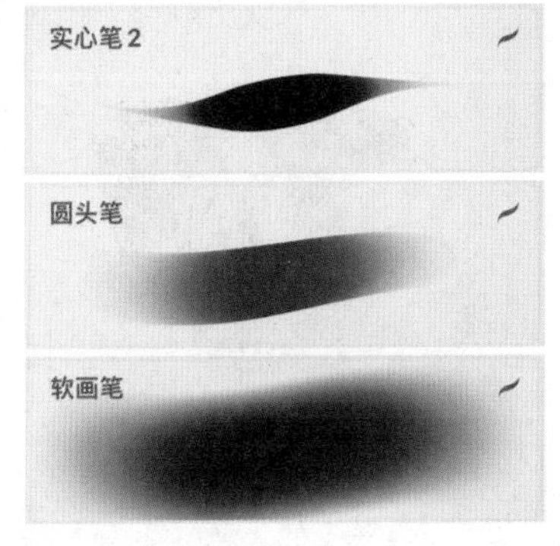

01 耳机是这张图的重点，所以在构图时尽可能让耳机正对着镜头，如图4-219所示，用“圆头笔”笔刷勾线，如图4-220所示。

图4-219

图4-220

02 平铺固有色，如图4-221所示，新建图层并设为“正片叠底”模式，给人物画出基本的暗面，如图4-222所示。

图4-221

图4-222

03 用“实心笔2”笔刷整理头发细节，加强头发的明暗交界线与反光，如图4-223所示。

图4-223

04 新建普通图层，加强脸部和脖子的体积，并刻画细节，如图4-224所示。

图4-224

05 刻画脸部高光和头发高光，如图4-225所示。

图4-225

提示：注意头发高光不是白色，而是比固有色稍亮一点的颜色。

06 擦除耳机和发际线的线稿，用“实心笔2”笔刷将发际线整理出“一丝丝”的感觉，如图4-226所示。

图4-226

07 给耳机中间新建一个深色的圆形作为金属外壳，打开“绘图指引”功能，点击“对称”按钮，将“选项”改为“径向”，将径向的中心拖到耳机的中心位置，点击“完成”按钮，如图4-227所示。选择更深的颜色，用“软画笔”笔刷由径向的中心向外边缘拉直线，给耳机外壳画出金属感的装饰，如图4-228所示。

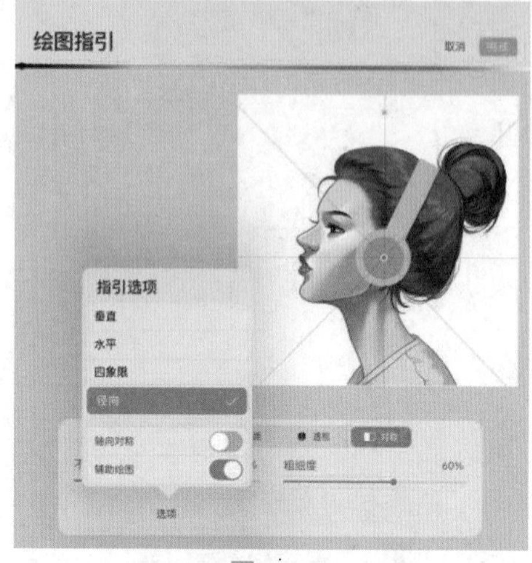

图4-227

图4-228

08 在金属壳的图层下面新建一个更大的深色圆形，在这个圆形上方新建图层并设为“剪辑蒙版”，模式为“颜色减淡”，填充黑色后，选取白色，用“软画笔”笔刷轻扫左上角，即可得到金属般的光亮边缘，如图4-229所示，图层关系如图4-230所示。

09 重复步骤，加深和提亮耳机的外圈，如图4-231所示。

图4-229

图4-230

图4-231

10 用“软画笔”笔刷概括头梁的结构，并点击“操作”面板中的“添加”按钮，使用“添加文本”功能，输入“earpiece”文本字样作为装饰，如图4-232所示。

图4-232

11 新建图层并设为“正片叠底”模式，画出耳机在脸上的投影，如图4-233所示。

图4-233

12 三指下滑“全部拷贝”，再次三指下滑“粘贴”放在所有层的最下面，将此图层放大后使用“高斯模糊”和“泛光”滤镜进行处理，最后降低“不透明度”，绘制完成，如图4-234所示。

图4-234

第 5 章

进阶绘画练习

本书的最后一章，也是最重要的一章。本章读者将学会多种不同的画法、画风以及绘画表现方式，了解成熟插画的创作流程，以及如何创作系列作品。

5.1 春夏秋冬

在创作系列作品时通常会有一个主题，同一主题下不同的画作也始终围绕着这个主题，同一主题创作数量大于或等于三幅才会称之为系列作品，拥有成熟的系列作品会让画手显得更专业。本节的主题是春夏秋冬四季。本节将带领读者在此主题下尽情地开发创意和享受创作的乐趣。

5.1.1 春意盎然去野餐吧

本案例色卡：

本案例使用笔刷：

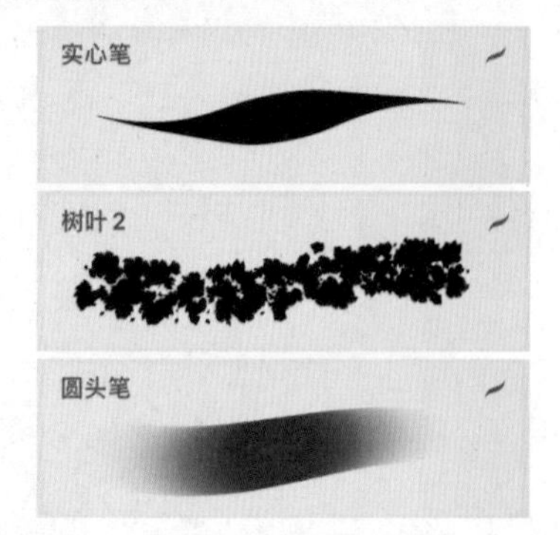

01 画初稿时只用考虑构图和画面大概的剧情，如图5-1所示，细化时考虑画面具体的细节和物品前后关系，如图5-2所示，用“圆头笔”笔刷勾线，只勾人物和关键物品，风景不勾线，如图5-3所示。

图5-1

图5-2

图5-3

02 用“软画笔”笔刷画出天空渐变，新建图层，用“硬边笔”笔刷画出草地，如图5-4所示。

图5-4

03 用“实心笔”笔刷分别在不同图层画出底面的灌木丛和右边的樱花树树干，如图5-5所示。

图5-5

提示：越靠近末梢，树枝越细；越靠近根部或主干，树枝越粗。

04 用明亮色调平涂人物和物品固有色，如图5-6所示，画出人物五官并给关节处加上粉红色，如图5-7所示。

图5-6

图5-7

05 用“树叶2”笔刷在树干的下方新建图层，画出樱花的范围，如图5-8所示，对该图层做由下到上的深紫色渐变，如图5-9所示。

图5-8

图5-9

提示：樱花的范围要疏密错落。

06 在树枝的前面新建图层，用“树叶2”笔刷一簇簇地画出樱花的亮面，如图5-10所示。新建图层并设置为“颜色减淡”模式，吸取深红色，点缀樱花的最亮面和明暗交界处，新建普通图层，将被遮住的树枝重新画出一些，如图5-11所示。

图5-10

图5-11

07 上一步的目的在于制造出树下的亮与暗两个层，所以保留树下受光影响的图层，关闭其他所有图层的可见性。三指下滑“全部拷贝”，再次三指下滑“粘贴”，并多复制一层，如图5-12所示，通过“调整”中的“色相、饱和度、亮度”功能将下面的图层调亮，将上面的图层调暗，如图5-13所示。

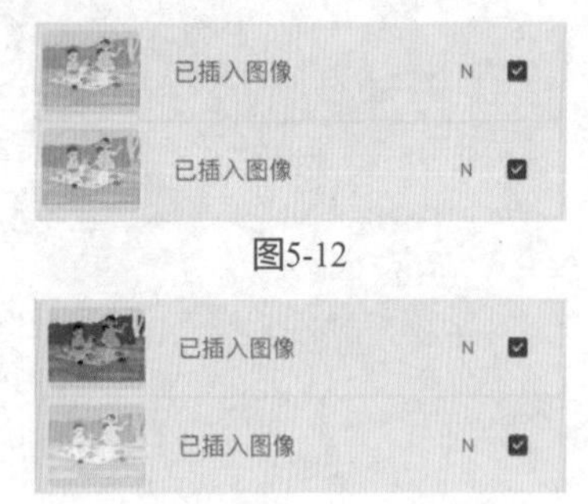

图5-12

图5-13

08 对上面的图层创建“蒙版”，用“实心笔”笔刷选取黑色，涂在想要让树下透光的位置，注意光斑近大远小的规律，效果如图5-14所示，图层关系如图5-15所示。

09 用“实心笔”笔刷画出落在地上的樱花，越往树根处越集中，越往外越分散，此图层画在线稿层的上方，如图5-16所示。将无法被光照到的樱花压暗，光照得到的樱花留出亮面，如图5-17所示。

图5-14

图5-15

图5-16

图5-17

10 新建图层并设为“正片叠底”模式，画出人物和物品的暗面，新建普通图层，提亮光斑处的饱和度，如图5-18所示。

图5-18

11 以画圈的方式画出树干上的纹路，并压暗后方的灌木丛，如图5-19所示，用“树叶2”笔刷画出灌木丛的亮暗面，如图5-20所示。

图5-19

图5-20

12 改变线稿颜色，用“实心笔”笔刷取白色画出近大远小的云朵，最后点缀一些花和草来遮挡画面中的垫子等物体，使画面中的物体更融于画面，绘制完成后的效果如图5-21所示。

图5-21

5.1.2　抓蝴蝶

本案例色卡：

本案例使用笔刷：

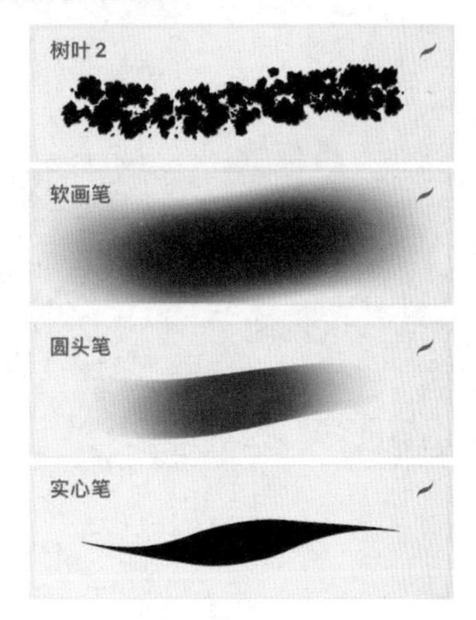

01 画“抓蝴蝶”的草稿时要考虑构图，为了增加画面的趣味性，依然采用双人画面，一个在近处充当画面的视觉中心，一个在远处起到辅助构图和增加故事完整性的作用，两个人物不同的状态可以让画面更有趣，空间上的远近可以通过人物的大小与遮挡来体现，如图5-22所示。用“圆头笔”笔刷勾线，如图5-23所示。

02 分别在不同图层平铺固有色，如图5-24所示，刻画人物五官与腮红，选择星星形状画女孩眼睛的高光，体现开心和惊喜的心情，如图5-25所示。

图5-22

图5-23

图5-24

图5-25

03 背景向远处逐渐延伸并消失，更远处用留白的方式来处理，如图5-26所示。

图5-26

04 用绿色的邻近色完善植物的配色，如图5-27所示。给植物添加花纹，如图5-28所示。

图5-27

图5-28

05 新建图层并设为“正片叠底”模式，将植物整体压暗，压暗后用“软画笔”橡皮擦擦出蝴蝶周围的区域，中间区域会有微微发光的感觉，如图5-29所示，“正片叠底”模式的图层的范围如图5-30所示。

06 为人物新建图层并设为“正片叠底”模式，整体刻画人物暗面，如图5-31所示。

图5-29

图5-30

图5-31

07 刻画人物头发高光，并给明暗交界处提高饱和度，如图5-32所示。

图5-32

08 用“实心笔”笔刷画出地面上土壤与植被交错的感觉，如图5-33所示。

09 对地面新建图层并设为“正片叠底”模式，画出远处人物对地面的投影。用“涂抹”工具中的“实心笔”笔刷，将底面颜色交界的地方向上拉扯出草的形状，画好草后在地面点缀一些花朵，最后新建普通图层，用“软画笔”笔刷对背景整体添加由上到下的白色渐变，增强空间感，如图5-34所示。

图5-33

图5-34

10 用“树叶2”笔刷刻画后方的灌木丛，如图5-35所示，画好后给灌木丛轻轻扫上白色，可以体现空间感，让它在空间上看起来更“远”，如图5-36所示。

11 在所有层的最上方新建图层并设为“覆盖”模式，选取亮蓝色，用“软画笔”笔刷给蝴蝶和蝴蝶周围提亮，如图5-37所示。

图5-35

图5-36

图5-37

12 改变蝴蝶线稿为亮蓝色，新建普通图层，在远处的男孩前面加上一只小蝴蝶，在远处画出飞鸟，在近处点缀亮蓝色模拟萤火虫，绘制完成，如图5-38所示。

图5-38

5.1.3 夏天太热了去游泳吧

本案例色卡：

本案例使用笔刷：

01 画草稿时让主要角色在画面正中间，次要角色在主要角色的身边稍远处，如图5-39所示。用“圆头笔”笔刷勾线，人物线稿和泳池线稿不要合并，如图5-40所示。

图5-39

图5-40

提示：在创作插画时，考虑到人们常常使用手机上网与看图，因此本书在构图时，即使画布不是竖向的，画面内容也会是竖向的，这样用手机看图时如将图片放大，画面中的人物始终可以完整显示。

02 分别在不同图层平铺人物和小物件的固有色，如图5-41所示。

图5-41

03 给泳池里填充蓝色，并使其中的一些砖颜色略深一些，如图5-42所示。

图5-42

04 虽然背景本就是白色，但此处仍需要给岸上的面积填充白色，然后在同一图层用“实心笔”笔刷画出光斑的效果，如图5-43所示，画好后为该图层选择“调整”中的“泛光”滤镜，如图5-44所示。

图5-43

图5-44

05 对泳池上方新建图层并设为“正片叠底”模式，画出泳池里的明暗效果。对人物图层新建图层并设为“正片叠底”模式，将泡在水里的部分涂上蓝色，如图5-45所示。

06 画出人物对自身以及对周围环境的投影，如图5-46所示。

图5-45

图5-46

提示：由于中间的女孩漂在水面上，所以投影离人很远。

07 刻画人物及小物件的细节，如眼睛、泳镜、高光和腮红等，如图5-47所示。

图5-47

08 将泳池的线稿颜色改为蓝色，画面颜色会变得通透，如图5-48所示。

09 用“实心笔”笔刷在线稿层的上方画出水面涟漪的走势，如图5-49所示。继续丰富和完善涟漪的细节，用白色画出涟漪粗细相交的线条，并结合橡皮擦画出圆形气泡，如图5-50所示。

图5-48

图5-49

图5-50

10 新建图层，用白色画出覆盖整个泳池的水纹，画好后将模式改为“覆盖”，并降低图层“不透明度”，绘制完成，如图5-51所示。

图5-51

5.1.4 夏天就是要吃西瓜

本案例色卡：

本案例使用笔刷：

01 草稿采用中心式构图，如图5-52所示，用“圆头笔”笔刷勾线，如图5-53所示。

图5-52

提示：勾线时只勾人物和主要物体，风景不勾线。

图5-53

02 平铺固有色，以暖色调为主，如图5-54所示。

03 平铺中景的固有色，用“树叶3”笔刷绘制花坛上的绿植，如图5-55所示。

04 画出绿植的亮面，然后用“花”笔刷点缀一些花朵，如图5-56所示。

05 刻画人物五官和西瓜细节，提亮地面颜色，给花坛下边缘添加深色踢脚线，如图5-57所示。

图5-54

图5-55

图5-56

图5-57

06 给人物和桌子新建图层并设为“正片叠底”模式，压暗帽檐下方和桌子下方。新建图层并设为“覆盖”模式来提亮西瓜和桌面细节，如图5-58所示。

07 先画出远景，给天空填充蓝色，用“实心笔”笔刷画出几棵棕榈树，再画出近景，提高人物明暗交界处的饱和度。在花坛上加几朵红色蔷薇，在“正片叠底”模式的图层画出花坛对地面的阴影，在阴影中擦出缝隙，呈现出透光的效果，如图5-59所示。

08 在中景的地面上画一个西瓜，跟人物手中的西瓜呼应，远景画出白云和白鸟，如图5-60所示。

图5-58

图5-59

图5-60

09 给棕榈树添加由下至上的蓝色渐变，拉开远景和中景的空间，让它看起来更“远”，改变线稿颜色，绘制完成，如图5-61所示。

图5-61

5.1.5 秋天是硕果累累的季节

本案例色卡：

本案例使用笔刷：

01 这张图相对复杂，画初稿时主要考虑构图和物体的空间遮挡，如图5-62所示，细化草稿时注意刻画人物的比例、神态和动作，如图5-63所示，最后用“圆头笔”笔刷勾线，如图5-64所示。

提示：草稿是创作者对画面的构思、理解和创意铺垫，草稿的走向决定了画面最终的质量，所以不要轻视草稿的重要性。

图5-62

图5-63

图5-64

02 给人物和水果平铺固有色，如图5-65所示。

图5-65

03 用“实心笔”笔刷画出树干，用“树叶3”笔刷分别在不同图层给4棵树平铺固有色，颜色越往远处越淡，并在第一棵树的后面画上梯子，最后画出地面，如图5-66所示。

图5-66

04 用“树叶4”笔刷提亮树叶，如图5-67所示，进一步提亮树叶，并用“实心笔”笔刷刻画树干上的纹路，如图5-68所示。

提示：画树叶亮部时落笔是“一簇一簇”的。

05 刻画人物眼睛和腮红，如图5-69所示。

图5-67

图5-68

图5-69

06 在“正片叠底”模式的图层中画出人物暗面，在“覆盖”模式的图层中画出人物亮面，如图5-70所示。

图5-70

07 用“正片叠底”模式画出所有水果的暗面，尤其是树上的水果，需要在顶部画出尖尖的影子形状，模拟树叶对水果的投影，如图5-71所示。

图5-71

08 用普通图层画出树上果子的反光，用“覆盖”模式配合“软画笔”笔刷画出水果的亮面，如图5-72所示。

图5-72

09 再次使用“树叶4”笔刷，画出地上的落叶，如图5-73所示。

图5-73

10 新建图层并设为“正片叠底”模式，画出篮子等器皿的暗面，新建图层并设为“覆盖”模式，画出它们的亮面，如图5-74所示。

图5-74

11 新建图层并设为“正片叠底”模式，画出所有物体对地面的投影，随后在所有图层的最上方新建普通图层，画叶子和草，遮挡地上的物体和树上的水果，使物体和画面更融合，绘制完成，如图5-75所示。

图5-75

5.1.6 落叶怎么扫也扫不完

本案例色卡：

本案例使用笔刷：

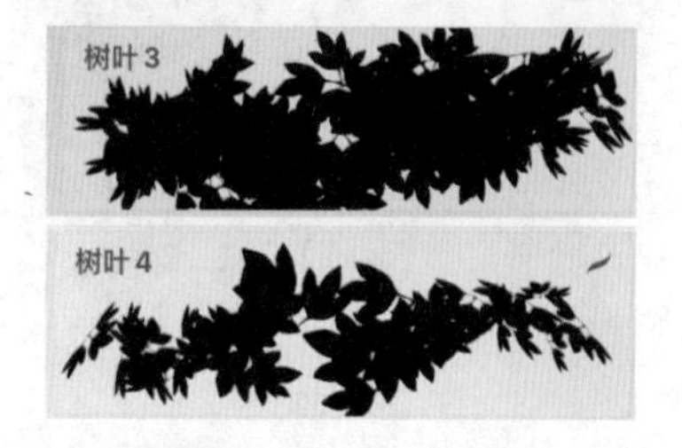

01 画出草稿，如图5-76所示，用“圆头笔”笔刷勾线，如图5-77所示。

图5-76

图5-77

02 分图层平铺人物固有色和大树的主干，如图5-78所示。

图5-78

03 用“树叶3”笔刷在树干下方画出树叶的范围，如图5-79所示。

图5-79

04 用渐变的黄色来示意地面，并用“实心笔”笔刷在远处逐一加上树干，如图5-80所示。

图5-80

提示：越往远处树干的颜色越浅，树干越细。

05 用“树叶4”笔刷画出树叶的亮面，画好后如发现树枝全部被遮住，则需擦出一些树枝的范围，如图5-81所示。

图5-81

06 画出树干的亮暗面以及袋子里的叶子，注意叶子不要遮挡袋口的下边缘，如图5-82所示。

图5-82

07 刻画人物脸部细节，如眼睛、腮红等，如图5-83所示。用“正片叠底”模式刻画出人物、松鼠和袋子的暗面，并提高明暗交界处的饱和度，如图5-84所示。

图5-83

图5-84

08 在“正片叠底”模式的图层中画出人物和物品对地面的投影，如图5-85所示。

图5-85

09 在所有层的最上方新建普通图层，画出空中的落叶以及地面落叶对物体的遮挡，如图5-86所示。

10 合并背景图层，选择“调整”中的“泛光”滤镜，绘制完成，如图5-87所示。

图5-86

图5-87

5.1.7 下雪啦堆雪人啦

本案例色卡：

本案例使用笔刷：

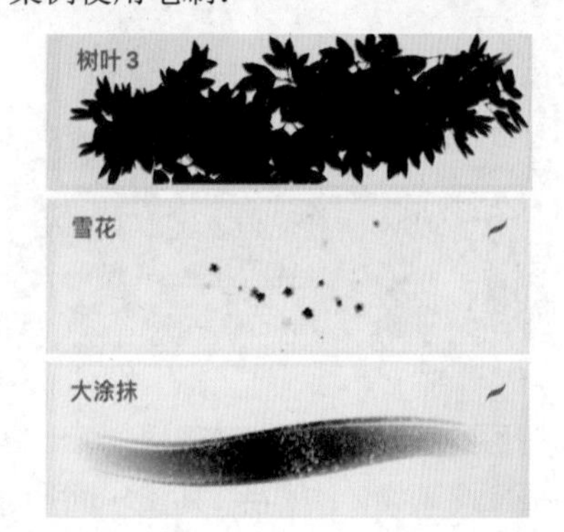

01 构思草稿，如图5-88所示，用“圆头笔”笔刷勾线，如图5-89所示。

图5-88

图5-89

02 平铺固有色，刻画人物五官，如图5-90所示，画出人物的腮红，如图5-91所示。

图5-90

图5-91

提示：画腮红时把鼻子也画红，更会有冬天冻红的感觉。

03 画出天空和地面的固有色，如图5-92所示。

提示：这幅图中雪不用白色，而是用浅蓝色。

04 用“实心笔”笔刷画出近处光秃秃的树干，用“树叶3”笔刷画出远处的灌木，灌木的颜色不要太深，如图5-93所示。

图5-92

图5-93

提示：画树枝的规律是越往上越细，越往下越粗。

05 对两个主角新建图层并设为“正片叠底”模式，刻画人物暗面，如图5-94所示。

图5-94

06 用“雪花”笔刷选取白色，给画面整体画上雪，如图5-95所示。

07 用“大涂抹”笔刷画出背景雪地里的阴影起伏，如图5-96所示。

08 刻画树枝、灌木丛和远处雪人的细节，越靠后的物体对比越弱，如图5-97所示。

09 在“正片叠底”模式的图层中画出两个主要人物对地面的投影，如图5-98所示。

图5-95

图5-96

图5-97

图5-98

10 在线稿层的上方新建普通图层，用白色画出人、树、雪人、地面上的积雪，并刻画其遮挡关系以及体积和投影，画出头发高光，如图5-99所示。

图5-99

11 用“软画笔”笔刷给远处物体轻轻扫上一层蓝色，用来拉开与前景的距离，绘制完成，如图5-100所示。

图5-100

5.1.8　冬天是滑雪的季节

本案例色卡：

本案例使用笔刷：

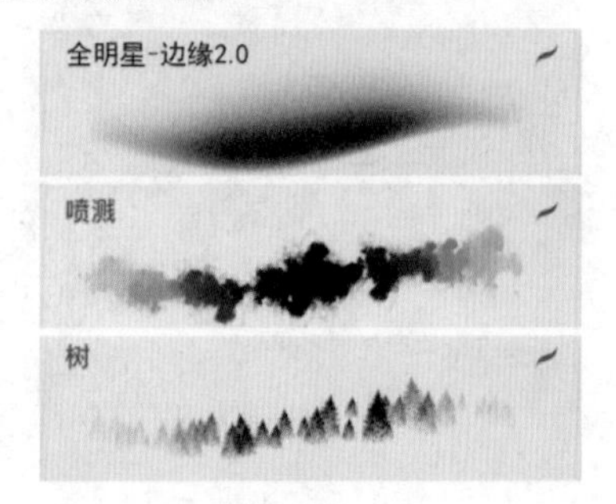

01 草稿中要体现人物的动态，如图5-101所示，用“圆头笔”笔刷勾线，如图5-102所示。

图5-101

图5-102

02 平铺人物主体和地面固有色，如图5-103所示。

图5-103

03 画出天空渐变和水平方向的云朵，如图5-104所示。

图5-104

04 刻画护目镜细节。用“正片叠底”模式画出人物暗面，用“覆盖”模式画出人物亮面，并提高明暗交界处的饱和度，如图5-105所示。

图5-105

05 用“全明星-边缘2.0”笔刷以拉线的手法画出地面，注意用笔的方向和画笔大小的控制，近处的纹理粗，远处的纹理细，如图5-106所示。

图5-106

提示：“全明星-边缘2.0”笔刷可在Procreate官方网站下载。

06 用“正片叠底”模式画出滑雪板对地面的投影，注意投影后半段与物体相接，前半段不相接，这样就可以通过影子的位置让人物有腾空而起的感觉，如图5-107所示。

图5-107

07 用“喷溅”笔刷画出地面冲起来的雪花，并给远处的缆车加上柱子和绳索，如图5-108所示。

08 在地面图层的后方画出远处的山，取色时对比度不要太强，如图5-109所示。

图5-108

图5-109

09 用“树”笔刷画出远处的树，如图5-110所示。

图5-110

10 最后在人物近处点缀几粒大的雪花，并用“动态模糊”滤镜处理，绘制完成，如图5-111所示。

图5-111

5.2 十二星座

十二星座是插画创作主题中热门的、大型的系列插画，本节将带领读者了解如何根据不同的关键词，分别创作出形态各异的十二星座的插画，以及如何让同一系列的作品更具完整性。

5.2.1 白羊座

本案例色卡：

本案例使用笔刷：

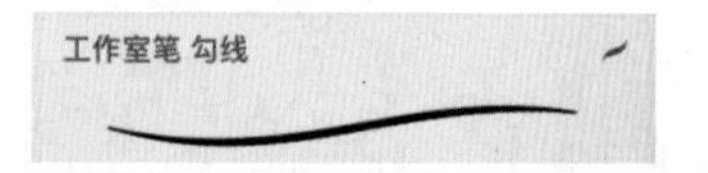

01 根据白羊座的自由、勇往直前和羊角关键词画出草稿，如图5-112所示。

图5-112

02 用“工作室笔 勾线”笔刷勾线，如图5-113所示。

图5-113

03 平铺固有色，如图5-114所示。

图5-114

04 点击“操作”按钮，打开“画布”，勾选“绘图指引”功能，进入“编辑绘图指引”，选择“透视”，将一点透视的消失点放在火炬上，即可画出图5-115所示的放射状线条，画好后用橡皮擦将完整的线条擦得断断续续。

图5-115

05 画出人物五官、衣褶和暗面，如图5-116所示。

图5-116

06 给羊角画出由上至下的深色渐变和横向纹路，刻画火焰以及头发高光，改变线稿颜色，如图5-117所示。

图5-117

07 给人物添加纯色背景，在下方画出星座对应的图标。点击“操作”按钮，选择“添加”，点击“添加文本”，写入“Aries”字样，字体如图5-118所示，最终效果如图5-119所示。

图5-118

图5-119

提示：一旦定好背景的构图与排版，十二星座都要使用一样的构图，以保证同一系列的一致性。

5.2.2 金牛座

本案例色卡：

本案例使用笔刷：

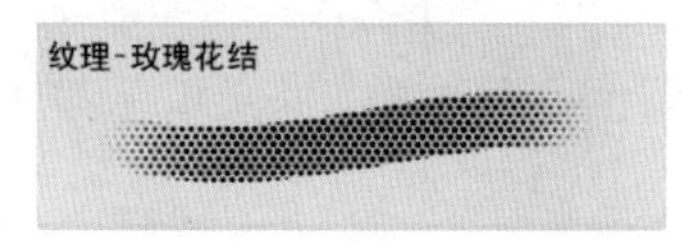

01 根据金牛座的温顺、安逸、牛角关键词画出草稿，如图5-120所示。

图5-120

02 用“工作室笔 勾线”笔刷勾线，如图5-121所示。

图5-121

03 平铺固有色，如图5-122所示。

图5-122

04 画出人物腮红，给牛角加上由上至下的金色渐变，并用“纹理-玫瑰花结”笔刷画出纹理，如图5-123所示。

图5-123

05 刻画人物的亮暗面细节，如图5-124所示。

图5-124

06 刻画火焰和绑带鞋子的细节，如图5-125所示。

图5-125

07 用同样的模式画出背景和金牛座的图标及英文，如图5-126所示。

图5-126

5.2.3 双子座

本案例色卡：

本案例使用笔刷：

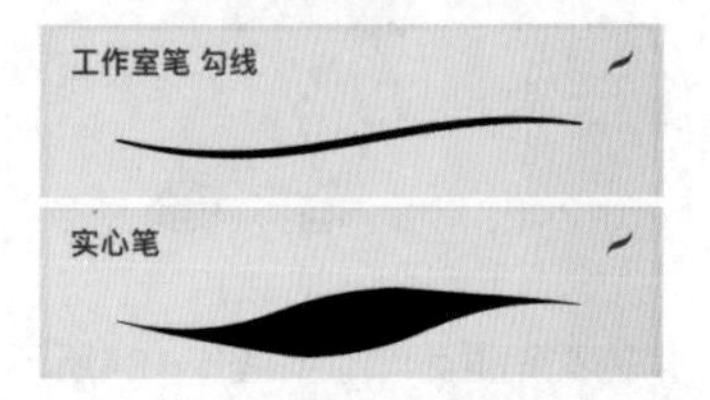

01 根据双子座的双胞胎和二元性关键词画出草稿，如图5-127所示。

图5-127

02 用“工作室笔 勾线”笔刷勾线，如图5-128所示。

图5-128

03 平铺固有色，深发色配浅皮肤，深皮肤配浅发色，如图5-129所示。

图5-129

04 画出人物腮红和五官，如图5-130所示。

图5-130

05 用“实心笔”笔刷画出头发和身体的体积，如图5-131所示。

图5-131

提示：画直发时用笔是直的，画卷发时用笔是弯的。

06 画出头发高光，由于左下角人物的头发颜色本来就很浅，高光不明显，所以需要在高光的下面新建一层稍稍压暗一些，用来衬托高光，如图5-132所示。

图5-132

07 在画面的上下空白处画上星星和月亮，如图5-133所示，将该图层复制一层，上面一层调为白色，下面一层用“高斯模糊”滤镜处理，即可得到白色发光的星星和月亮，如图5-134所示。

图5-133

图5-134

08 画出风格一致的背景，绘制完成，如图5-135所示。

图5-135

5.2.4　巨蟹座

本案例色卡：

本案例使用笔刷：

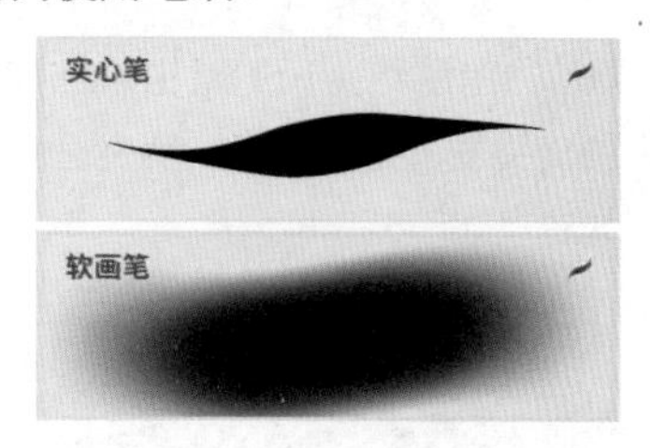

01 根据巨蟹座的蟹、甲壳和自我保护关键词画出草稿，如图5-136所示。

图5-136

02 用“工作室笔 勾线”笔刷勾线，如图5-137所示。

图5-137

03 平铺固有色，如图5-138所示。

图5-138

04 刻画五官和腮红，如图5-139所示。

图5-139

05 用“软画笔”笔刷给头顶的蟹钳装饰扫上黄色渐变，用深色画出头发下摆的纹理，头发画法以引导人联想螃蟹腿为主，如图5-140所示。

图5-140

06 选择“实心笔”笔刷，给蟹钳新建图层并设为“正片叠底”模式，画出蟹钳的暗面形状，其用笔方式为点状。新建普通图层，画出蟹钳和头发的亮面，如图5-141所示。

图5-141

07 刻画人物的脸、身体和衣服的暗面，如图5-142所示。

图5-142

08 改变线稿颜色，在周围添加气泡，一部分在人物的前面，一部分在人物的后面，靠近头发的气泡要添加粉色的环境色，如图5-143所示。

图5-143

09 画出风格一致的背景，绘制完成，如图5-144所示。

图5-144

5.2.5 狮子座

本案例色卡：

本案例使用笔刷：

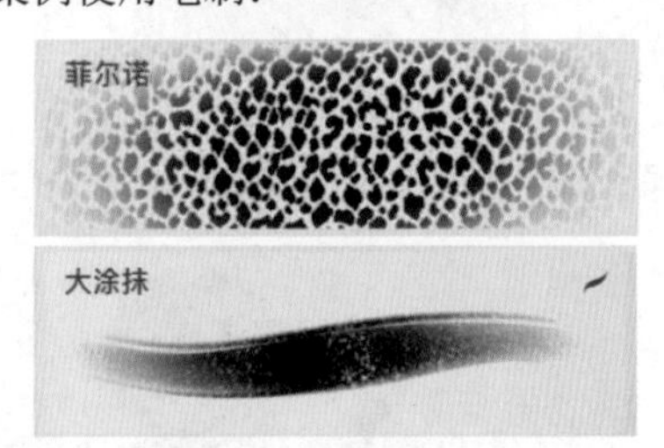

01 根据狮子座的尾巴、热情和个性关键词画出草稿，如图5-145所示。

02 开始勾线，注意爆炸头的发型不勾线，如图5-146所示。

03 平铺固有色，用“大涂抹”笔刷给爆炸头发起形，头发层在所有层的最上方，如图5-147所示。

图5-145

图5-146

图5-147

04 用“菲尔诺”笔刷给人物的衣服画上豹纹，如图5-148所示。

图5-148

05 刻画腮红和五官，如图5-149所示。

06 用“正片叠底”模式给人物的身体、脸和衣服画上暗面，如图5-150所示。

07 用“大涂抹”笔刷刻画头发细节，如图5-151所示。

08 改变线稿颜色，画出风格一致的背景，绘制完成，如图5-152所示。

图5-149

图5-150

图5-151

图5-152

5.2.6　处女座

本案例色卡：

本案例使用笔刷：

01 根据处女座的女性、沉静和羞怯关键词画出草稿，如图5-153所示。

图5-153

02 用“工作室笔 勾线”笔刷勾线，如图5-154所示。

图5-154

03 平铺固有色，如图5-155所示。

图5-155

04 给人物脸上和关节处添加腮红，如图5-156所示。

图5-156

05 新建图层并设为“正片叠底”模式，刻画人物暗面，如图5-157所示。

图5-157

06 改变线稿颜色，添加头发高光，添加浅浅的排线式腮红，如图5-158所示。

图5-158

07 用“星星笔4”笔刷给人物周围添加星星点缀，画出风格一致的背景，绘制完成，如图5-159所示。

图5-159

5.2.7 天秤座

本案例色卡：

本案例使用笔刷：

01 根据天秤座的公平和平衡关键词画出草稿，如图5-160所示。

图5-160

02 用“工作室笔 勾线”笔刷勾线，如图5-161所示。

图5-161

03 分图层平铺固有色，如图5-162所示。

图5-162

04 刻画眼睛和腮红，如图5-163所示。

图5-163

05 新建图层并设为“正片叠底”模式，用“实心笔”笔刷刻画人物暗面，如图5-164所示。

图5-164

06 改变线稿颜色，画出风格一致的背景，如图5-165所示。

图5-165

07 用“星星笔4”笔刷在天平的两端画上星星，如图5-166所示。

图5-166

5.2.8　天蝎座

本案例色卡：

本案例使用笔刷：

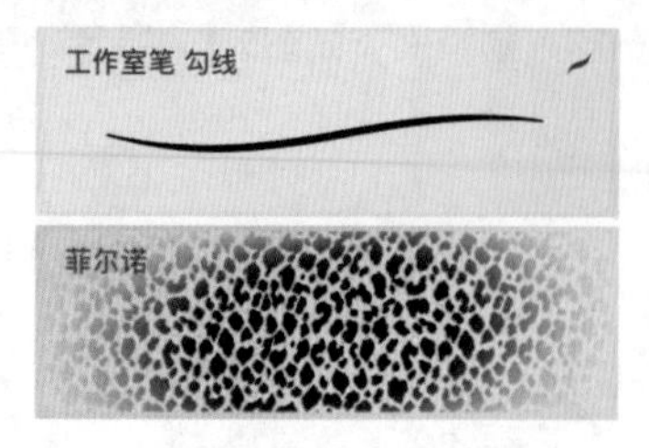

01 根据天蝎座的欲望和毒针关键词画出草稿，如图5-167所示。

图5-167

02 用“工作室笔 勾线”笔刷勾线，如图5-168所示。

图5-168

03 平铺固有色，如图5-169所示。

图5-169

04 用“菲尔诺”笔刷给人物衣服画上豹纹细节，如图5-170所示。

05 刻画人物眼睛以及脸部和关节处的腮红，如图5-171所示。

图5-170

图5-171

06 用“正片叠底”模式画出人物暗面，如图5-172所示。

图5-172

07 用近似“W”的形状画出头发光泽感，并改变线稿颜色，如图5-173所示。

图5-173

08 画出风格一致的背景，绘制完成，如图5-174所示。

图5-174

5.2.9　射手座

本案例色卡：

本案例使用笔刷：

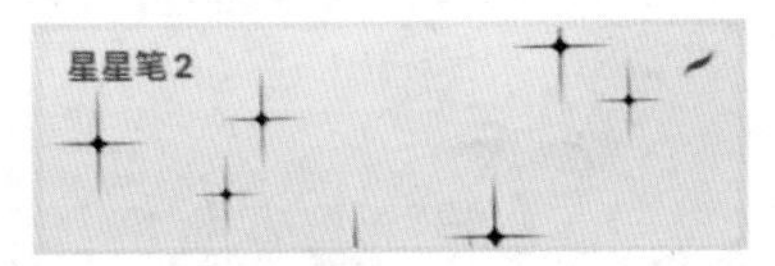

01 根据射手座的弓箭和追求关键词画出草稿，如图5-175所示。

图5-175

02 用“工作室笔 勾线”笔刷勾线，如图5-176所示。

图5-176

提示：如果弓弦正好遮住眼睛，可以把弓弦擦成虚线来避开眼睛。

03 平铺固有色，如图5-177所示。

图5-177

提示：上衣是白色或其他浅色。

04 刻画人物眼睛和腮红，如图5-178所示。

图5-178

05 刻画人物的暗面，注意白色衣服的暗面也用黄色，目的是跟整体色调保持一致，如图5-179所示。

图5-179

06 用“星星笔2”笔刷取黄色，在弓箭的顶端画上星光，将该图层复制一层，上面一层调为白色，下面一层用“高斯模糊”滤镜处理，即可得到白色发光的星光，最后画出风格一致的背景，绘制完成，如图5-180所示。

图5-180

5.2.10 摩羯座

本案例色卡：

本案例使用笔刷：

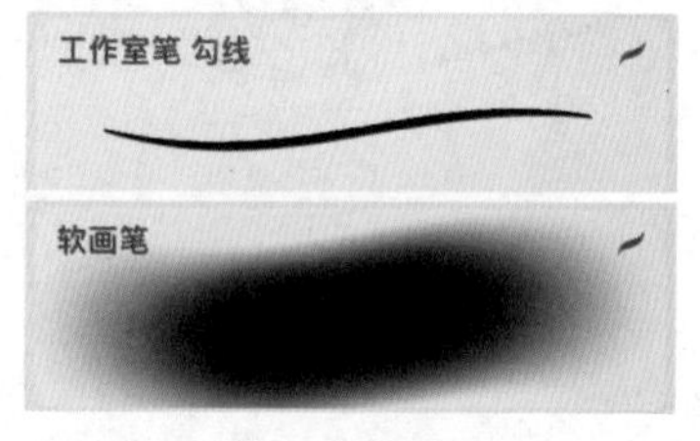

01 根据摩羯座的羊头鱼尾关键词画出草稿，如图5-181所示。

图5-181

02 用“工作室笔 勾线”笔刷勾线，如图5-182所示。

图5-182

03 分图层平铺固有色，如图5-183所示。

图5-183

04 用“软画笔”笔刷分别为人物的头发、羊角、鱼尾添加渐变色，如图5-184所示。

图5-184

05 刻画人物眼睛和腮红，如图5-185所示。

图5-185

06 用“正片叠底”模式整体刻画人物暗面，如图5-186所示。

图5-186

07 进一步刻画鱼尾和羊角的纹理，如图5-187所示。

图5-187

08 在鱼尾的亮面画出几片鱼鳞纹理，刻画头发高光时，如果高光不明显，可以在高光层下方新建一个普通图层，轻扫一点蓝色衬托高光，如图5-188所示。

图5-188

09 改变线稿颜色，画出风格一致的背景，绘制完成，如图5-189所示。

图5-189

5.2.11　水瓶座

本案例色卡：

本案例使用笔刷：

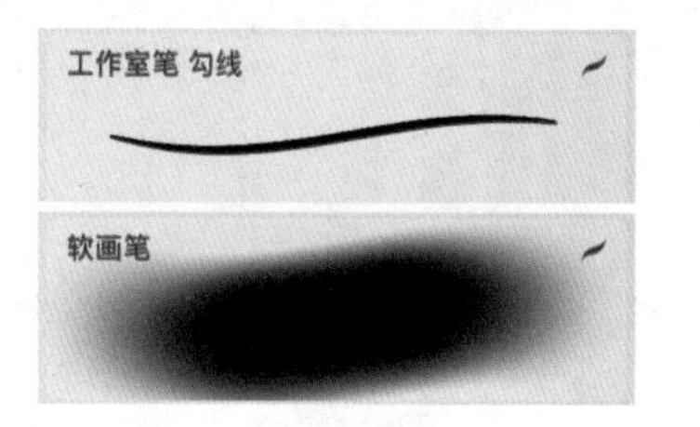

01 根据水瓶座的水、水瓶和知性关键词画出草稿，如图5-190所示。

图5-190

02 用“工作室笔 勾线”笔刷勾线，如图5-191所示。

图5-191

03 分图层平铺固有色，如图5-192所示。

图5-192

04 刻画人物眼睛和腮红，如图5-193所示。

图5-193

05 用“软画笔”笔刷给水和头发加上邻近色的渐变，上面浅下面深，如图5-194所示。

图5-194

06 给头发和水新建图层并设为“正片叠底”模式，画出圆润的暗部，如图5-195所示。

提示：“正片叠底”模式会自动适配颜色，所以这一步在画的时候不需要换颜色。

图5-195

07 用白色在需要鼓起的地方画出头发和水的高光，如图5-196所示。

图5-196

08 新建普通图层，画出衣服的褶皱和罐子的装饰花纹，如图5-197所示。

图5-197

09 用“正片叠底”模式画出皮肤和罐子的暗面，用“覆盖”模式画出罐子的高光，如图5-198所示。

图5-198

10 改变线稿颜色，画出风格一致的背景，绘制完成，如图5-199所示。

图5-199

5.2.12 双鱼座

本案例色卡：

本案例使用笔刷：

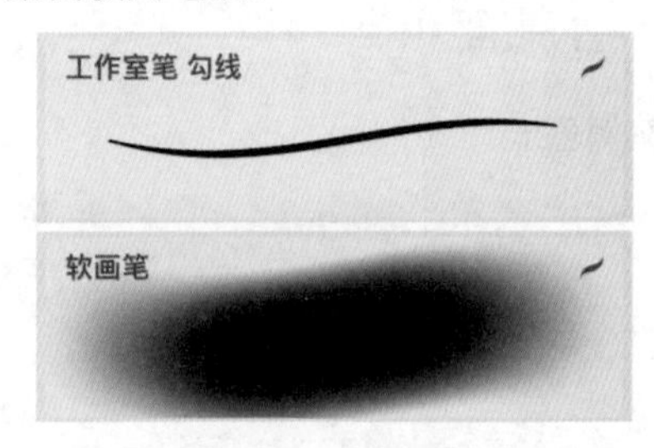

01 根据双鱼座的两条鱼、逃避和矛盾关键词画出草稿，如图5-200所示。

图5-200

02 用“工作室笔 勾线”笔刷勾线，如图5-201所示。

提示：两个角色的线稿分别在不同图层，不合并。

图5-201

03 分图层平铺固有色，如图5-202所示。

图5-202

04 用“软画笔”笔刷添加渐变，如图5-203所示。

第一处渐变：头发顶部由上到下的邻近色渐变。

第二处渐变：人鱼腰身和尾巴交接处的渐变，用的是跟头发一样的颜色。

第三处渐变：在蓝人鱼的尾巴上轻扫红色，在红人鱼的尾巴上轻扫蓝色，目的是让两个角色的色调相融合。

图5-203

05 刻画人物五官和腮红，如图5-204所示。

06 用“正片叠底”模式刻画两个人物的头发，如图5-205所示。

提示：头发的绘画规律往往是一撮粗的配一撮细的。

图5-204

图5-205

07 在“正片叠底”模式的图层中将人鱼尾巴后半部分压暗，让视觉集中在前半部分，尾巴末端稍稍提亮即可，如图5-206所示。

图5-206

08 刻画皮肤和衣服等部位的暗面，如图5-207所示。

图5-207

09 用“覆盖”模式画出人物头发和鱼鳞的高光，如图5-208所示。

图5-208

10 改变线稿颜色，在左边的尾巴上轻扫白色以拉开空间感，如图5-209所示。

图5-209

11 画出风格一致的背景，绘制完成，如图5-210所示。

图5-210

最后稍作排版，十二星座系列就完成了，如图5-211所示。

图5-211

5.3 表情包绘制

如果画手还想多一种挑战或者多一份收入，做微信表情包会是一个不错的选择。本节将从注册开始，带领读者一步步创作自己独有的微信表情包。

5.3.1 平台注册

进入“微信表情开放平台”，如图5-212所示，根据提示完成注册，即可开始创作。每次创作投稿后，随着作品的流通以及得到的赞赏，可获得源源不断的收入。

图5-212

创作表情包时必须符合平台的创作规范，如图5-213所示。

素材名称	数量	格式	尺寸（像素）	文件大小
表情主图	8/16/24	GIF	240*240	不大于500KB
表情缩略图	与主图数目一致	PNG	表情专辑：120*120 表情单品：240*240	表情专辑：不大于200KB 表情单品：不大于200KB
详情页横幅	1	PNG或JPEG	750*400	不大于500KB
表情封面图	1	PNG	240*240	不大于500KB
聊天面板图标	1	PNG	50*50	不大于100KB

图5-213

接下来介绍这些类目在实际场景中的应用，如图5-214所示。

- ①表情主图：在聊天窗口中已经发送出去的是“表情主图”，尺寸为240像素×240像素。要求8/16/24个为一组提交，格式为GIF格式。GIF格式是动态表情包的常用格式，是会动的图片格式，如果创作者不会做动态表情，将静态表情存为GIF格式也是可以的。需要注意的是，一套表情里，要么全都是静态表情，要么全都是动态表情，不能混搭。
- ②缩略图：下面待选的表情包是“缩略图”，图片格式为PNG，尺寸是120像素×120像素。

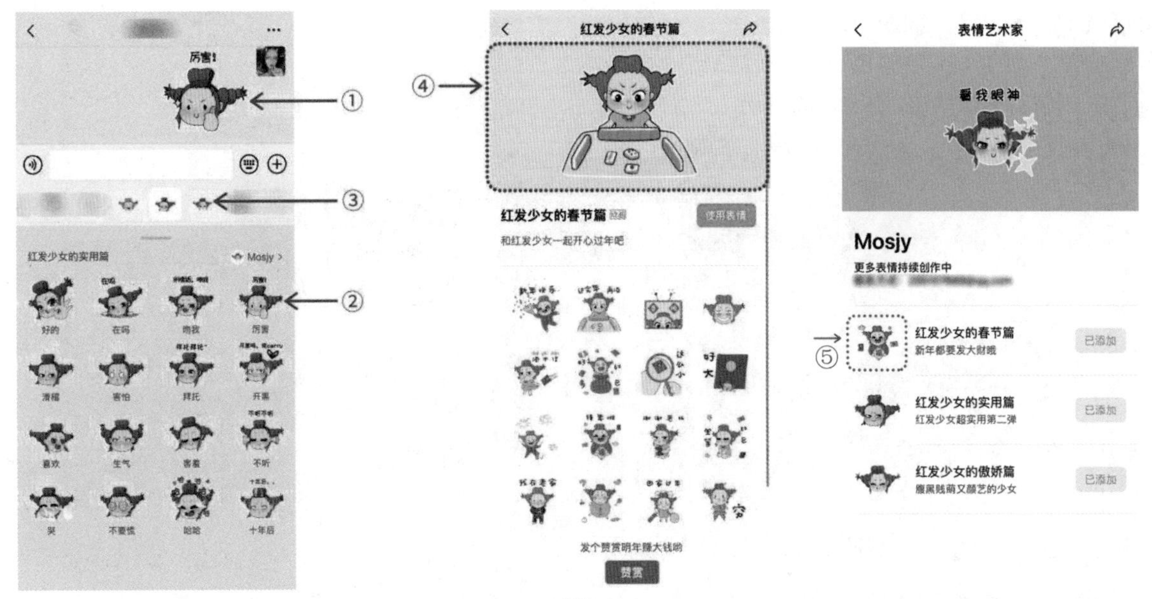

图5-214

- ③聊天面板图标：可切换不同表情包，尺寸是50像素×50像素。
- ④详情页横幅：可查看表情包具体内页，长750像素，高400像素。
- ⑤表情封面图：选一张最具辨识度的表情用于表情首页展示时的代表图片，尺寸为240像素×240像素，通常直接从画好的表情包里拿一个过来存成PNG格式用就行。

5.3.2 原创动态表情

01 点击“操作”按钮，进入“画布”，打开“动画协助”功能，绘制动图的第1帧草稿，也就是第1个画面，如图5-215所示。

图5-215

新建图层会自动生成第2帧，在该图层画上动图的第2帧草稿，如图5-216所示。

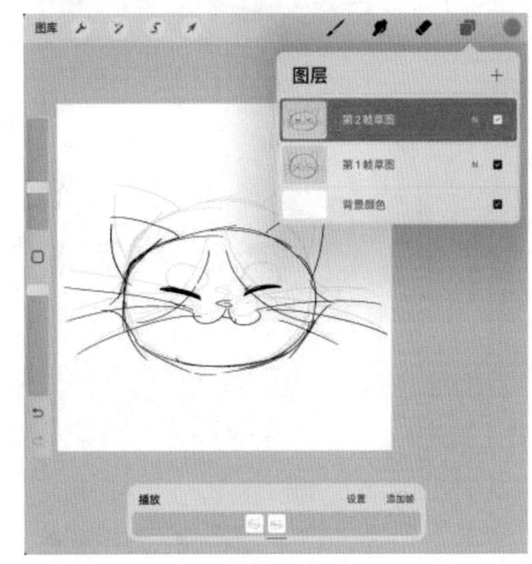

图5-216

以此类推，画出第3帧草稿，如图5-217所示，第4帧草稿，如图5-218所示。

提示：在此过程中要格外关注的就是动图的运动规律是否流畅和合理。

02 接着绘制第1帧的具体细节，关闭第2、3、4帧的图层（被关闭的图层将会从下方的时间轴里消失），只看第1帧的草稿。分别在不同图层勾线和上色，此时每个图层都单独占了一个帧，如图5-219所示。

03 将属于第1帧的线稿和颜色归到一个“组”中，线稿和颜色就可以同时显示，并且共同作为一个帧。

画好后删除第1帧草稿，如图5-220所示。

04 画出第2帧的线稿和颜色，画好后归到一个“组”中，删除第2帧草稿，如图5-221所示。

图5-217

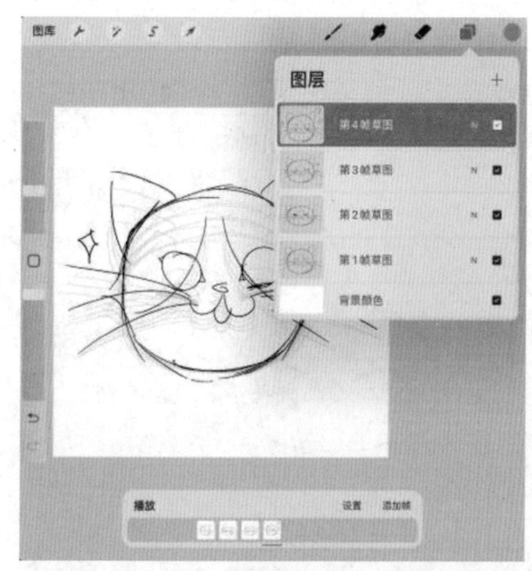

图5-218

图5-219

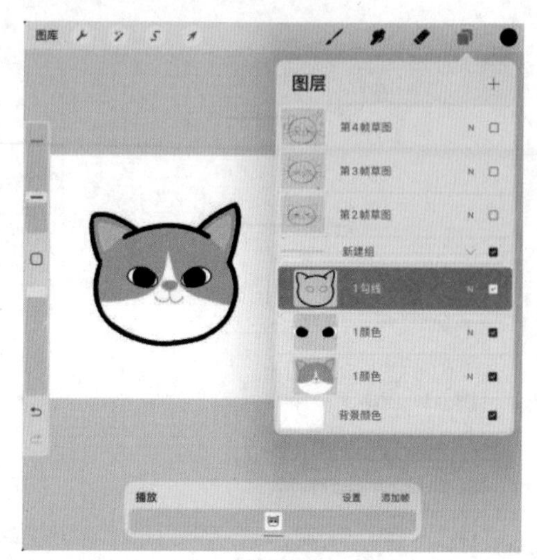

图5-220

图5-221

05 画出第3帧的线稿和颜色，画好后归到一个“组”中，删除第3帧草稿，如图5-222所示。

图5-222

06 画出第4帧的线稿和颜色，画好后归到一个

“组”中，删除第4帧草稿。4个关键帧绘制完成，如图5-223所示。

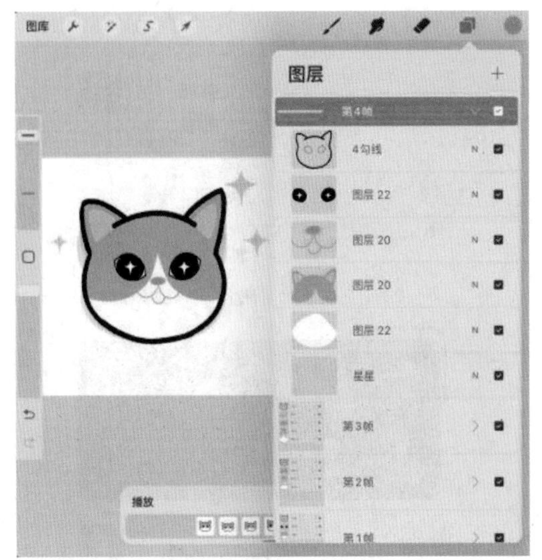

图5-223

07 一般一个表情的最后一帧停留的时间会相对长一些。点击最后一帧，将“保持时长”拉到3，可以看到最后一帧的后面多出了3个浅灰色的帧，代表这一帧将多停留3帧，如图5-224所示。

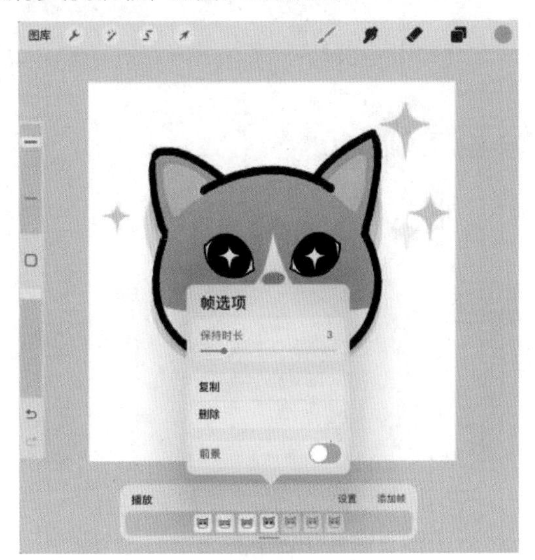

图5-224

08 为了让播放更有节奏感，再次将第1帧多保留1帧，第2帧也多保留1帧，第4帧多保留3帧，如图5-225所示。

09 关闭“背景颜色”图层，去掉背景的白底，如图5-226所示。

10 点击“操作”按钮，进入“分享”面板，选择“动画GIF”格式，如图5-227所示。

11 在新弹出的页面中选择“支持网络”选项，就可以成功导出，如图5-228所示。

图5-225

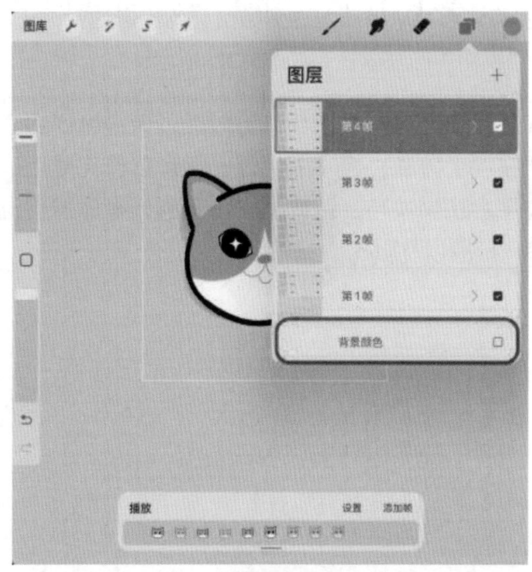

图5-226

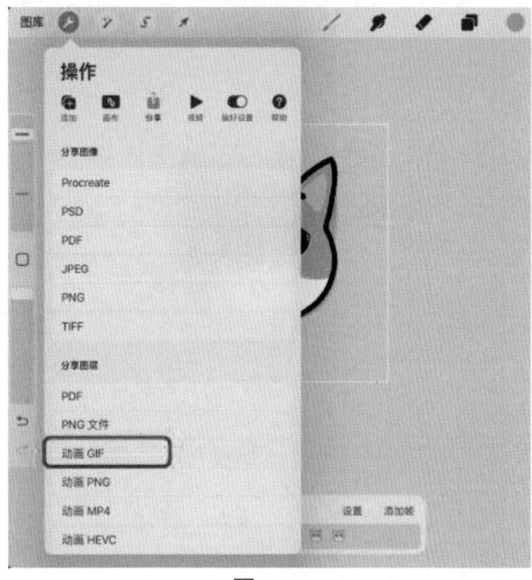

图5-227

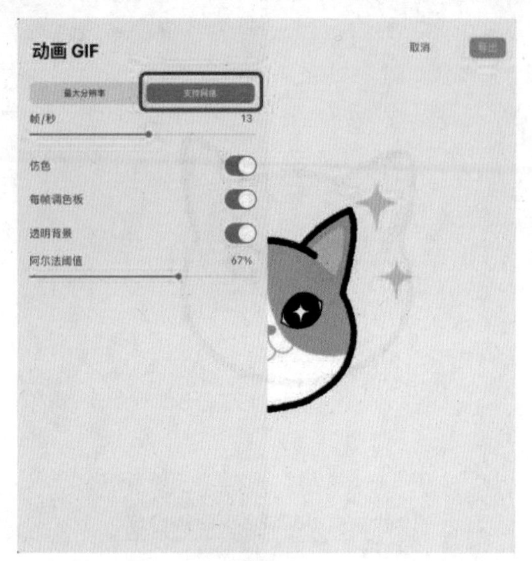

图5-228

12 将该图片从相册发送到微信，就会自动变成一个可“添加”的表情包，如图5-229所示。

提示：单个的自制表情包可以通过直接发送的方式在网上流通，但本书建议一整套创作完成后通过平台正规发布，这样更有利于创作者保护自己的IP形象以及版权。

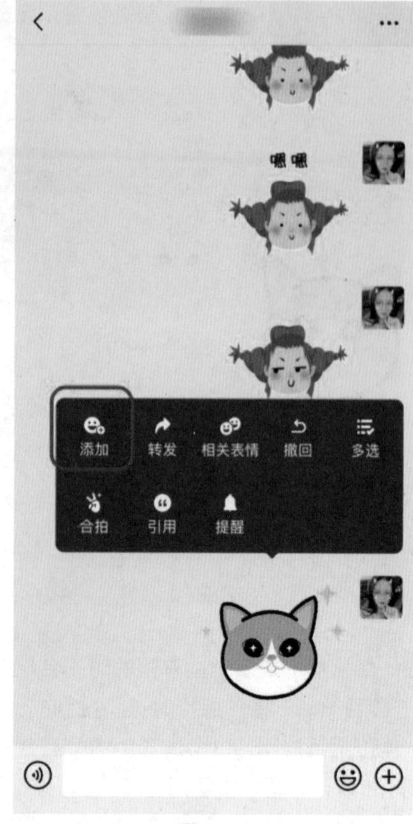

图5-229